农户环境保护行为机制及政策调控

梁流涛　著

国家自然科学基金项目（41301641）
河南省地理学优势学科建设项目　　资助
河南省高校科技创新团队（16IRTSTHN012）

科学出版社
北　京

内 容 简 介

本书尝试从农户行为角度探讨农业环境问题，首先，扩展 PSR 模型，构建基于农户行为的“压力-状态-效应-响应”（PSER）逻辑框架模型，揭示农户行为、政策调控与农业环境变化的互动关系；其次，在此框架下，开展农户经济行为的生态环境效应的研究，定量评价农户行为的生态环境效应，分析农业环境问题的微观形成机制，总结不同类型农户参与耕地质量保护的意愿差异规律，并评价模拟不同政策组合对农业环境的影响；最后，提出农户环境保护行为的激励和约束的公共政策框架。

本书供资源与环境管理、地理学、农户行为等领域的学者、研究生及相关管理人员参考使用。

图书在版编目（CIP）数据

农户环境保护行为机制及政策调控/梁流涛著. —北京：科学出版社，2018.6

ISBN 978-7-03-057550-0

Ⅰ.①农… Ⅱ.①梁… Ⅲ. ①农业生产–农业环境保护–研究–中国 Ⅳ. ①X322.2

中国版本图书馆 CIP 数据核字(2018)第 112504 号

责任编辑：朱海燕 丁传标 / 责任校对：王 瑞

责任印制：张 伟 / 封面设计：图阅社

科学出版社出版

北京东黄城根北街 16 号

邮政编码：100717

http://www.sciencep.com

北京虎彩文化传播有限公司 印刷

科学出版社发行 各地新华书店经销

*

2018 年 6 月第 一 版 开本：787 × 1092 1/16

2019 年 1 月第二次印刷 印张：11 1/4

字数：261 000

定价：88.00 元

(如有印装质量问题，我社负责调换)

前　言

20 世纪 80 年代随着家庭承包责任制的全面推行，我国农业生产进入了快速发展时期，取得了巨大成就。但由于农业系统“三高”（高耗能、高投入、高废物）的生产模式，此过程中产生了严重的环境污染和生态资源退化问题，并对农业生产和生活产生了严重的负面影响。党的十九大提出了乡村振兴战略，其重要任务之一是坚持绿色生态导向，推动农业可持续发展和美丽宜居乡村建设。在此背景下，协调农业发展、资源利用与生态环境保护之间的矛盾显得尤为重要。大量研究表明，农业环境问题在很大程度上源于农户行为。因此，调控和优化农户行为，使之符合环境保护的要求，是解决农业环境问题的关键。基于这一点，本书在分析农业污染时空特征分析的基础上，选择重点区域（河南省传统农区），从微观视角系统探讨农业环境问题。首先，构建基于农户行为的“压力-状态-效应-响应”（PSER）逻辑框架模型，揭示农户行为、政策调控与农业环境变化的互动关系；其次，在此框架下，定量分析农户行为的生态环境效应及影响因素，总结不同类型农户参与耕地质量保护的意愿差异规律，并评价模拟不同政策组合对农业环境的影响；最后，提出农户环境保护行为的激励和约束的公共政策框架。

农业发展中的环境问题是一个十分复杂的理论和实践课题，涉及社会经济的方方面面。本书从农户行为的视角对农业环境问题展开系统的研究，具有一定的创新性和特色，主要体现在以下几个方面。

（1）在研究思路上，本书沿着“影响因素—行为机制—管理决策—情景模拟—政策选择”的逻辑主线，系统考察农户经济行为、政策调控与农业环境质量变化的互动关系，探讨农户环境保护行为机制，具体包括“压力-状态-效应-响应”（PSER）模型框架的构建、农户经济行为的生态环境效应及作用机理分析、农户对政策调控的行为响应机制、政策情景模拟、农业环境政策选择和创新等研究内容，并采取理论分析和实证分析相结合的思路，因而在研究思路上具有特色和创新性。

（2）在研究方法上，对农户经济行为的生态环境效应、农户行为响应决策机制、政策情景模拟与政策选择等问题采取以定量分析为主的方法。通过大规模的农户调研所建立的农业环境问题微观形成机制的经济计量模型、农户对环境政策的接受程度和意愿评价模型、农户行为响应决策机制分析模型、政策情景模拟模型等都是在实证分析基础上建立起来的，这些方法具有一定的探索性。另外，本书还试图对微观层面农业环境管理的研究方法体系进行梳理和创新，重点对基于农户行为的“压力-状态-效应-响应”（PSER）模型框架、农户行为对生态环境影响 MA 分析模型、基于农户行为的农业环境质量的评价体系与方法、环境政策情景模拟模型等进行拓展和创新，以期形成一个微观层面农业环境管理的方法体系，因而在研究方法上具有一定的特色和创新之处。

（3）在研究体系上，本书按照总体把握、重点突破和总结归纳的思路，试图构建一个农业环境问题微观机制的分析体系。首先，将 PSR 模型应用到微观主体分析领域，试图建立一个揭示农户行为、政策调控与农业环境质量变化的互动关系的整体分析框架，即基于农户行为的"压力-状态-效应-响应"（PSER）框架模型。其次，在此框架下展开 3 个方面的研究：①分析农户经济行为对农业环境影响的作用机理，并通过实证分析，揭示农户行为的生态环境效应及其对生态环境影响的规律；②在农户对环境政策响应意愿调查的基础上，利用计量经济模型分析农户行为响应的影响因素，探讨农户行为响应机制；③进行政策情景模拟分析，为农业环境政策选择和创新提供理论依据。最后，结合本书的研究结论，借鉴国际先进经验，对农户行为调控的激励和约束机制进行创新，因而分析框架体系具有一定的创新性。

本书是国家自然科学基金项目"基于 PSER 分析框架的农户环境保护行为机制及政策调控研究"（41301641）的研究成果，同时在研究和出版过程中也有幸得到了河南省地理学优势学科建设项目和河南省高校科技创新团队（16IRTSTHN012）的资助，在此表示诚挚的谢意。在研究的过程中得到了课题组成员在数据收集、农户调研等方面的鼎力相助，在书稿修改阶段，研究生也做了很多工作，樊鹏飞参与了第 7 章部分内容的撰写，段琳琼、张玉龙、张漫、袁晨光参与了第 9 章的撰写，张玉龙、段琳琼、袁晨光、高攀进行了参考文献整理和书稿校对工作，在此对他们的辛苦付出一并表示感谢。

本书从微观视角进行了理论分析和实证检验，以期为我国农业环境管理贡献有价值的研究成果，也希望能够为农业环境管理制度创新及相应的公共政策制定提供有参考价值的思路。由于我国农业生态环境管理在理论体系与实践上还不成熟、环境质量统计数据本身不完整等，本书的一些研究结论有待于进一步讨论和验证。希望本书的出版能起到抛砖引玉的作用，希望以此为契机，有更多的学者投入到此领域的研究中。如果本书能够为有志于中国资源与环境管理问题研究的诸位同仁提供一点借鉴，能够为中国资源与环境管理政策的制定做出一点贡献，就深感欣慰。

梁流涛

2017 年 12 月 26 日于汴

目　录

第1章 导 论

1.1 选题背景与研究意义

改革开放以来，我国农业现代化进程不断加快，制度创新和技术进步共同推动了农业的快速发展（林毅夫，2010）。主要表现在以下几个方面：农产品产量大幅度增加，1978～2014年粮食、油料、猪牛羊肉等农产品的人均增长速度分别为3.97%、13.46%和15.36%，有力地保障了国民持续增长的食品需求和国家粮食安全；农业经济迅速发展，1995～2015年农业产值年均增加18.6%；农民人均纯收入也快速增加，2015年达到了10772元。但必须看到，由于农业系统“三高（高耗能、高投入、高废物）”的生产模式，农业发展的一系列成就在很大程度上是以牺牲生态环境为代价取得的，此过程中产生了严重的环境污染和生态资源退化问题，农业生产与环境保护的矛盾日益凸显（Muldavin，2000；苏杨，2006）。主要表现在以下几个方面：首先，在农业面源污染方面，在集约化农区由于过度施用化肥、农药等农业化学品引起的农业面源污染已经超过工业点源污染（张维理等，2004b；王晓燕和曹利平，2006），成为水体氮、磷富营养化的主要原因。根据《第一次全国污染源普查公告》（2010），农业污染COD、TN、TP的排放量分别达到了1324.09万t、270.46万t和28.47万t，分别占总排放量的43.7%、57.2%和67.4%。其次，在土壤污染方面，主要表现为重金属污染、污水灌溉带来的污染，以及农药、化肥的过量使用造成土壤有机质含量下降与土壤板结等，目前全国受污染的耕地面积已达1.5亿亩[①]。最后，水土流失严重，全国水土流失总面积为356万km^2，占国土面积的37.1%，主要分布在生态脆弱区（韩俊，2006）。

日益恶化的农业环境问题对生活和生产的负面影响逐步显现，主要表现为：①进一步加剧了水土资源的供需矛盾，严重影响了农业可持续发展的资源基础；②农业污染导致的农产品安全问题和群体性事件呈现逐年增加的趋势，全国每年因重金属污染的粮食高达1200万t，威胁到人们的生活质量和健康状况，造成不利影响。可见，如果忽视对农业环境问题的保护和管理，其负面影响范围和程度势必将进一步扩大，居民生活质量、健康状况和农业生产也将受到更广泛的影响。党的十七届三中全会也提出建设“两型农业生产体系”（资源节约型、环境友好型）的任务。党的十八大将“生态文明”建设放在了突出地位。《国民经济和社会发展第十三个五年规划纲要（草案）》也强调加强农业环境管理。因此，客观上需要协调农业发展、资源利用与生态环境保护之间的矛盾。

我国农村土地实行家庭承包责任制，农户是农业经济活动的最基本主体和重要决策单位（李小建，2010）。农户行为与农业环境变化密切相关，农业环境问题在很大程度

---

① 1亩≈666.67m^2。

上源于农户生产行为（Shiferaw and Holden，1998；陈利顶和马岩，2007），应将农户作为分析和解决农业环境问题的基本单元。其不仅仅是因为农户数量庞大，并与水土资源变化直接相关，更重要的是，农户行为和农业生态环境之间存在相互作用和反馈机制（徐建英等，2010），洞察这种作用与反馈机制的内涵及其背后复杂的社会经济背景，可以为农业环境政策的创新提供全新的思路和方法。因此，理清农业环境问题与农户行为之间的关系，把握农户环境保护的行为机制，对于解决农业环境问题、实现农业现代化与生态环境的协调发展、构建和谐社会，都具有重要的理论和现实意义。

国际经验和特殊国情表明，充分发挥政策工具在农业环境管理中的作用是非常必要的（Battershill and Gilg，1996；Hodge，2001；陈锡文，2002；黄德林和包菲，2008）。学者已经提出了完整的农业环境管理公共政策体系框架（Shortle and Abler，2001；任景明等，2009）。但多是从宏观层面进行政策设计研究，并主要考虑宏观经济效益。但事实上，农户是农业环境政策执行和生态环境建设的主体，农户对环境政策是否响应，以及响应程度大小直接关系到农业环境保护的成败。但现有文献对农户意愿方面考察得不够系统（向东梅和周洪文，2007），也没有考虑环境管理政策对农户行为的调控效果，在此基础上提出的环境政策也可能因为缺乏微观基础而不具有可操作性和执行性。可见，以农户环境保护行为的激励和约束机制为基础的农业环境管理政策的有效供给是解决日益恶化的农业环境问题的有效途径，也是农业环境管理问题研究的重点。因此，本书拟探寻农户行为、政策调控与生态环境质量变化的互动关系，评价和模拟不同政策情景对生态环境的影响，并提出基于农户行为的农业环境保护政策体系。

本书在实证分析时拟以河南省传统农区作为研究对象，理由如下：河南省是农业大省，2014 年全省粮食总产量达到 577.23 亿 kg，实现“十一连增”，为保障国家粮食安全做出了重要贡献。农业生产方式正逐步由传统农业向现代农业转变，但必须看到在此过程中农业环境问题也日益突出。河南省政府提出了中原经济区发展战略，主要目标是实现“三化（工业化、城镇化和农业现代化）”的协调发展，目前已经纳入《全国主体功能区规划》中，上升到国家战略层面，成为国家级的重点开发区。同时，河南省正在实施其他两项国家战略：郑州航空港经济综合实验区、自由贸易试验区。在这种背景下，河南省经济社会发展将面临新的机遇，农业现代化的进程将进一步加快，农户生产行为方式也将发生巨大的变化，为避免此过程中农业环境进一步恶化，需要加强农业环境管理，优化和引导农户的生产行为。因此，本书拟在理论分析的基础上，以河南省传统农区为研究对象更进一步探寻农户行为与生态环境之间的关系，揭示农户环境保护的行为机制，对于稳定粮食产量、保证国家粮食安全、提高农民的收入水平更具有现实意义。

1.2 国内外研究进展与评述

本书拟从国内外研究内容、研究地域和尺度、研究视角、研究方法与数据获取等方面对现有文献进行梳理，并探讨未来农户层面生态环境问题研究的方向。

1.2.1 国内外研究内容

国外学者自20世纪80年代就开始从微观经济主体（农户）的视角探讨经济活动与农业生态环境问题的关系（Karakoc and Erkoc，2003），并逐步成为重要的研究领域（Sherbinin et al.，2008）。国内外学者关注的领域主要包括以下4个方面。

1. 农户生产行为引起的生态环境问题类型

农业污染具有负外部性，农户对之关注较少（Griffin and Bromley，1982），这也是造成农业生态环境问题日益突出的重要原因。综合现有的研究，农户农业生产行为导致的生态环境问题主要包括4个方面（姜百臣和李周，1994）：①农业资源的直接开发利用造成的生态资源破坏，②农业生产中产生的污染，化肥、农药的过量使用不仅造成土壤污染和土地退化现象加重，而且也会通过农田径流造成面源污染；③污水灌溉引起土壤污染；④农作物秸秆焚烧或废弃物污染也日益严重。但对处于不同发展阶段的国家来说，农户农业生产行为引起的农业生态环境问题也有所差别。发展中国家主要表现为农户农业生产过程中环境成本过高（Alauddin，2004），并导致资源的退化、食品污染、土壤污染和农村水资源污染等生态环境问题（Antler and Heidebrink，1995）。发达国家农户农业生产中的环境问题也不容忽视（Meijl and Rheenen，2006），主要是农业生产中的致污性投入的过量使用（Khanna and Zilberman，1997；Martens and Dick，2003）。

2. 农户行为的生态环境效应及作用机理研究

农户生产行为与农业可持续发展是一个矛盾共同体（何蒲明和魏君英，2003；王继军等，2010），主要表现在3个方面：农户生产行为的短期性与环境影响的长期性、农户生产行为的个体性与环境资源的共享性、农户生产行为的针对性与环境政策的普适性（陈利顶和马岩，2007）。学者从不同视角探讨了农户行为的生态环境效应，并总结了农户行为对生态环境影响的作用机理，其基本过程是，通过农户生产投入行为、生计方式、农业生产技术选择、种植结构和规模、农户环保认知，以及对环保政策响应等方面的传导，对生态环境的直接因子产生影响，从而造成农业环境的演变和相应生态环境问题的产生。

农户农业生产经营行为。国内外学者主要探讨了土地利用方式选择、农业经营投入和资源利用等方面对农业环境的影响（欧阳进良等，2004）。陈其霆（2001）认为农户经营行为的短期化导致不利于农业环境的掠夺式经营行为产生。王鹏等（2002）分析了湘南红壤丘陵区农户经济行为对土地质量的影响；冯孝杰等（2005）分析了农户生产经营行为的面源污染效应；Alauddin 和 Quiggin（2007）从农户灌溉行为和方式着手，探讨了集约化灌溉对农业生态环境的影响。苗建青等（2012）采用实地测量和问卷调查相结合的方法采集了自然-人文组合式数据，建立农户-生态经济模型，揭示农户行为对农业环境的影响。

农户化肥投入行为。化肥施用对环境影响的主要途径可以概括为3个方面（朱兆良，2010）：①农业生产中过量施用的化肥随农田排水和地表径流进入水体，造成地表水富营养化和地下水硝酸盐污染；②过量施用的化肥长期在土壤中残留，严重破坏了土壤的耕种结构，土地板结现象日趋严重；③化肥中的氮元素等也会通过挥发作用进入大气，造成空气污染。也就是说，农业生产中使用化肥对环境产生的影响主要包括大气污染、水体污染和土壤污染等方面。国外学者针对农户化肥投入行为展开了大量研究，主要内容包括农户施肥行为对农业环境的影响和作用机理（Johnson et al.，1991；Donoso et al.，1999）、社会经济因素和农户特征对农户施肥行为的影响传导机制（Nkamleu and Adesina，2000；Asfaw and Admassie，2004；Abdoulaye and Sanders，2005）。国内学者在对典型地区进行实地调查的基础上，认为农户过量施肥现象普遍存在，是造成农业面源污染日益严重的主要诱因之一，并分析了影响化肥施用量的因素，概括起来主要包括家庭非农收入、农业劳动力文化程度、耕地质量、耕地区位、农户是否接受技术指导等（何浩然等，2006；马骥和蔡晓羽，2007；巩前文等，2008）。

农户环保认知。农户的生态意识一般是理性的，农户收入减少是导致农业环境保护政策失败的根本原因（樊胜岳等，2006；宋言奇，2010）。国内外学者选择典型地区分析农户对资源环境的认知及其对生态环境的影响，例如，农户对湿地资源和环境的感知状况（卢松等，2003；廖玉静等，2009）、河流上游不同地带农牧民对环境退化的响应过程（阎建忠等，2006）、冲积平原居民对于河流恢复效果的认知与响应（Buijs，2009）、农户对环境友好型生产方式的认知和意愿（Nunez et al.，2004）、库区农户对面源污染的认知度（付静尘和韩烈保，2010）、不同生计类型农户对环境感知的差异（赵雪雁，2012），并对农户环境认知与行为决策的一致性进行检验（王常伟和顾海英，2012）。

农户职业选择。农业劳动力向非农产业转移会对农户生产方式产生重要影响，并对农业生态环境产生重要影响。现有文献主要沿着两条思路进行分析：一是由于不断增长的非农就业与农业生产的竞争，劳动力机会成本较高，对土地的保护性投资就会减少，例如，农家肥投入的减少（李小建和乔家君，2003；梁流涛等，2008a），可能造成土壤侵蚀增加和土地退化加剧（Clay et al.，1998；Holden et al.，2004）；二是非农活动有利于农户的总收入的提高，这可能会导致杀虫剂和其他农用化学品土地投入增加，进而对土壤肥力、土壤质量等产生负面影响（Pender，2004；Ransom et al.，2003；阎建忠等，2006；Shi et al.，2011）。

产权和制度因素。对农户行为的影响主要表现为两个方面（Kuyvenhoven et al.，1998；诸培新和曲福田，1999）：一是对农户产生不同的激励方式和激励效果；二是影响农户耕作方式和技术选择。由于当前土地产权制度存在缺陷，对农民生产行为起着负面激励作用（罗必良和温思美，1996；钟太洋和黄贤金，2004），农户经营行为短期化现象普遍存在，并导致农业生态环境恶化（张欣等，2005）。不同的土地产权安排会对农户生产行为产生不同的影响，稳定的产权能够刺激农户长期投资行为的产生，有助于耕地长期肥力的改善（俞海等，2003）。可见，产权和制度因素对生态环境的影响并不是直接的，而是通过社会经济环境的变化，从而对农户土地利用方式、农业生产方式和管理水平等产生影响，进而影响农业生态环境。

此外，农户的家庭结构特征、农民文化水平和能力特征、耕地资源禀赋等方面对农业环境的影响也是学者关注的领域（Hao and Li，2011）。

3. 农户环境保护与生态建设行为及影响因素研究

国内学者对农户环境保护与生态建设行为的研究较为丰富，主要内容包括农户水土保持行为（王鹏等，2004；李虹等，2005；）、农户耕地保护性投入行为（陈美球等，2007a；2007b；马贤磊，2009；肖建英等，2012）、农户对退耕还林政策的执行情况和效果（连纲等，2005；王兵等，2007；马岩等，2008）、农户采用环境友好型技术行为（张云华等，2004；张利国，2011；喻永红和张巨勇，2009；褚彩虹等，2012；Shiferaw and Holden，1998）等方面，同时也分析了农户环境保护与生态建设行为的影响因素，概括起来主要包括生态环境状况的认知、投资水平、农户的预期收益、农户年龄等。

由于农户水土保持行为与农业生态环境改善有密切的关系，国外学者主要围绕农户水土保持行为展开研究。一部分学者从外部视角展开研究，认为农户水土保持行为取决于外部政策、自然环境和经济发展水平（Lemon and Park，1993；Clark，1989；Potter，1986），其中影响最大的是经济效益，因此，应给予农户补偿，以强化对环境保护有益的行为（Gasson and Potter，1988）。但更多学者从农户自身角度进行分析（Shiferaw and Holden，1998；Mbaga Semgalawe and Folmer，2000；Bekele and Drake，2003），认为其行为主要受自身因素的影响。综合这两方面的研究可知，农户环境保护与生态建设行为的特点与农户经济行为相似，其目标都是追求经济效益最大化和风险最小化，其行为产生既受内在因素（如家庭结构、教育水平、家庭收入、经营规模等）的影响，又受外在因素（如社会经济因素、国家政策、自然条件等）的制约。但由于农户环境保护与生态建设行为受政府行为和政府规制的影响较多，在某些特殊的情况下可能表现出非经济倾向性。

4. 基于农户行为的农业环境政策设计研究

农业环境政策创新和设计的研究已经很成熟，学者已经提出了完整的农业环境管理公共政策体系框架（Shortle et al.，2001；任景明等，2009；Holden et al.，2004）。但多是从宏观层面进行政策设计研究，主要考虑宏观经济效益。事实上，农业环境政策的效果主要取决于农户对政策的接受程度和实施情况。目前，学者已经注意到了这一点，开始尝试从微观主体视角探讨农业环境政策问题。目前的研究主要包括3个方面：一是在实地调研的基础上分析农户对农业环境政策的意愿和响应状况，如埃塞俄比亚的农户对实施防止土地退化政策的认知响应情况（Temesgen et al.，2008），陕西省眉县农户对技术支持政策、价格补贴和尾水标准三项环境政策的接受意愿（韩洪云和杨增旭，2010），日本佐渡岛政府在推进环境治理的过程中农户的意识和应对行为（王岱等，2011）。但这些研究大多是定性分析，需要利用定量方法进一步探讨农户的意愿、农户对环境政策的响应程度（向东梅和周洪文，2007）。二是模拟农业环境政策效果，例如，Holden 等（2004）利用一般均衡模型分析埃塞俄比亚地区经济政策改革对土地退化的影响，模型模拟结果表明，提高农产品价格与降低肥料补贴政策的实施导致了土地退化的加剧。张蔚文等（2006）以太湖流域的平湖市为例，利用线性规划模型模拟禁令、氮肥税、自愿方法和补贴4种政策情景的减氮效力。三是基于微观主体的农业环境政策设计研究，例如，韩鹏等（2012）初步提出了基于农户意愿进行农业生态补偿的政策设计的思路。从总体来说，基于农户行为的农业环境政策的研究还处于刚起步阶段，系统性不够，研究方法需要改进，研究内容也有待于进一步加强。

1.2.2　研究地域和研究尺度

国外关于农户行为与生态环境关系的研究主要集中在美国、英国、荷兰与加拿大等经济发达国家（Rahm and Huffman，1984；Harper et al.，1990；D' Souza et al.，1993；Mc Namara et al.，1991），而对非洲、拉丁美洲和亚洲地区的经济欠发达国家的研究相对较少（Pitt and Sumodiningrat，1991；Feder et al.，1985）。学者重点关注的区域包括大都市区边缘、生态脆弱地区、山区和平原地区（Dhuyvetter et al.，1996；Harman et al.，1994；Knowler and Bradshaw，2007）等，主要以行政区（如州、郡、县、镇）为单元开展农户调查（Arellanes and Lee，2003；Okoye，1998；Feder and Umali，1993），样本抽取的方法是，选取能够代表调查大区域的典型样本区域或者样本点进行抽样，以反映更高区划单元的全域特征。但是，由于行政区辖区内社会经济发展水平和自然环境具有差异性，如果应用低级别区域调查数据推演更大尺度水平的区域农户特征及其环境效应，可能会造成数据与研究区实际情况有偏差。也有学者打破行政区域的限制，以自然形成的地理单元为调查单位，例如，对美国密西西比河三角洲（Watkins et al.，1998）、荷兰两个冲积平原的农户（Buijs，2009）、埃塞俄比亚的高原地区（Hagos and Holden，2006；Holden et al.，2004）进行调研。

国内学者研究的区域主要集中在集约化农区、库区、重要流域等区域（阎建忠等，2006；廖玉静等，2009；付静尘和韩烈保，2010），同样，农户调查也是通过对区域进行层次抽样的方式选取农户进行调查。但国内学者以小尺度区域（如村或乡镇）为单位的农户调研相对较少（王鹏等，2002；梁流涛等，2011）。事实上，村域或乡镇单元的研究能够更为真实和全面地反映农户行为特征、农业生态环境状况，在此基础上开展村级层面的分析和对比，有助于理解不同自然环境、社会经济条件下农户行为的差异性，以及由此产生的生态环境效应。

通过国内外研究尺度和地域的比较，可以发现，在研究区域选择上表现出的共同特点是，国内外学者对经济发展水平较高地区的关注都较多，而对经济欠发达地区和贫困地区的关注较少。同时，也缺乏针对不同社会经济发展水平或城市化水平的区域的对比研究。

1.2.3　研究视角、研究方法与数据获取

1. 研究视角

关于农户行为与生态环境关系的研究视角可分为两个：一是以农业生产行为决策者（农户）为中心的内生视角，主要是综合应用行为经济学、心理学、社会学与农户理论展开讨论。该视角能够直观地反映农户行为心理和生产决策过程，当前文献中对农户环境保护行为、农户生产决策机制、农户采用环境友好型生产技术行为意愿和影响因素等内容研究所采用的方法（赵雪雁，2012；付静尘和韩烈保，2010；韩洪云和杨增旭，2010；

葛继红等，2010)。二是以农户需求和农户行为为出发点的外部视角，主要是应用农户理论与制度学、经济学、行为学、管理学和地理学等多学科交叉展开研究。该视角主要用于农户行为的生态环境效应分析、农户行为及环境效应的区域差异分析、农户环境保护行为的制度创新和政策设计等方面的研究（汪厚安等，2009；魏欣和李世平，2012；侯俊东等，2012)。内生和外部两种视角的差别之处在于，内生视角研究主要侧重于农户对农业生产行为本身的响应，外部视角研究则主要强调农户农业生产过程中对外部环境（如政策、社会经济和自然环境）的响应。但同时二者也存在共通点，如都会探讨农户生产过程中农户的行为响应问题。

2. 研究方法

农户层面生态环境问题的研究方法和手段，早期主要采用一般描述和“事前”(ex ante）估计法（Gaswell and Zilberman，1996；陈佑启和唐华俊，1998；赵登辉和丁振国，1998)，通过构建以效用或者预期利润最大化为目标的农户行为模型，定性分析是早期研究的主要特点。随着研究的逐步深入，近年来“事后”(ex post）计量模型和定量研究越来越多，并且呈现多样化和综合化的特点，概括起来主要包括统计分析方法和计量经济分析手段、系统模拟的方法。

1）统计分析和计量经济分析手段

利用统计分析方法和计量经济分析手段主要用于农户经济行为与特征对农业生态环境问题的影响、农业环境保护行为的影响因素分析等问题的研究（葛继红等，2010；Gorman et al.，2001；郝仕龙和柯俊，2005；于文金等，2006)。从现有的文献来看，单一使用统计分析方法的研究比较少见，更多的是统计分析方法与计量经济分析手段结合起来。计量经济分析手段主要是将不同自变量（影响因素）与农业环境质量变化或者农户环境保护行为联系起来，常用的模型主要有线性回归模型、非线性模型、Probit 模型、Logit 模型和 Tobit 模型等。综合相关文献，影响因素主要包括 4 种类型：①农户特征因素。包括决策者的年龄、受教育程度，农户家庭的人口数量、结构、劳动力数量及就业特征，农户对环境和政策的认知等。②地块特征因素。例如，农田经营规模、种植结构、地块的细碎化程度、农田坡度和土壤质量等状况。③农户经济特征和农业生产管理特征因素。例如，农户家庭收入及构成、贷款、风险偏好、农业机械设备、农业生产管理方式等。④外部因素。例如，区域经济发展水平、人口状况、自然环境条件、区位条件、农业生产基础设施完备度、农业市场信息的获取方式、农业技术推广方式、农户的社会关系等。计量经济分析手段虽然能够在很大程度上解释农户行为与农业环境之间的关系，但在空间上的解释能力尚显不足，在以后的研究中需要将区位信息引进模型进行分析。

2）系统模拟的方法和手段

随着对农户行为与农业环境关系的研究深入，系统模拟的方法和手段开始得到应用。主要是将微观经济主体农业经济行为及与其对应生态环境的空间信息整合，建立相应的数理模型，从而模拟农户农业生产决策系统中相关参数发生变化对生态环境的可能影响。例如，荷兰学者提出了能够进行定量化分析的农场分析系统（quantity farming system analysis）（Stoorvogel et al.，1995），主要是应用交互式多目标线性规划模型，将投入-产出系数、环境因素（如土壤退化率、化肥损失、农药积累等）融入模型，模拟农户农业生产决策对农业经济增长和农业生态环境影响的内在作用机理，并从所有可能性结果中筛选出最优方案。近年来，该分析系统有了新的发展，主要是耦合自然生态过程与农户经济行为（王岱等，2011），将农户经济行为模型（household model）和生态经济模型（bio-economic model）整合在一起（Reidsma et al.，2012），形成农户生物-经济模型（bio-economic household model），欧盟评估农业和环境政策对农户行为和可持续发展指标的影响的研究就使用了该方法。国内学者在此领域的研究较少，杨顺顺和奕胜基（2010）将农户模型应用到农村环境管理之中，开发了农村环境多主体仿真平台 SFRE 系统，描述了农户行为与农村环境的响应关系。有学者利用（multi-agent system，MAS）理论构建多农户生产决策行为模型，这是一种可以集成不同空间尺度与管理层次，以及它们之间相互作用的统计模型（成卫民，2007；杨维鸽等，2010）。

3）数据获取方法与手段

在数据的获取方面，目前应用较多的是农户问卷调查和参与式农村评估方法（PRA）。农户问卷调查是通过分层随机抽样调查法获得相应的与农户相关的各方面数据，获取的数据用于微观经济主体行为特征对农业生态环境的影响的分析（汪厚安等，2009；魏欣和李世平，2012；侯俊东等，2012）。PRA 方法主要以研究区域自然资源利用状况、生态环境状况、农村社会经济条件为调查对象，通过直接观察、社区居民会议、半结构访谈、特定的群体座谈会等技术方法，与被采访者进行面对面的交流，全面了解当地的社会经济与农业生态环境状况。该方法能获得较长时期的农业生态环境状况，以及微观经济主体的社会经济、农业生产行为特征等信息（廖玉静等，2009；赵雪雁，2012），基于这些数据资料可以进行较长时间跨度的农户生产行为及其环境影响的趋势性分析和跟踪研究。当然，该方法最大的缺陷是数据的准确性，利用该方法所获取的农户农业投入-产出信息、地块投入-产出、农业生态环境状况变化及农户感知信息的准确性较高，但此方法获取的长期性的农户经济特征信息的准确性不够。

根据调查所跨越的时间段，可以将数据获取方式分为两种：一是对研究区域进行一次性调查，获得农户农业投入-产出、土地利用方式、农户对环境保护的意愿和认知等方面的截面数据，目前的研究中多是采用这种方式获得相应数据进行分析。二是通过对研究区域进行多次调查（连续性调查或间隔性调查）获取农户生产和农业生态环境状况的面板数据。多次调查能够获得多组前后对比数据，有助于修正数据和对比研究。多次调查与一次性调查相比，具有实施难度大、成本高的特征，尤其是在较长时间跨度的跟踪调查中表现得更加明显，目前在研究中很少应用。

随着研究的深入，在数据获取方法和手段方面出现了新的变化：一是学者开始尝试将 PRA 方法和“3S”技术结合起来，具体做法是，通过 PRA 方法获取研究所需的信息，让受访者对照实地或者凭借记忆在地图上辨认与标注，或者通过 GPS 全球定位系统将变量的空间属性信息（地理坐标和高程等）标注在电子地图上。例如，在禁牧政策对农户环境保护行为的影响（王磊等，2010）、基于农户行为的耕地质量评价（张衍毓等，

2008)、基于农户尺度的社会-生态系统的分析（汪兴玉等，2008）的研究中都使用了这种方法。二是将 PRA 方法和问卷调查方法综合起来使用，这样能够更为灵活地获得农户生产及其与生态环境相关的数据，同时也可以提高数据精度。例如，在对生态系统服务价值消耗与变化农户认知的研究中就使用了这种方法（Cao et al.，2011）。

1.2.4 研究评述与未来研究方向

综上所述，国内外学者基于农户层面对农业生态环境问题进行了大量有益的研究和探讨。本书对已有研究成果进行合理解读、分析和评价，并提出未来的研究方向，这有利于进一步推动该领域的深入研究。

本书的研究评述如下。

从研究内容、研究方法、数据获取三方面总结现有农户层面生态环境问题研究的特点，并进行评述。

在研究内容上，主要包括 4 个方面：①农户行为引起的农业环境问题类型。国内学者对该问题的研究仅仅停留在农户行为引起农业环境问题的分类上，国外学者则针对具体农业环境问题展开了深入研究。同时，对处于不同发展阶段国家所关注的重点也有所差异。②农户行为的生态环境效应。学者主要从农户农业生产经营行为、农户化肥投入行为、农户环保认知、农户职业选择等方面分析农户行为对农业环境的影响。但总体来说，系统性不够，并且多是从静态、孤立的角度分析农户行为对生态环境的影响，没有纳入到统一的分析框架中。③农业环境保护行为与生态建设行为。国内学者关注的问题具有多样化的特征，包括农户耕地保护性投入行为、农户水土保持行为、农户采用环境友好型技术行为等方面，国外学者主要围绕农户水土保持行为展开研究。④农业环境保护政策创新。目前，关于农业环境问题控制和管理的研究已经非常成熟，但对于环境政策设计的研究大都从“政府主导”的宏观视角，以国家和社会的生态利益为出发点进行。对农业环境保护和生态环境建设中农户的主体地位认识不足，没有考虑农户对环境政策的接受程度、意愿，缺乏基于微观主体的农业环境政策设计方面的系统研究。这可能会导致宏观管理政策因缺失微观基础而不具有针对性和实用性。

在研究方法上，早期的研究主要是采用一般描述、定性分析和“事前”估计法探讨农户生产行为及其对生态环境的影响。随着研究的逐步深入，近年来“事后”计量模型和系统分析的研究越来越多，并呈现多样化和综合性的特点。但对于农户行为生态环境效应和农业环境政策绩效的动态模拟方法有待于进一步加强。

在数据获取上，主要采用农户问卷调查和参与式农村评估方法。随着研究的深入，一些学者在收集数据时开始尝试将农户社会调查方法和“3S”技术结合起来，但在实际应用中，受技术的限制，大多只是将获得农户住处、地块位置等空间信息引入模型中，而对于其他空间信息则很少予以考虑，这在很大程度上限制了这些模型的空间解释能力。另外，数据获取方式主要是一次性调查，而多次调查研究较为少见，这在很大程度上限制了对农户行为与生态环境关系的深入研究。

尽管当前关于农户层面生态环境问题的研究成果较多，并获得了一些新的解释，扩展和深化了对农业生态环境问题的研究。但是依然有一些问题亟待于进一步讨论和发展，应该包括以下几个方面。

（1）加强农户行为、环境管理政策与农业环境质量变化互动关系的综合研究。一方面，自然环境、社会经济、人口等对农户施加各种压力，在这种压力作用下，农户生产行为目标和农户行为状态都会发生变化；另一方面，农户的生产行为变化也会影响到农业生态资源数量或质量的变化，在此过程中，若不采取合理的响应措施，就会导致农业环境质量的退化（孔祥斌等，2008）。因此，需要通过政府的宏观调控措施或者响应的农业环境保护政策，积极引导农户采用环境友好型的农业生产方式和生产技术，农户也会对环境保护措施政策予以响应，从而达到农业环境质量的良性循环和提高。但当前文献对于农户行为、环境管理政策与生态环境之间关系的研究多是孤立的，并且较少考虑农户对生态环境变化和环境政策的响应，因此，应将农户特征、农户行为方式、环境政策与农业环境变化联系起来进行综合考察，揭示农户行为、政策调控与农业环境质量变化的互动关系与反馈机制，将农户行为、农户意愿、农户对环境政策的接受程度，以及可能的反应纳入到农业环境管理政策设计中。

（2）强化农户行为的环境影响过程和作用机理研究。国内学者对农户行为环境影响的研究仅仅停留在农户行为引起农业环境问题的分类上，缺乏对农户行为的环境影响过程、传导机制和作用机理的系统性研究，亟须加强此方面的研究。跟踪研究方法不仅可以了解研究对象（农业生态环境）的状态，还能把握研究对象的动态变化过程和机理，是比较合适和理想的方法。应用该方法主要包括 3 个方面的工作：一是针对农户生产行为的跟踪研究，对农户进行连续性调查或者间隔性调查，获取连续性或者多时间段的农户基本信息和生产信息，有利于详细地把握农户的行为决策的细节。二是针对农田、林地、土壤质量、河流、湿地等方面的跟踪研究，把握农业生态环境的变化。通过长期监测，能更好地反映出农户生产行为对农业环境的影响及其滞后效应，同时对把握农户行为对生态环境的作用机理具有重要的意义。三是将两方面的跟踪结果结合起来，进行农户行为环境影响的定量评价研究。由于农户经营行为和农业生态系统具有复杂性，二者的关系常表现为复杂的非线性关系，因此，仅仅利用简单的统计分析是不够的，需要引入新的方法和模型。当然，进行此项研究工作对数据的要求较高，数据获取方式应当多样化，可以综合应用农户问卷调查、PRA 方法和“3S”技术，并进行长期的跟踪调查和分析。

（3）扩展农户环境保护决策机制的研究。关于农户行为决策机制的研究应包括两个方面：一是农户在不同环境政策下可能的反应和接受意愿，目前的文献主要是定性描述农户接受意愿，或者进行简单的统计分析，需要加强此领域的研究，探讨如何定量评价农户在不同环境政策下可能的反应和接受意愿，为农业环境政策的创新提供依据。二是决策行为影响因素的研究。一般情况下，农户行为决策过程包括两个阶段：是否接受和接受程度的大小，并且一般情况下，这两个阶段的决策是分开进行的。目前的研究往往只考虑决策的第一阶段，更多的是采用 Probit 模型，或者 Tobit 模型，不能很好地反映农户决策过程。因此，需要对相关的研究进行扩展，从农户是否响应和响应程度的大小两阶段探讨农户行为响应决策的影响因素。

（4）开展基于农户行为的农业环境综合管理研究。针对我国人地关系紧张、农业粮食生产压力大的现状，照搬发达国家农业环境管理政策和措施是不可行的。应根据不同区域资源的特点、利用方式，建立基于农户行为的农业环境综合管理系统，从本质上说，就是寻求一种符合生态环境可持续发展的农业资源利用方式。这就需要在农户层次上对农业生态和生产系统进行评价分析和优化。农户农业生产行为是理性的，最关心的是如何降低生产成本，获得高产稳产，农户生产决策中主要考虑的是投入与收益的关系，农户的决策结果涉及种植何种作物、种植面积、使用农药和化肥的种类和数量、灌溉方式等内容，这也会对农业生态环境产生影响。需要在农户农业生产过程中解决农业环境问题，建立基于农户行为的农业环境综合管理体系，其核心问题是引导农户将农业环境保护纳入农户生产行为的考虑范围之内，促使外部不经济性内部化。

1.3 概念界定和研究内容

1.3.1 概 念 界 定

1）农户和农户行为

农户即农民家庭，它是以血缘关系为纽带形成的一种社会经济组织形式。目前，农户已经成为农村最主要的经济活动主体与最基本的生产决策单位。由于“农户”的内涵多层面的，目前，学术界对于“农户”这个概念的理解并不完全一致，尚未形成统一的科学定义。学者主要是立足于各自的研究领域，结合自身的学科特征对“农户”的内涵和外延进行界定。例如，社会学的学者对农户概念的界定的成果较多，概括起来主要包括 3 种观点（尤小文，1999；翁贞林，2008）：第一种观点是从居住的区域进行界定，认为农户是居住在农村地区的所有家庭，这种观点包括的范围非常广；第二种观点是从职业特征进行界定，认为农户是从事农业生产经营活动的农民家庭，包含的范围比第一种观点有所缩小；第三种观点是从农户的基本功能和性质对农户的概念进行界定，这种观点认为农户是农村最基本的社会组织，是构成农业经济和农业生产活动最基础的作业单元，所对应的范围进一步缩小。经济学的学者则是从生产和消费特征对农户的概念进行界定，认为农户是农村经济中自给程度很高、具有生产和消费双重性质及特殊经济利益目标的重要经济主体（林毅夫，2002）。但必须看到，随着经济社会的快速发展和市场经济的逐步完善，一些农户的农业生产活动的商业化程度也逐步提高，其生产行为不再以“自给自足”为主要目标。结合不同学者对“农户”这个概念的界定和分析，同时考虑本项目的研究目的和研究内容，本书将农户概念界定为，居住在农村区域的、以家庭为基础依靠家庭劳动力从事农业生产的、且能够独立进行生产决策的社会经济组织。

行为并不是独立产生的，而是需求、动机和目标三方面共同作用的结果。这 3 个方面的相互关系和作用机理是，动机支配人的行为，而动机是由需求引起的。也就是说，人们的行为是受特定的目的支配的，是在特殊动机的驱动下，为实现预期目标而展开的一系列活动。利用这个理论的基本思路，可以对农户行为产生过程进行解释。农户作为社会生产和生活最基本的单元，由于具有生产者和消费者的双重属性，其行为具有复杂性。农户行为可以分为两类：农户经济行为和农户社会行为，其中，农户经济行为又可进一步细分为3个方面：生产行为、消费行为和积累行为[①]。本书的主要目的是探讨农户生产行为对农业环境的影响和机制，因此，本书所称的“农户行为”特指农户的农业生产行为，即在一定的制度环境、资源禀赋和技术水平条件下，为满足自身需求并实现一定的生产经营目标，农户自主确定农业种植类型、生产规模和生产方式，并对农产品价格和生产要素价格变动做出农业投入与管理方面的响应或决策，由此开展的一系列经济活动。具体来说，本书中的农户生产行为包括农户生产决策行为、农户投入行为、技术选择行为、农田管理行为等。

2）生态环境与农业生态环境

生态环境是人们赖以生存和发展的基础，生态环境本质上是某个空间范围内所有生态系统的总和（王如松，2005），不仅包括自然环境（是由气候、地貌、土壤、水文和植被等环境因子的有机组合而形成的），还包括被次生环境（是经人类各种活动所改变而形成的）（Porta，1999）。据此，可以将生态环境分为自然生态环境、农业生态环境、城镇和村镇生态环境三部分。其中，自然生态环境是基础，是核心部分；农业生态环境是半人工半自然的生态环境，是在自然环境的基础上经人类改造发展起来的；城镇和村镇生态环境则主要是人类为生产和生存而进行建设活动的产物。可见，生态环境是自然、经济、社会多维发展空间的综合体系，它既受自然发展规律的控制，也受人类社会经济活动的约束，并表现为人类活动的强烈影响（刘胤汉等，2002）。

如前所述，农业生态环境是生态环境的重要组成部分。农业生态环境是指某一区域农业生态系统中所有生物所组成的生物群落及其环境，包括各组分要素间的某种平衡关系。农业生态环境的构成较为复杂，其系统内部的组成要素和外部因子之间相互联系、相互影响，具有如下特点（阎伍玖，2003）：①农业生态环境具有显著的农业特征，农村以农业为主体，形成自然与人工相结合的农业生产系统；②农业是一个开放性的系统，受到自然条件、社会因素、经济水平等方面因素的综合影响，并表现出明显的地域性和不平衡性。

根据农业生态环境问题的成因，可以将其分为外源性生态环境问题和内源性生态环境问题两类。外源性生态环境问题是指非农业生产活动对农业生态环境造成的潜在不利影响（如环境退化或生态破坏等问题）。内源性生态环境问题则是指直接不合理的农业生产活动所导致的农业资源的不可持续利用及危害正常生活的农业环境影响问题。本书的农业生态环境问题主要是内源性生态环境问题。

1.3.2　研究内容

加强农业现代化进程中的生态环境管理，既需要从宏观层面把握农业环境污染与生态退化在经济发展不同阶段和不同地区的时空特征和演变规律，更需要从微观层面探讨农业环境问题的发生机制，探讨农户行为对农业环境影响的作用机理，揭示农户行为、政策调控与农业环境质量变化的互动机制，并重新构建基于农户行为的农业环境质量的评价体系、决策与调控机制。重点开展如下研究。

① 积累行为即为扩大再生产而购置生产工具和劳动对象等生产资料所产生的一系列行为的总称。

（1）农业污染时空分异特征及其与农业发展的协调性分析。准确把握农业现代化进程中环境问题现状及其特征是有效保护农业环境的关键和前提。在全面调查和重点调查的基础上，定性分析和定量评价相结合分析不同发展阶段农业生态资源退化及环境污染的强度（总量）与类型（结构），揭示农业环境问题在不同阶段呈现的主要形式与危害；基于社会经济和生态资源的地区差异性，分析不同类型地区农业环境问题的空间分异特征和规律，揭示农业现代化进程中生态破坏与环境污染的空间扩散路径。

（2）农户行为对农业生态环境影响的分析。首先，分析农户行为的生态环境效应，以河南省传统农区为例，分析农户投入、土地利用方式选择、生产技术选择、土地利用规模、种植结构调整等方面对农业生态环境的影响，探讨不同类型农户的生产行为对生态环境作用的过程和特点，揭示农户行为的生态环境效应。其次，构建农户行为对生态环境影响的作用机理分析框架。借鉴 Steve 等（2005）的生态环境演变分析框架，将影响农业环境演变的驱动力分为直接驱动力和间接驱动力，并主要强调间接驱动因素对农业环境演变的影响。探讨可能影响农户经济行为的社会经济与政策因素及其传导机制，并结合不同类型的农户特征和农户行为方式，总结农业环境演变的间接驱动因素，构建农户行为对生态环境影响的作用机理分析框架。最后，农户行为对生态环境影响的作用机理实证分析。利用河南省传统农区农户调研数据，科学地选取农业环境质量指标。通过相关分析、单因素方差分析、统计分组比较分析、计量经济模型等方法，进一步揭示不同类型农户行为对生态环境的作用机理。

（3）农户行为、政策调控与环境质量变化的互动机制及政策情景模拟研究。在第一部分研究的基础上，推导农业环境质量变化的驱动力，并考虑农户对生态环境质量和环境政策变化的行为响应，构建基于农户行为的“压力-状态-效应-响应”逻辑框架模型，揭示农户行为、政策调控和农业环境质量变化的互动机制；通过“压力-状态-效应-响应”逻辑框架模型选取合适的指标，建立基于农户行为的农业环境质量评价模型，选择典型地区定量评价农户生产行为影响下的农业环境质量状况；设置不同的政策情景，结合农户对环境政策和农业环境变化的行为响应，评价和模拟不同政策组合对农业环境质量的影响。

（4）农户环境保护意愿和影响因素。分析农户对环境友好型生产技术、环境政策的可能反应和接受意愿，探讨农户环境保护的意愿和影响因素，为农业环境政策的创新提供依据。

（5）农业环境政策创新研究。在以上研究的基础上，评价国外农业环境管理的经济激励手段和政府管制手段的绩效，总结、借鉴国外农业环境管理制度建设和政策创新的经验教训，提出农户行为调控的政策框架和建议，以实现农业资源的合理、高效、可持续利用，以及保障经济社会生态持续发展。

1.4 技术路线与研究方法

1.4.1 技 术 路 线

本书采取总体把握、重点突破和总结归纳的思路，将整个研究主要分为 5 个阶段，首先构建基于农户行为的“压力-状态-效应-响应”框架模型，然后在此框架下开展农户生产行为的生态环境效应及其作用机理、农户行为响应机制，以及政策情景模拟的研究，最后是总体制度设计和政策创新阶段，具体见图1.1。

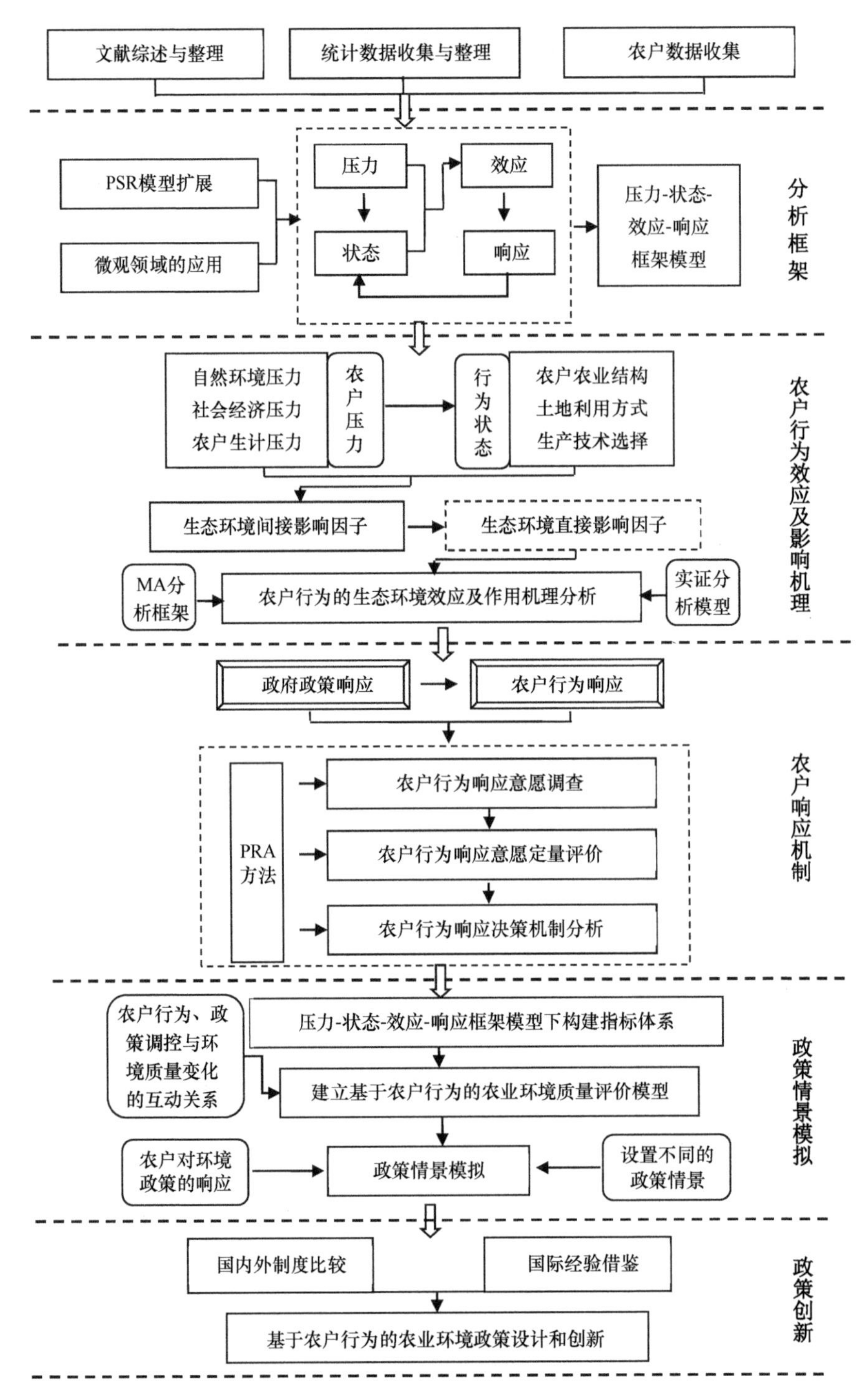

图1.1　技术路线图

1.4.2 研究方法

如前所述，农业生态环境系统是由社会系统、经济系统和生态系统复合而成的复杂系统，具有多层次、多侧面、多目标、跨区域、跨学科的特点，需要综合运用多学科的理论和方法。

1）总结和归纳的方法

农业生态环境问题形成机理复杂，涉及农学、土壤、环保、生态、经济、管理等多个学科，总结和归纳的方法在研究中发挥着重要的作用。首先，通过文献回顾对农业生态环境问题现状、特征和成因，以及相应的政策工具等方面进行梳理。其次，应用总结和归纳的方法分析农户行为对农业环境的作用机理，农户行为、农业环境质量与政策调控的互动机制等方面的内容。除此之外，在理论分析和实证研究的基础上进行归纳和提炼，以有效地构建基于农户行为的农业环境管理公共政策体系。

2）定性分析和定量分析相结合的方法

定性分析和定量分析是经济学和管理学研究的两种基本手段。一般来说，定性分析主要用于经济事物本质及其内在联系的研究；而定量分析则是通过对事物内在联系进行数量化表达和定量化分析，以便更好地掌握事物的本质。本节采用定性分析和定量分析相结合的方法，定性分析主要包括对农业环境问题的种类和特征、农业环境问题成因进行定性描述等。在定量分析中，农业环境问题微观形成机制、环境因素影响下农户土地利用效率、农户对环境政策的接受程度和意愿评价、农户行为响应决策机制分析、政策情景模拟等。

3）规范分析和实证分析相结合的方法

规范分析和实证分析是两种重要的方法论。规范分析方法的操作程序是，首先提出对经济问题判断的价值准则和行为标准，并以此作为分析经济问题和制定经济政策的依据，探讨如何才能符合这些标准、分析和研究方法。而实证分析是从基本逻辑和经验证据两方面进行检验。本书采用规范分析和实证分析相结合的方法。例如，农户行为的理论基础、基于农户行为的“压力-状态-效应-响应”框架模型、农户行为对环境影响的作用机制、农业环境管理政策创新等均采用了规范分析。对于农户行为的生态环境效应及其影响机制、农户对环境政策的接受程度和意愿、政策情景模拟等问题采用实证的方法，应用在河南省传统农区获得的农户调研数据进行详细论证。

4）实地调查与部门访谈相结合

本书采用参与式农户调查与评估方法（participatory rural appraisal，PRA）获取相应的农户数据。PRA 方法主要以研究区域的自然资源、生态环境、社会经济发展状况为调查主题，通过与当地居民进行非正式访谈来了解当地的实际情况，并与社区居民共同调查、分析和评估社区发展所面临的机遇与挑战。PRA 并不是一种单独的技术方法，而是一个包含各种技术方法的工具包，如直接观察、社区村民会议、问卷调查、半结构式访谈等。结合河南省传统农区的实际，本书主要采用问卷调查和半结构访谈（semi-structure interview）相结合的方法。调查对象主要包括农户、基层官员、村干部、农业管理部门、环境管理部门等。根据采访主题和提前拟定的采访提纲进行访谈，并使被采访者在和谐的气氛中介绍经验，发表对农业生产、农业环境状况和农业环境保护的看法与意愿。

为使调查数据更加真实和可信，采取“问卷设计—预调查—问卷修改”的步骤，并多次重复此过程，直到问卷的表达方式能够被访问对象理解和接受，预调查结果能够达到预期效果，才进入实地调查阶段。农户层面问卷调查的内容主要包括农户的家庭人口、劳动力、教育程度、非农就业情况、收入及支出、土地利用状况、农户灌溉行为、农业投入（化肥、农药、种子、农家肥等）、农业产出、农业种植结构、饲养牲畜的数量变化、农业环境污染状况、农业生产技术选择、农户的环境保护意愿、农户对环境保护政策的认知与响应。

第 2 章　研究的理论基础和分析框架

2.1　研究的理论基础

主要介绍与梳理与本书相关的理论，包括态度行为理论、合理行为理论、计划行为理论、农户行为理论、外部性理论与可持续发展理论等，并探讨其在本书中如何应用。

2.1.1　态度-行为理论

1. 态度对行为的影响

对于行为是如何产生的，不同的学者对之有不同的理解。Aiken（1991）认为行为者的态度和态度形成的因素在行为的产生方面发挥了重要作用。基于这一点，研究人的行为就必须从态度和态度形成的因素等方面着手。态度是指一个人对周围的对象（包括人或事物）所产生的一种相对稳定的心理和行为倾向，具有持久性和一致性等方面的特性。例如，对人或事物的喜爱或厌恶、赞成或反对、肯定或否定等。态度在人们行为产生过程中发挥着重要作用，它主要借助于人们的知觉、感情、判断等对人们的行为施加影响。一般来讲，态度一般包括 3 个方面的因素：①认知因素。主要是指对周围对象（包括人或事物）的理解与评价，是对其真假好坏的认识和基本判断，这是态度形成的基础。②情感因素。主要是指对周围对象（包括人或事物）的喜、恶等方面情感反应的深度。情感是在人们对周围对象（包括人或事物）的认识过程中产生的，并随着认识的加深而逐步稳固，情感在保持态度稳定方面发挥着重要作用。③意向因素。主要是指对周围对象（包括人或事物）的行为反应趋向，即对之准备做出的某种反应，这是一种行为的准备状态。

态度对人们的行为能够产生重要的影响，这主要表现在 3 个方面：①态度影响行为的积极程度。如果某项活动（如农户环境保护行为）与个人意愿一致或者持好感态度，人们就会在行动上有积极的响应；相反，如果某项活动（如农户环境保护行为）与个人意愿不一致或者持厌恶态度，人们在行动上可能会抵制或消极敷衍。②态度影响行为效果。如果人们对于某项活动或行为（如农户环境保护行为）持好感或者赞同态度，其行为效率和行为效果一般也会较高。相反，如果人们对某项活动或行为（如农户环境保护行为）持反感或者反对态度，即使拥有很好的执行和实施条件，但在厌恶的态度的影响下，其行为效率和行为效果也会很低。③态度影响人们的判断。如前所述，态度具有持久性特点，态度一旦形成就很难改变，反而会成为个体适应环境进行习惯性反应的基础，在此作用下会不自觉地对事物做出基本判断。

2. 态度形成的因素

人们的行为是在态度的影响下产生的，不同的态度可能产生不同的行为。同时，认知通过对人们态度的影响，从而对行为施加影响。反过来，行为也会对人们的认知、态度产生影响。也就是说，认知、态度和行为三者之间是相互联系、相互影响和相互制约的关系。影响态度形成的因素主要包括3种：①个人对事物或对象产生的结果的判断。行为主义效用论认为，人们的行为目标是多样化的，除了追求个人效用最大化之外，还可能包含一些其他目标。也就是说，人们对事物的追求（行为目标）是为了满足自身的多种效用，或者实现多样化的目标。对于那些能够满足个人多样化效用追求，或有助于自己实现多样化目标的对象（事物），人们对此持正面、积极态度的可能性较大。对不利于个人多样化效用和目标实现的对象，或可能导致预期目标挫败的对象，可能会对之持消极态度。②对事物的信息认知。人们对某事物所持的态度与其对该事物所相关信息或者知识的了解程度具有较高的相关性。如果人们对某个事物（如测土配方施肥技术、农户环境保护行为）的优点或者好处等方面的信息掌握得越多，则其对该事物（如测土配方施肥技术、农户环境保护行为）的赞同态度也就越明确。相反，如果人们对某个事物（如测土配方施肥技术、农户环境保护行为）的优点或者好处的信息掌握得较少，而缺点和坏处等负面信息获取得较多，则其对该事物持反对态度的可能性也就越大。③所属的组织、团体和阶层对个人的主观规范。组织、团体和阶层对其成员的态度影响很大，一般来说，在同一家庭、同一组织、同一团体、同一阶层的人，其生活的环境、受到的教育、拥有的知识技能差异较小，这可能会造成他们对同一事物经常持有相同或者类似的态度。在行为科学中，态度是个人在生活实践中形成的心理反应倾向，具有稳定性。但必须看到，这种稳定性是相对的，也会随环境的变化而发生变化。随着经济社会的发展和变迁，以及个人认知的变化，个人对社会、组织、团体的认同感也会发生变化，其与社会、组织、团体规范相一致的态度也会随之发生变化。

3. 态度改变理论

如前所述，态度具有稳定性和持久性，但这种稳定性和持久性是相对的，在一定的条件下，态度也可能发生变化。一般来说，人们态度的发生转变需要一定的心理过程。与态度改变相关的理论主要包括3个：平衡理论、认知失调理论和参与改变理论。

1）平衡理论

平衡理论（balance theory）是心理学家海德（F. Heider）于1958年提出的。该理论又被称为“P-O-X理论”，P代表认知主体，O为与P发生联系的另一个人（认知对象），X则为P与O发生联系的另一个认知对象。这两个认知对象（O和X）是一体的，海德将二者之间的关系称为单元关系。一般来说，认知主体对单元关系中的两个对象的态度包括两种情况：一是对二者的态度保持一致，例如，农民喜欢某个技术推广人员（即模型中的认知对象O），对他推广的项目（如测土配方施肥技术，模型中的X）也喜欢；农民不喜欢某个推广员（即模型中的认知对象O）时，对他推广的项目（如测土配方施肥等环境友好型生产技术，模型中的X）感兴趣的可能性也较小。二是态度可能不一致。

例如，农民喜欢某个推广人员（即模型中的认知对象 O），但对他推广的项目或者技术（如测土配方施肥等环境友好型生产技术，模型中的 X）不感兴趣；或喜欢这个项目（如测土配方施肥技术，模型中的 X），但不喜欢这个推广人员（即模型中的认知对象 O）。当认知主体（模型中的 P）对两个对象（模型中的 O 和 X）看法一致时，就认为认知处于平衡状态；当认知主体（模型中的 P）对两个对象（模型中的 O 和 X）看法不一致时，则认为认知处于失衡状态，此时可能会引起内心的不愉快或紧张。面对这种状况，人们总试图消除这种紧张感。下面以新技术推广和农户采纳为例，说明如何消除这种紧张感，最主要是试图使认识主体（农户）对两个对象的认知保持一致。认知主体（农户）内心的心理活动过程如下：我比较喜欢这推广员，那他推广的项目或者技术（如测土配方施肥等环境友好型生产技术）肯定很好，慢慢地就开始喜欢这项技术（如测土配方施肥技术）；或比较讨厌这个推广员，但觉得这个项目或者技术（如测土配方施肥技术）确实不错，这时就会想，这个推广员的项目就这么好，这个推广员可能也非常好，也开始试着喜欢这个推广员。当对两个对象（模型中的 O 和 X）认知一致的时候，就产生了平衡，同时态度也会随之发生转变。

2）认知失调理论

认知失调理论将人们对事物的每一种看法和认识定义为认知元素。两个认知元素之间存在三种关系：协调、不协调和不相关。这里依然以农民对新技术（如测土配方施肥等环境友好型生产技术）的采纳为例进行说明。一般来说，农民对技术采纳（如测土配方施肥等环境友好型生产技术）有 4 个认知元素：认知元素 A（我想采用测土配方施肥等环境友好型生产技术）、认知元素 B（我想去学习测土配方施肥等环境友好型生产技术）、认知元素 C（我没有采用测土配方施肥等环境友好型生产技术所需的资金）、认知元素 D（张三是农业生产的先进典型）。则这 4 个认知元素之间的关系如下：A 和 B 是协调关系，A 和 C 不协调，A 和 D 无关。按照认知理论，如果认知元素之间存在不协调关系，可能会造成认知主体心理上的紧张。此时，认知主体内心会产生一种内趋力，在内趋力的作用下可能会采取一些特殊行动来减轻或消除这种不协调关系，直到认知态度发生转变，使二者处于协调状态。而消除不协调的方法主要包括两个：①改变不协调中的其中一个认知元素，使之协调。例如，在农户采纳环境友好型新技术案例中，可以采用两个解决方案：一是想办法筹集采用环境友好型新技术所需的资金；二是放弃环境友好型新技术。这两种方式都可以使之协调，但最后的行为结果却差异较大。②增加新的认知元素，缓和认知不协调状态。例如，在农户采纳环境友好型新技术案例中，该测土配方施肥技术确实很好，我一定要想办法采用，对于资金不足的问题，可以通过向亲戚借款或商业小额贷款的办法来解决。

3）参与改变理论

20 世纪 40 年代心理学家勒温（Lewin）提出了参与改变理论。该理论认为，个体通过参与群体或团体活动可以使个人态度发生改变。并通过实验的方式证明这个理论的正确性，他设计了针对美国家庭妇女对食用动物内脏的态度的实验，首先将实验对象（家庭主妇）分为两组：对照组和实验组。然后对这两组家庭主妇采用不同的实验方式：对于对照组，通过演讲授课的方式讲解动物内脏的营养价值、保健作用、烹调方法、口味等，并建议她们改掉不吃动物内脏的习惯和讨厌动物内脏的态度，将动物内脏作为日常食品。而对于实验组，主要通过讨论和参与的方式进行实验，在推广人员的主持下，讨论食用动物内脏的相关知识（如营养价值、烹调方法、口味等方面），并邀请专家指导每个家庭主妇进行试烹煮，使家庭妇女真正参与其中。实验结果发现，对照组和实验组采用动物内脏做菜的比例分别为3%和32%，实验组的采用比例明显高于对照组，可见参与式的方法在改变人的态度方面效果更明显。因此，在推广环境友好型生产技术（如测土配方施肥技术）时，仅仅依靠口头宣传的效果往往是不理想的。根据参与改变理论，提高推广效果的最佳方法是让农民参与其中，让他们在参与中改变态度，从而改变其行为。

2.1.2　合理行为理论

由以上分析可知，在早期的行为研究中，大多学者主要针对态度对行为的影响进行探讨，态度被视为理解人们行为的关键要素。可见态度在行为分析框架中的重要性，但20世纪70年代以前，学者对与“态度”相关的问题（如态度的内涵、态度是如何形成和发生变化的、态度在影响和决定行为时所扮演的角色等）没有的统一意见，尤其是对其中的重要指标——“态度”的测度方法差别更大。有学者尝试通过期望效用理论试图解释人们行为的影响因素和产生过程，但Albanese（1988）、Tvesky和Kahneman（1997）认为，期望效用理论由于自身局限较多，不能确切地对行为的影响因素和产生过程进行合理解释。Fishbein和Ajzen（1975）首次对信念、态度、意图和行为这4个易混淆的概念给出了明确界定，并指出他们之间的不同之处。Ajzen和Fishbein（1977）进一步发展了该理论，在期望-价值理论的基础上创立了合理行为理论（theory of reasoned action，TRA），并构建了行为决策模型，主要用于解释和预测人们行为的影响因素和行为产生过程，该理论在不同行为分析中得到了广泛应用。

合理行为理论用来研究人们各种有意识的行为，是由一系列社会心理学概念组合在一起来预测和解释人们的行为。合理行为理论最基本的假定是，人类是理性生物体，能够充分利用或加工获取的各种信息，个体行为是受个人的理性的意志控制的。该理论认为，某个行为是否发生直接受到行为意向（behavioral intention）的影响，而行为意向又由个人所要执行行为的态度（attitude toward the behavior）和主观规范（subjective norms）共同决定，执行行为的态度和主观规范则产生于个人对该行为的“显著信念”。态度是指一个人在执行某项行为（或任务）时积极或消极的感受，其影响因素包括执行某项行为产生结果的信念和对产生结果的评价。信念是对执行某项行为（或任务）可能会产生结果的一种主观意识。一般来讲，在现实中，人们对某项行为（或任务）往往有多种信念，然而这些信念中只有极少一部分能够在特定的条件下或特定的时刻被注意到，这些被注意到的信念被称为“显著信念”。主观规范是指一个人能够感知的对他特别重要的人，或组织认为他应该执行某项行为或者不应该执行某项行为。

合理行为理论源于社会心理学，是在态度和行为之间相关关系的传统研究基础上发展而来的。合理行为理论虽然是人类行为的期望价值模型之一，但又与传统经济学中的主观期望效用模型有明显的区别。合理行为理论得到了众多学者的认可（Eagly and Chaiken，1993；Sheppard et al.，1988），逐步成为研究人们行为最基础的理论之一。但合理行为理论也受到了一些批评和质疑，该理论建立在一系列前提假设下，其中，最主要的是个体行为要受个人的理性和意志的控制，而人们的行为需要在基础上进行预测和解释，这就在一定程度上限制了该理论的应用范围。事实上，人们的行为往往受到多种可变因素（时间、资源、信息机会、客观条件、外部环境等）的影响。这可能会造成理性行为理论无法对某些不完全由个人意志力控制的行为进行合理的解释（Madden et al.，1992）。

2.1.3 计划行为理论

如前所述，合理行为理论在解释人们的行为方面发挥了重要作用，但其应用也受到一定的限制，对不完全由个人意志所控制的行为无法进行合理的解释。如何弥补这个缺陷，以更加有效地对人们的行为进行解释和预测，成为学者关注的焦点。Ajzen 和 Madden（1986）以自我控制程度作为出发点，试图对态度-行为之间的关系进行全面探讨，结果表明，自我控制低者（其主要特征表现为比较遵守规定和原则）不但态度-行为相关程度高，而且意向-行为相关程度也高。可见，“控制”是解释和预测行为的一个重要因素。Ajzen（1991）在这项研究成果的基础上更进一步，提出了计划行为理论（theory of planned behavior，TPB）。

计划行为理论是社会心理学领域的重要理论，为解释不同类型的行为提供了一个有效的分析框架。该理论认为人们的行为一般是理性的，行为的产生直接取决于一个人执行某种特定行为的行为意向。行为意向代表某个个体愿意付出多大努力、花费多少时间和金钱去执行某种行为的变量。相关研究表明，个体行为意向和实际行为之间具有高度的相关性（Ajzen，1991）。二者之间的关系可以表达为，个体行为意向越强烈，采取行动（如采用环境友好型生产技术）的可能性越大；反之，行为意向越弱，采取行动（如采用环境友好型生产技术）的可能性越小。行为意向的决定因素是行为控制认知（perceivedbe havioral control）。与合理行为理论相比，计划行为理论在对行为意向的预测上增加了控制认知（perceivedbe havioral control），这一点也是计划行为理论与合理行为理论的重要区别。行为控制认知（perceivedbe havioral control）是指个体感知到的完成某种行为（或任务）的难易程度，主要是通过个体完成类似行为（或任务）积累的经验和预期的阻碍等方面进行难易程度的判断。一般来讲，当个体认为自己所拥有的资源（时间、金钱、能力和人脉等）和机会越多时，则其对未来预期的阻碍就越小，表示对行为的控制也就越强。反之，当个体认为自己所拥有的资源（时间、金钱、能力和人脉等）和机会越少时，则其对未来预期的阻碍就越大，对行为的控制也就越弱。行为控制认知的决定因素包括两个方面：控制信念与感知的便利性。前者是指个体对执行某项行为（或任务）所需的资源、机会或障碍多少的认知；后者是指这些资源、机会或障碍对行为的影响程度。控制认知对行为意向可能有强化的作用，也可能有削弱的作用。例如，一些人对执行某一行为或任务（环境友好型生产技术）有积极的态度，并且得到周围重要人的支持，但如果认识到自己控制的用于执行这一行为或任务（环境友好型生产技术）所需的资源和机会较少，也可能不会有强烈的意向（Ajzen and Madden，1986）。由此可见，控制认知对意向的影响并不需要通过态度和主观规范起中介作用（Ajzen and Madden，1986）。行为控制认知对行为的影响路径包括两种：一是通过行为意向的中介影响行为；二是直接作用于行为。现实中通过何种路径产生影响主要取决于控制认知程度的强弱。基于此，计划行为理论可以分为两个不同的版本：一是从控制认知直接到行为意向；二是控制认知既对行为意向产生影响，又对行为产生直接影响（Notani，1998）。Beedell and Rehman（1999）提出了采用计划行为理论进行测量的过程：一是对行为结果好坏的评价（outcome evaluation）；二是测度和评价信念的强度（beliefs strength）。

计划行为理论在预测人们的意向和行为方面得到了广泛的认可（Godin and Kok，1996；Sutton and Barto，1998）。例如，Beedell 和 Rehman（1999）认为计划行为理论可以用来研究不同类型的行为。并在农户行为分析领域进行了尝试，主要是基于计划行为理论，运用社会心理学的方法，对 Bedfordshire 地区的农户野生动植物和自然环境管理行为及其原因进行分析，并探讨了相应的管理方式。研究结果表明，计划行为理论可以在农户决策行为分析中发挥重要作用。但必须看到，该理论也受到一些学者的质疑和批评，主要集中在一点：该理论在实际应用中只考虑个体心理因素，忽略了外部环境因素对行为的直接影响。针对这个缺陷，学者对计划行为理论进行多种修正和扩展，并取得了较多的研究成果。现将典型的扩展模型总结如下。

一是加入障碍因素和个体的技能因素。行为是在一定的态度和目标下可观测到的反应（Plight and Vries，1996），计划行为理论认为有计划的行为最好的预测变量是意向（Ajzen and Fishbein，1975）。在实际中，由于障碍因素的存在，或个体缺少相应的技能，会导致行为和意向之间的关系变得异常复杂（Plight and Vries，1996）。也就是说，行为受到行为意向和其他障碍因素及个体技能的共同影响。基于这一点，为了保证模型的准确性，需要在行为决定模型中加入障碍因素和个体的技能因素（Plight and Vries，1995）。

二是加入中介变量。在计划行为理论中，过去已经发生的行为被视为行为控制认知的重要组成部分（Ajzen and Madden，1986）。但也有学者持不同的观点，认为已经发生的行为对行为意向的影响并不需要行为控制认知作为中介，而应当将之以独立变量的形式加入到模型之中（Plight and Vries，1996；Bagozzi and Kimmel，1995）。在此基础上，Lynne 等（1988）在对以往农户行为的研究中存在的问题进行了总结，认为最主要的问题是缺少一个统一的理论框架，没有将人的社会心理过程和经济决策过程结合起来，并认为在模型中应尝试建立社会心理变量和经济变量之间的联系。Willock 等（1999）扩展了农户行为决策影响因素的范围，认为研究农户行为决策不仅要考虑社会心理学理论，还应当将更宽范围的影响农户行为的有效变量考虑在内。可见，学者考虑的农户行为决策影响因素越来越广泛。基于这一点构建了农户行为模型：农户个体特征对农户行为的影响路径有两个，一是通过改变行为（如耕作行为）的态度和目标，从而对农户农业生产行为产生影响；二是直接对农户农业生产行为（如耕作行为）产生影响。另外，一些外在因素（如农业政策、生态环境变化、自然灾害等）也会直接作用于农户农业生产行为。

三是同时考虑农户的行为目标和行为意向。如前所述，行为意向是态度和行为之间的中介变量，除此以外，行为的产生还受到个体特征变量和相关社会变量的影响。另外，考虑到农户行为目标的多维性，Bergevoet 等（2004）认为在分析农户农业生产决策行为时，应同时考虑农户的行为目标和行为意向，增加新的变量。

由以上分析可知，扩展的计划行为理论主要是在对行为过程认识加深的基础上，不断加入新的变量，使该理论能更加完美地描述和解释人们各种有计划的行为，增加对未来行为预测的准确性。

2.1.4　农户行为理论

农户区别于一般的企业和消费者的重要方面是双重经济特征，即农户本身既是一个家庭（family），又是一个生产单位（enterprise），包含生产和消费共同体，这是农户的重要特征。众多学者对农户行为展开了大量研究，主要是利用抽样调查或者实际观察数据，对农户行为目标和其所处的外部环境进行假定，在此基础上形成农户行为的分析框架，并演绎和发展为不同的农户行为理论。下面对典型的农户行为理论进行简单回顾。

1. "自给小农学派"

该学派的典型代表人物是俄国农业经济学家恰亚诺夫（A. V. Chayanov），该理论认为，农户生产行为与资本主义企业在生产目标、成本收益核算等方面存在明显区别。一般来讲，农户生产行为的目标是最大限度地满足家庭消费需求，而不是获取最大的经济利润。因此，从这个角度来说，资本主义企业的学说和理论在解释小农经济行为方面是不合适的。波兰尼（Polanyi，1957）则从哲学和制度角度对小农经济行为进行分析，他认为农户经济行为植根于特定的社会关系中，因而基于这一点，小农经济行为过程应视为社会的"制度过程"。另外，经济学家 Scott 和 Sutcliffe（1976）又进一步对这一理论进行了完善和发展，认为小农经济行为不是基于理性做出的选择，农户经济行为不一定是理性的，其行为特征主要表现为"规避风险、生计和安全第一"。具体来说，农户生产决策过程主要考虑的变量是获得较为稳定的产出，但这种追求安全的决策行为可能导致农户的平均收益减少；尤其是处于边际生计的农户，其对于安全的偏好明显高于经济利益。发展经济学家 Popkin（1987）利用传统农业"零值要素"假说对农户的非理性行为进行分析，认为在传统农业中，有一部分农户虽然仍从事农业生产活动，但其边际生产率已经降为零，也就是说，这些农户对农业生产的贡献实际为零，这事实上是一种隐蔽性失业。

2. "理性小农学派"

该学派的代表人物西奥多 • W. 舒尔茨的著作《改造传统农业》奠定了其在该领域的领军地位。他在这本著作中将小农视为资本主义的"企业主"，并认为传统农业虽然比较贫乏，但可能具有较高的效率。在农户生产过程中，无论是农作物类型选择和种植面积、翻耕的深度和次数、施肥数量和次数，还是播种、灌溉和收割的时间，以及各种生产工具、设备之间的配合等方面，都充分地考虑了边际成本与边际收益的比较，以期使自己掌握的各种生产要素达到最佳配置。基于这一点，舒尔茨主张用分析资本主义企业生产的经济学原理和思路来解释农户的农业生产行为。针对农户在农业生产中可能会表现出的种种非理性行为，如放弃高产量的新品种，而选择产量相对较低的传统品种。舒尔茨在此框架下对其进行了解释和分析：虽然新产品的预期产量比传统品种要高，但新产品对农田生产、技术和管理条件的要求相对较高。如果外部环境不能提供相应的生产条件，新品种的产量可能低于传统品种。因此，对于小农来说，采用旱涝保收的传统品种是在外部条件约束下的最佳选择，是一种理性行为的表现。Popkin（1979）对舒尔茨的理性小农理论进行了进一步阐述，并认为小农的非“理性”是在权衡长期和短期收益之后，以最大化收益为准则做出合理决策，因而从这个角度来说，他们是“理性的小农”。

3. 历史学派：生计需要与利润追求相结合

该学派的代表人物是社会学家黄宗智，他对20世纪30～70年代中国的小农经济活动进行了大量调查研究，在1985年发表的著作《华北的小农经济与社会变迁》中提出了独特的小农命题，并于1992年在著作《长江三角洲小农家庭与乡村发展》中深化了该理论。黄宗智（2002）在对华北平原和长江三角洲地区的农户经济行为进行分析时，借用了“自我剥削”的概念，并在此基础上发展出农户生产的“内卷化”理论。并对农户生产“内卷化”现象产生的原因进行了分析，并不是因为市场的缺失，而是因为人口压力过大。黄宗智同时认为传统时期的中国小农是一个集合生产和消费的共同体，必须将企业行为理论（追求利润最大化）和消费者行为理论（追求效用最大化）结合起来分析其行为。他认为，中国农户具有特殊性，既有舒尔茨所谓的追求利润的动机，同时又有为了满足恰亚诺夫所谓的满足家庭需求的目的。他们在生产上的决策行为主要取决于两方面：一是满足家庭的农产品的需求，剩余产品供应其他非农部分的消费需要；二是部分地追求利润。这两个方面并不一定是矛盾的，追求利润的动机也是为了满足家庭的需求，但他并不认同市场对农户生产决策行为起决定性作用这一观点，他认为最关键的是生产力的发展和人口压力的影响。

4. 农户模型

如前所述，“自给小农学派”农户理论需要特殊的市场条件，这导致了其应用范围将受到限制。基于此，Barnum 和 Squire（1979）对市场限制条件进行了改进，主要是在模型中加入了劳动力市场这一条件，探讨了劳动力市场存在和农户耕地数量固定条件下的农户行为，建立相应的理论模型，并且用农户调研数据对所建立的模型进行了验证。在Barnum-Squire农户模型中，农户不再是一个封闭的纯农户，其行为受到市场工资的影响，为了实现家庭总效用最大化这一目标，一部分农户可能会进行非农兼业活动，另一部分生产规模较大的农户可能在市场上雇佣劳动力。也有学者对Barnum-Squire农户模型进行了扩展，Low（1986）虽然沿用了Barnum-Squire农户模型中的市场假定，但设定了更加严格的条件，即假设农户内部的劳动力在从事农业生产时，劳动回报是相等的，但在从事非农生产时，自身能力存在差异，不是同质的，不同劳动力的工资率是有差异的。在此假设下，Low利用改进的农户模型分析了家庭内部成员分工的形成过程。

Scott（2001）对东南亚地区农户行为进行分析，得出了一个重要发现：虽然传统生产技术和种植模式可能会减少农业产出或家庭总体收入，但农民更加倾向于选择相对安全的生产和生存方式。造成这种现象的主要原因是：在农户生产行为选择和价值标准中，其对于生存保障的追求要高于对利润最大化的追求，也就是说农户是规避风险的，以“安全第一”作为行为准则。农户风险规避行为理论可以很好地解释农户“非理性行为”的合理性，这为农户行为的分析提供了一个全新的视角。诚然，对于风险规避的农户而言，拒绝新的农业生产技术和生产方式是最佳选择，但对于整个社会来说是缺乏效率的。风险规避农户行为理论虽然承认各种市场存在，但同时认为这些市场是不完善的，主要表现为存在大量的不确定性（如自然灾害、市场行为不规范、法律缺乏等）和信息不对称（如信息缺乏，或者被错误地发布或传播等）。由此可见，农户行为不仅受到市场约束的限制，而且还受到社会制度的影响。

2.1.5　外部经济理论

英国经济学家马歇尔最早提出了“外部经济”，随后他的学生庇古发展了该理论，在此基础上提出了“外部不经济”，直到 20 世纪 70 年代外部性理论才逐步成熟。外部性（externative effects）是指一个经济单位的活动所产生的对其他经济单位的有利或有害的影响，却没有为之承担相应的成本费用，或没有获得相应的报酬的现象（乔林碧，2003）。也就是说，如果经济活动中的成本或收益没有通过市场机制反映出来，造成私人成本与社会成本、私人收益与社会收益存在差异时，就会导致外部性的产生。外部性按照对外部影响的差异可分为正外部性和负外部性。正外部性是指某个经济个体对其他经济个体的福利产生有利的影响，负外部性是指某个经济个体对其他经济个体的福利产生不利影响。一般来说，在外部性存在的情况下，会出现私人边际效益与社会边际效益之间，以及私人边际成本与社会边际成本之间发生偏差。在现实中，经济行为主体的决策行为主要依据边际私人收益和边际私人成本，而不是边际社会收益和边际社会成本。当一个经济主体仅从自身利益出发而忽略外部性对其他经济主体带来的正面或负面影响时，就会使生态资源配置不当，造成资源的大量浪费和生态环境破坏。

农户农业生产行为的外部性也非常明显。正外部性主要表现以下几个方面：①农业的生态环境价值。这主要指对水资源的涵养和土壤的保护、蓄水防洪、净化水质和空气质量、防止噪声和臭味、保护植物和土壤、有利于地域能源和资源的有效循环利用、保护生物多样性等。②农业自然景观在城镇化过程中越来越显示出其在休闲、旅游、文化和教育等方面的价值。③农业的社会价值主要是保障国家的粮食安全。④农业的文化价值主要体现在传承传统文化与民间文艺、丰富艺术题材等方面。⑤农家肥或者环境友好型的生产技术的使用，发展无公害产品和绿色产品，这些能够保护环境，但可能减少产量或收入，减少对生态环境的破坏等都具有正外部性。随着化肥和农药被广泛应用于农业，农户农业生产的负外部性也越来越明显，主要表现在以下几个方面：①过量施用农药使有害物质沿食物链进入人体内，从而对人类健康构成威胁。②化肥施用不当引起土壤板结、酸化、农业面源污染等问题。③农业生产方式不当引起生态破坏、水土流失等。在外部性存在的条件下，经济活动的价值没有通过市场得到体现，而现实中农户进行决策主要是依据边际私人收益和边际私人成本，而不是边际社会收益和边际社会成本。当农户仅从自身利益出发而完全忽略外部性对其他经济主体带来的效益影响时，就会使资源配置不当，造成资源的大量浪费和生态环境破坏。

对于具有负外部性的农户生产行为，农户并没有将对外部的损害视为生产成本，造成农户的社会成本和私人成本之间的差异，而农户按照自己对成本的预算和对收益的预期来安排生产，可能造成负外部性的生产过剩。图 2.1 阐明了具有负外部性的资源分配效果。*D* 为社会需求曲线，即边际收益曲线，SMC 为社会边际成本，PMC 为私人边际成本，由于负外部性的存在，PMC 小于 SMC。按照西方经济理论，经济效率要求社会边际收益与社会边际成本相等，也就是曲线 SMC 和 *D* 相交时的产量 Q_o，此时对应的环境损害水平为 W_o。但是农户进行生产决策时不考虑外部成本，他们选择 MPC 和 *D* 相交时的产出水平 Q_e，对应的生态环境损害为 W_e。对比两种情况，农户在不考虑外部性进行生产决策时造成的社会剩余的净损失为△*ace* 的面积，增加的环境损害为 W_oW_e。可见，由负外部性导致的市场失灵的存在，在实际中造成不良产品的过量供给，导致资源的过度利用和污染的过度产生，对农业环境产生负面影响。

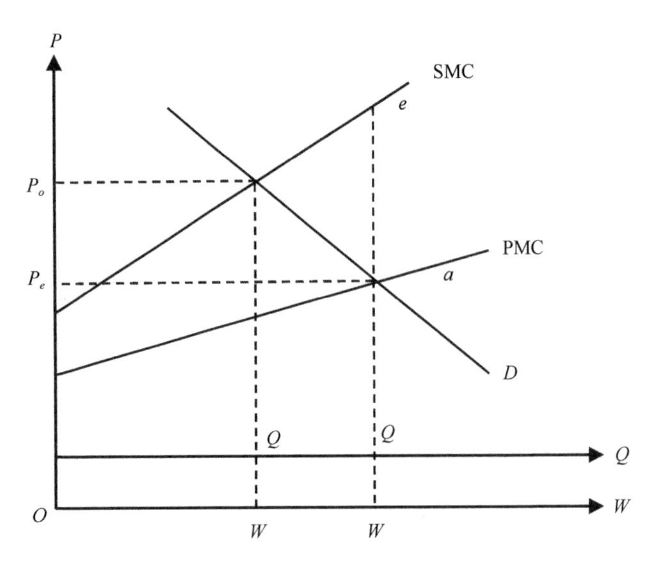

图 2.1 外部性导致的市场失灵与农业生态环境污染（一）

具有正外部性的农户生产行为，可能会造成社会收益与个人收益之间的差异，以及投入与收益的不对等，如果农户按照自己对成本的预算和对收益的预期来安排生产，可能会导致良性产品的供给不足。图 2.2 描述了具有正外部性资源的配置状况。SMB 为社会边际收益，即社会需求曲线，PMB 为私人边际收益，由于正外部性存在，PMB 小于 SMB。SMC 为社会边际成本，也就是供给曲线。同理，有效资源配置在 SMB 和 SMC 相交处，对应的产出水平为 Q_o，此时减少环境损害为 OW_o。作为理性的农户，在决策过程中考虑的因素是私人收益和生产成本，也就是 PMB 与 MC 的交点，对应的产出水

平为 Q_e，此时减少的环境损害为 OW_e。也就是说，在正外部性的作用下，农户会减少这种生产行为，即导致供给不足。与最优状态相比，增加的环境损害为 W_oW_e，社会剩余的净减少量为面积 abd。可见，在正外部性导致市场失灵存在的条件下，良性产品的供给可能不足，不利于农业环境的保护。

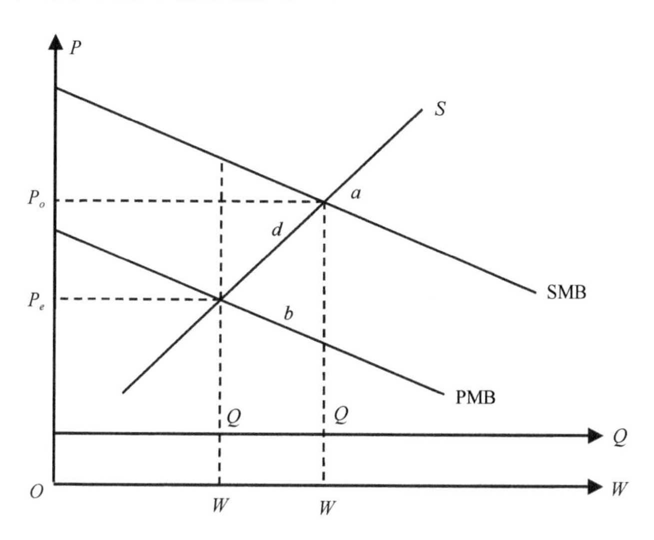

图 2.2　外部性导致的市场失灵与农村生态环境污染（二）

综上，负外部性的存在会导致农户按照利润最大化原则确定的产量与按社会福利最大化确定的产量严重偏离，随之而来的是资源的过度利用、污染物过度排放。另外，农业环境保护是正外部性很强的公共物品，可能会导致“搭便车”效应，降低农户环境保护投资的积极性，使农业环境保护这种有利产品的生产和供给严重不足，甚至出现零供给的局面。外部性带来的“过”与“不及”都不符合资源有效配置的原则，都会使环境资源处于一种无效或低效运作状态，可能导致对农业生态环境的破坏。

农户行为导致的环境问题可以通过将外部性内在化而解决。所谓外部性内部化，就是使生产者或消费者产生的外部费用进入他们的生产或消费决策，由他们自己承担或“内部消化”，从而弥补私人成本与社会成本的差额，以解决外部性问题。环境外部性的实质就是社会边际成本与私人边际成本不一致。解决环境污染外部性的途径主要有以下两个（聂国卿和孔繁荣，2006；邱君，2008）。

（1）征收庇古税。庇古认为，必须实施政府干预，即由政府环境管理部门给外部性确定一个合理的价格，即庇古税或庇古费，以征税或收费的方式，将污染成本加到产品价格中去，达到外部成本内部化的目的。庇古税的核心思想是，通过政府主导的经济机制使外部成本内部化来解决环境资源配置上的市场失灵问题。另外，一些学者认为补贴也可以达到与征税同样的减污效果。但是，税收与补贴对厂商利润的影响完全不同：税收使企业的利润减少，而补贴则使企业的利润增加。从长期来看，则会产生两种完全不同的结果。在补贴的情况下将会有更多的企业加入排污产业，虽然每家企业的排污量可能减少了，但社会总排污量却可能在增加；在税收的情况下，由于利润减少会有企业退出，不仅企业的排污量减少，企业的数量也会减少。所以从长期看，税收比补贴控制污染的效果要更好（聂国卿和孔繁荣，2006）。

（2）产权界定。科斯认为，市场失灵源于市场本身的不完善，市场失灵只能通过市场的发展深化才能解决。1960 年科斯在《社会成本问题》中对外部性税收和补贴的传统方法进行了改进和创新，他认为经济活动外部性的存在并不必要求政府以税收或补贴的方式进行干预，只要产权界定清晰，并且交易成本为零，那么受到影响的相关经济主体就可以通过谈判的方式实现帕累托最优，而且这一结果不受最初产权安排的影响。科斯代表的新制度学派为解决外部性问题提出了新的政策思路，最重要的是明晰产权，而不管权利属于谁。只要产权关系明确地予以界定，私人成本和社会成本就不会产生偏差。虽然权利界定影响到财富的分配，但如果交易费用足够小，就可以通过市场的交易活动和权利的买卖来实现资源的优化配置。

2.1.6　可持续发展理论

可持续发展思想的产生有其深刻的历史背景和迫切的现实需求（Mill，1900），最早可追溯到 18 世纪 80 年代。随着工业化、城市化进程的加快，以及社会经济的迅速发展，人们在享受经济发展带来丰富的物质文明与精神文明的同时，也开始逐步对自身的生存环境进行关注，特别是工业革命以来，经济的迅猛发展与人口的急剧增加加剧了自然资源的耗竭、生物多样性的破坏、水土流失的范围扩大、气候的骤变、自然灾害的频发等生态环境问题，这些预示着人口、资源环境的供需矛盾日益尖锐，人们赖以生存的自然环境日益恶化。随着 1962 年蕾切尔·卡逊的《寂静的春天》、1972 年罗马俱乐部公开发表的《增长的极限》、1980 年由国际自然及自然资源保护联盟等国际组织共同起草的世界自然资源保护大纲、1987 年世界环境与发展委员会（WCED）的《我们共同的未来》等一系列报告和著作的相继问世，到了 20 世纪后期，可持续发展理论成为一种全新的发展理念，并日益引起国际社会的普遍关注。

可持续发展是一个综合性概念，涉及经济、社会、文化、技术，以及自然、生态环境等多个方面。学者尝试从不同的角度对“可持续发展”做出合理的解释。对可持续发展做出明确界定，并被国际社会普遍接受和认可的是《我们共同的未来》（WCED，1987）中提出的定义：既满足当代人的需要，又不对后代人满足其需要的能力构成危害的发展。这里包括两个重要的概念：一是需要的概念，尤其是世界上贫困人口的基本生活需要，应优先考虑它；二是限制的概念，技术状况和社会组织对环境满足眼前和将来需要的能力施加的限制。

衡量可持续发展包括经济可持续发展、环境可持续发展和社会可持续发展 3 个方面的内容，这 3 个方面相互关联，相互作用，缺一不可（曲福田等，2001）。可持续发展强调以下几个观念：①可持续发展鼓励经济增长。可持续发展并不排斥经济增长，尤其是欠发达国家或地区的经济增长，因为经济发展是国家实力和社会财富的基础，经济增长为摆脱贫困和遏制环境恶化提供了必要的物质基础，这样才能最终打破贫困加剧和环境破坏的恶性循环。可持续发展不仅要重视经济增长的数量，还要重视经济增长的质量。这就是说，经济发展包括数量增长和质量提高两部分。数量的增长是有限的，而依靠科学技术进步提高经济活动中的效益和质量，采取科学的经济增长方式才是可持续的。因此，可持续发展要求重新审视如何实现经济增长。要达到具有可持续意义的经济增长，必须重新审视能源和原料的利用方式，改变传统的以“高投入、高消耗、高污染”为特征的生产模式和消费模式，实施清洁生产和文明消费，从而减少单位经济活动造成的环境压力。生态环境退化的原因产生于经济活动，其解决的办法也必须依靠经济过程。②可持续发展要求经济建设和社会发展要与自然承载能力相协调，也就是要保护和加强环境系统的生产和更新能力，即人类的经济和社会发展不能超越资源和环境的承载能力和系统更新能力，要求在严格控制人口增长、提高人口素质和保护环境、资源可持续利用的条件下进行经济建设，保证以可持续的方式使用自然资源和环境成本，使人类的发展控制在生态环境的承载力之内。可持续发展强调的发展是有限制条件的，没有限制就没有可持续发展。要实现可持续发展，必须使自然资源的耗竭速率低于资源的再生速率，必须通过转变发展模式，从根本上解决生态环境问题。如果经济决策能够将生态环境问题全面、系统地考虑进去，可持续发展问题是能够达到的。但如果处理不当，环境退化和资源破坏的成本就非常巨大，甚至会抵消经济增长的成果而适得其反。③可持续发展的终极目标是谋求社会的全面进步。“可持续发展”的概念远比“经济增长”的含义更广泛。可持续发展观认为，世界不同国家的发展阶段和发展目标可以不同，但发展的本质是一致的，在生存于不超越维持生态系统涵容能力的情况下，提高人类的生活质量，提高人类健康水平，创造一个保障人们平等、自由及和谐的社会环境。强调可持续发展的最终落脚点是人类社会，即改善人类的生活质量、创造美好环境；人口规模处于稳定、高效利用可再生能源、集约高效的农业、生态系统的基础得到保护和改善、持续发展的交通运输系统、新的工业和新的工作、经济从增长到持续发展、政治稳定、社会秩序井然的一种社会发展。这就是说，在人类可持续发展系统中，经济发展是基础，自然生态保护是条件，社会进步才是目的，人类共同追求的目标是以人为本的自然-经济-社会复合系统的持续、稳定、健康的发展。

在实现可持续发展的过程中应遵守以下原则：①可持续性原则。可持续性是可持续发展的核心原则，也是与只注重经济增长的传统发展观最重要的区别。其包括生态持续性、经济持续性和社会持续性3个方面，也就是说，人类的经济和社会发展要受到资源和环境的承载能力的限制，不能超越承载力阈值。②公正性原则。公正性是指人类在资源配置和占有财富上的“时空公平”，包含3层含义：一是代内公平，即国家范围之内同代人的公平；二是资源分配公平；三是代际间的公平，即世代间的纵向公平，要认识到人类赖以生存的自然资源是有限的。当代人不能因自己的发展与需求而忽视后代对资源、环境要求的权利。而且，上一代利用各种机会和世界资源发展起来的发达国家也应对当代的资源环境问题承担更多的责任，为解决当代的不公平尽更多的义务（赵时亮等，2003）。③共同性原则。人类只有一个地球，尽管世界各国由于历史、文化和发展水平具有差异，可持续发展的具体目标、政策和实施步骤不可能完全相同，但地球的整体性资源有限性和相互依存性要求我们必须采取共同的联合行动，实现可持续发展这一总目标。

2.2　分析框架

根据农户行为、政策调控与农业环境变化的互动关系，借鉴“压力-状态-效应-响应”（PSER）框架模型的逻辑思路，构建本项目的总体分析框架。

“压力-状态-响应”（pressure state response，PSR）模型是由 OECD 和 UNEP 共同提出的环境概念模型（Tong，2000），其基本思路是人类活动给环境和自然资源施加压力，结果改变了环境和资源的状态，进而通过决策、行为等发生响应，促进生态系统良性循环。随后，一些学者和组织机构又研究提出了一些与 PSR 框架相类似、具有与 PSR 同一本质的框架，如 1996 年联合国可持续发展委员会（CSD）用“驱动力”代替“压力”后形成的“驱动力-状态-响应”（drivingforce state response，DSR）模型，用于构建可持续发展指标体系；1999 年欧洲环境署（EEA）在提出了包含 5 类指标的“驱动力-压力-状态-影响-响应”（driving force pressure state impact response，DPSIR）模型，用于构建环境绩效指标体系；2000 年澳大利亚和新西兰环境及自然保育会提出了“状况-压力-响应”（condition pressure response，CPR）模型，用于构建环境状况指标体系，因为该指标体系是用于报告环境状况，关注的焦点是环境状况，所以将状况（condition）作为模型的核心与起点。该模型在人地关系、环境质量变化和农业污染分析等领域得到了广泛的应用，应用的层次主要包括国家尺度、区域尺度、地方尺度和小流域尺度。事实上，不同尺度的指标对压力和响应的敏感性差异较大，农户层次指标与实验检测结果的吻合度最高（Ryder，1994；Leibig and Doran，1999），学者已经开始尝试在 PSR 模型框架下农户行为的分析（孔祥斌等，2007），但相关的研究还不够系统。

基于以上分析可知，PSR 模型框架用于农户行为的分析是适用性，本书尝试将 PSR 模型应用到微观领域，揭示农户行为、政策调控与农业环境质量的互动关系。另外，虽然 PSR 概念模型能清晰地表征生态系统中的因果关系，但是它不能很好地把握系统的结构和决策过程，对于处理复杂的反馈系统存在明显缺陷。因此，本书将扩展和修正 PSR 框架模型，构建基于农户行为的“压力-状态-效应-响应”框架模型。基本思路和步骤如下：沿着农户行为压力—农户行为状态—农户行为的生态环境效应—政府政策和农户行为响应的逻辑主线，构建基于农户行为的“压力-状态-效应-响应”框架模型（图 2.3），

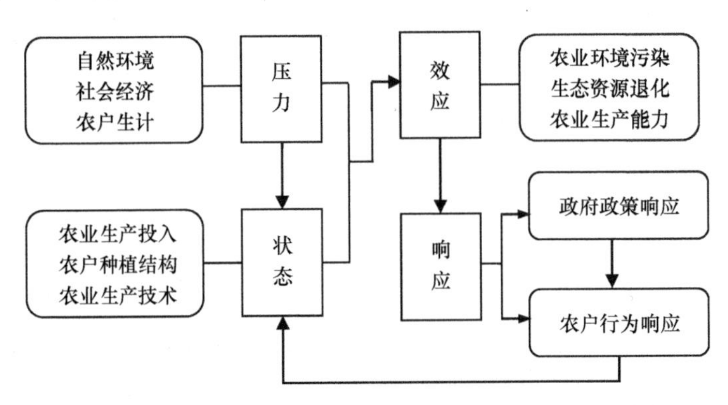

图 2.3　基于农户行为的“压力-状态-效应-响应”模型框架

探寻农户行为、政策调控与农业环境质量变化的互动关系和反馈机制，揭示农户生产行为与环境影响之间的因果链。一方面，自然、社会经济、人口等对农户施加压力，并带来农户生产行为目标和农户行为状态的变化；另一方面，通过农户的生产行为影响农业生态资源数量或质量的变化，在此过程中，若不采取合理的响应措施，就会导致农业环境质量退化。因此，需要通过政府的宏观调控措施，或者相应的农业环境保护政策，积极引导农户采用环境友好型的农业生产方式和生产技术，农户也会对环境保护措施政策予以响应，从而达到农业环境质量的良性循环和提高。

这也是本书的总体分析框架，本书拟在此框架下开展农户行为环境效应、农户行为响应机制、农业环境政策情景模拟等方面的研究。

第3章　农业污染时空分异特征及其与农业发展协调性分析

农业现代化进程中产生了严重的农业污染，准确、系统地把握农业污染时空特征及其与农业发展的关系，是有效控制与管理农业环境污染的基础和前提，也能够为研究样点的选择提供支撑。基于此，本章在对农业污染进行核算的基础上，分析农业污染演变的时空格局特征，并探讨其余农业发展的协调关系。本章共分为4节，具体章节安排如下，3.1节是农业污染核算；3.2节是农业污染源解析；3.3节是农业污染源解析；3.4节是农业发展与环境污染协调性评价与分析。

3.1　农业污染核算

3.1.1　农业污染核算方法

农业污染定量测度方法主要包括3类：一是利用基于小流域的大量模拟和试验，通过数学模型（胡雪涛等，2002）对农业污染负荷进行测度。但由于监测成本较高（Sharpley，1994），再加上中国水质监测、农业活动记录、普查数据缺乏，在大尺度区域采用加总各小流域模拟结果的方法是不现实的。二是以综合调查为基础的定量分析方法，此方法逐步受到重视，已经成为污染定量核算的一种重要技术方法。近年来，中国学者对国内重点流域及部分小流域或区域，进行了一系列专门的污染调查（张大弟等，1997；钱秀红，2001）。随后学者又扩展了该方法（赖斯芸等，2004；陈敏鹏等，2006），建立了基于单元的综合调查评价方法和清单分析方法，使之能够适用于大尺度区域的农业污染的测度。但此方法也存在缺陷，在估算过程中没有考虑自然条件、不同土地利用类型和化肥施用强度等因素对氮素流失差异的影响，而是取统一的流失系数，可能造成估算结果不准确。三是寻求相应的指标替代，如利用化肥、农药、农膜等农用化学品使用量、畜禽粪便排放量、水土流失等指标代替农业污染（陈玉成等，2008），这些指标忽略了其对水环境质量的真实影响研究，无法在同一尺度上比较各地农业污染的程度。著名的OECD养分平衡分析框架更进一步，用氮、磷素的盈余量来表示对生态环境的污染（陈晓华和张红宇，2006）。该方法的优点是简单易行，能够在一定程度上反映其对水环境的影响。但事实上，在农田生态系统中，化肥施入土壤后的去向可分为3个方面（赖斯芸，2003）：作物吸收、土壤残留和损失[①]。可见，OECD

① 作物吸收是指被植物吸收利用的部分，可用化肥利用率来衡量；土壤残留是被土壤微生物固定、土壤胶粒吸附和土壤晶格固定的部分，可为后茬作物生长提供养分；其他部分则为化肥损失，可对环境造成污染。

的养分平衡模型的分析结果只是一个“黑盒子”，不能反映出氮、磷素的流动方向——是残留还是流失。

综合以上分析可知，基于单元的综合调查评价方法具有无可比拟的优点，能够适用于大尺度的农业污染的测度。本章吸收其优点，利用清单分析的思路，考虑不同区域土地利用类型和化肥施用强度对污染的影响差异性，以省（市）为核算单位，对我国农业污染排放量进行估算。该方法主要评估农业生产和农村生活过程中产生的污染物，在降水和灌溉过程中通过地表径流和排水等途径汇入地表水体引起的有机物，或者氮、磷污染。其核心思想是：以农业活动为出发点，以农业统计数据为依托，以单元为核心，假设一定的农业活动对应一定的农业污染排放量，综合多种分析方法建立农业活动和污染排放量之间的响应关系。农业污染核算的技术路线具体见图 3.1。

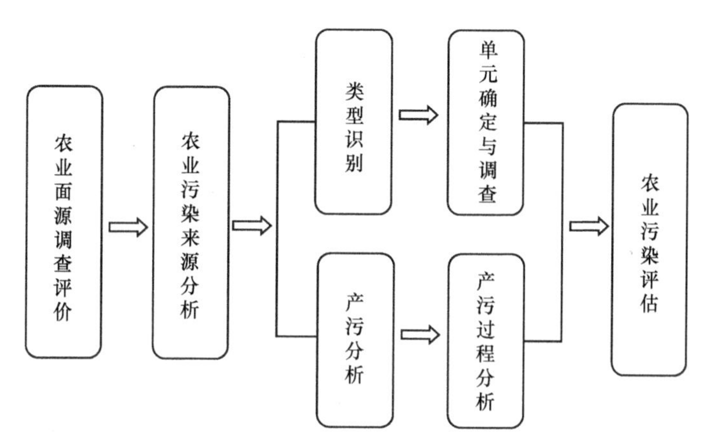

图 3.1　农业污染核算技术路线

农业污染测算的过程和步骤如下。

（1）污染类型识别与产污分析。主要是对污染源进行分析，首先要识别主要污染类型，明确污染调查的范围和评估内容。大量研究表明，种植业和养殖业是农业污染的主要来源（Jamzen et al.，2003；Norse，2005）。现代农业的专业化、区域化、集约化打破了传统的种植业和养殖业之间的物质和能量循环，形成农业系统“高投入、高产出、高废物”的生产模式，导致大量废物不能被有效利用，它们和过量投入一起成为水环境污染的主要来源（陈敏鹏和陈吉宁，2007）。此外，农村生活污染源对生态环境的影响也不容忽视（张维理等，2004）。因此，主要分析农田化肥、畜禽养殖、农田固体废弃物和农村生活 4 种污染类型。核算的污染物主要有 COD、TN、TP 3 类。

（2）单元确定与统计调查。这两个过程相互影响，调查单元是指产生污染物，并对污染具有一定贡献率的独立单位。本章以农业活动为出发点，以农业统计数据为依托，以单元为核心，以省（市）为核算单位，对农业污染源进行分析、分解，并建立调查的基本单元（表 3.1），将已确定的单元作为调查统计的对象。各省（市）的调查指标数据主要来自历年的《中国统计年鉴》《中国农村统计年鉴》《中国环境统计年鉴》和各省（市）农业统计资料。

表 3.1　农业面源产污核算单元

污染来源	调查单元	调查指标	单位
农田化肥	氮肥、磷肥	施用量（折纯）	万 t
畜禽养殖	牛、猪、羊、家禽	存栏量/出栏量	万头（只）
农田固体废弃物	稻谷、小麦、玉米、豆类、蔬菜	总产量	万 t
农村生活	乡村人口	农村人口	万人

（3）产污过程调查与分析。对污染物的流失情况进行定量分析的过程是确定单元排放系数取值的基础。通过文献调研，综合相关地区的研究结论（陈敏鹏等，2006；鲁如坤等，1996；张大弟等，1997；赖斯芸，2003），重点参阅了第一次全国污染源普查领导小组编纂的《污染源普查农业污染源肥料流失系数手册》①和《污染源普查畜禽养殖业源产排污系数手册》②中的分省或不同区域各参数取值，最终建立起不同产污单元省际层次上各农业污染产污强度系数、资源综合利用系数和流失系数的数据库。由于涉及的参数数值较多和篇幅限制，不再一一列举，具体见梁流涛（2009）的相关研究。

（4）农业污染评估。主要是对各种污染物的排放量进行估算的过程，其计算公式如下（陈敏鹏等，2006）：

$$E=\sum_i \mathrm{EU}_i\rho_i(1-\eta_i)C_i(\mathrm{EU}_i,S)=\sum_i \mathrm{PE}_i(1-\eta_i)C_i(\mathrm{EU}_i,S) \tag{3.1}$$

$$\mathrm{EI}=\frac{E}{\mathrm{AL}} \tag{3.2}$$

式中，E 为农业和农村污染的排放量；EU_i 为单元 i 指标统计数；ρ_i 为单元 i 污染物的产污强度系数；η_i 为表征相关资源利用效率的系数；PE_i 为农业和农村污染的产生量，即不考虑资源综合利用和管理因素时农业生产和农村生活造成的最大潜在污染量；C_i 为单元 i 污染物 j 的排放系数，它由单元和空间特征（S）决定，表征区域环境、降雨、水文和各种管理措施对农业和农村污染的综合影响。EI 为农业面源污染排放强度，表征农业污染在土地上的积聚程度和对农村生态环境的影响；AL 为研究区域的农地面积，主要包括耕地、园地和牧草地。

3.1.2　不同类型农业污染核算

在对中国各省（市）农业污染进行评估时，式（3.1）中的资源综合利用系数和流失系数根据典型地区的相关研究、调查获取。考虑到各类系数受降雨、土地利用类型、农业生产特点等地区性因素的强烈影响，各类系数在全国尺度上会有很大的差异。在文献调研的基础上，建立不同区域各类型系数的数据库，并综合样本地区相关研究结论进行分区赋值。另外，本章计算所需的全国及各省（市）化肥施用量、畜禽养殖、农作物产量、农用地数量、农村人口数量，以及各地区经济发展水平等数据主要来自历年的《中国统计年鉴》《中国农村统计年鉴》《中国农业年鉴》《新中国五十五年统计资料汇编》

① 第一次全国污染源普查领导小组. 2009. 污染源普查农业污染源肥料流失系数手册. 北京.
② 第一次全国污染源普查领导小组. 2009. 污染源普查畜禽养殖业源排污系数手册. 北京.

和各省（市）统计年鉴和农业统计资料。

利用式（3.1）和式（3.2）对1990～2009年中国各省（市）农业污染COD、TN和TP的排放总量和排放强度进行计算，并汇总得到此期间全国农业污染排放总量和平均排放强度①。其中，2003年农业污染COD、TN和TP的排放总量分别为608.48万t、685.45万t、86.44万t，这与陈鹏敏等（2006）估算的结果差别较小，这说明选择的农业污染核算方法和相关系数具有较高的可信度。

3.2　农业污染时空特征分析

农业污染对生态环境的影响主要体现在农业污染排放总量和排放强度两方面。因此，本小节从农业污染排放总量和排放强度两方面分析农业污染时序变化趋势和空间分异特征。

3.2.1　时序变化趋势

从农业污染的排放总量来看，1990～2009年中国农业面源COD、TN和TP的排放量均值分别为568.54万t、651.38万t和80.76万t，见表3.2。从变化趋势看，农业污染排放总量呈现增长态势。例如，1990年农业污染COD、TN和TP排放总量分别为493.11万t、505.70万t和59.52万t，2009年分别增加到了577.72万t、745.54万t和97.87万t，年均增长率分别为0.93%、2.50%和3.39%。但在总体增长过程中，个别年份也存在波动。例如，2006年与2005年相比，排放量呈现下降趋势，主要原因是畜禽养殖规模下降，如2006年生猪出栏量为68050.36万头，比2005年下降了3.0%，2006年年底羊存栏量为36896.6万只，比2005年下降了1%。

表3.2　1990～2009年中国农业污染排放总量和排放强度

年份	COD		TN		TP	
	排放量/万t	排放强度/（kg/ha）	排放量/万t	排放强度/（kg/ha）	排放量/万t	排放强度/（kg/ha）
1990	493.11	7.50	505.70	7.70	59.52	0.91
1991	498.35	7.58	521.12	7.93	61.58	0.94
1992	503.34	7.66	529.88	8.06	63.24	0.96
1993	515.96	7.85	561.51	8.55	67.80	1.03
1994	534.55	8.14	589.01	8.96	71.08	1.08
1995	552.00	8.40	630.73	9.60	75.70	1.15
1996	566.16	8.62	665.64	10.13	79.54	1.21
1997	559.29	8.51	633.53	9.64	75.91	1.16
1998	576.62	8.78	664.46	10.11	80.21	1.22
1999	580.88	8.84	665.98	10.14	82.08	1.25
2000	587.44	8.94	665.93	10.14	81.61	1.24
2001	591.38	9.00	670.43	10.20	83.16	1.27
2002	597.12	9.09	666.58	10.14	84.10	1.28
2003	608.48	9.26	685.45	10.43	86.44	1.32

① 其中全国的污染排放强度为全国排放总量与全国农用地数量之比。

续表

年份	COD		TN		TP	
	排放量/万 t	排放强度/（kg/ha）	排放量/万 t	排放强度/（kg/ha）	排放量/万 t	排放强度/（kg/ha）
2004	618.97	9.42	711.80	10.83	90.13	1.37
2005	648.95	9.87	730.76	11.12	93.77	1.43
2006	598.41	9.11	692.54	11.01	90.75	1.38
2007	582.77	8.87	725.33	11.04	94.06	1.43
2008	579.29	8.82	734.66	11.18	96.57	1.47
2009	577.72	8.80	745.54	11.35	97.87	1.49
平均值	568.54	8.65	649.829	9.91	80.76	1.23

数据来源：本章计算汇总所得。不包括香港、澳门、台湾的数据。

从农业污染排放强度来看，1990～2009 年中国农业面源 COD、TN 和 TP 的平均排放强度分别为 8.65kg/ha、9.91kg/ha 和 1.23kg/ha。在此期间，农业污染排放强度呈现增长态势，其中，COD、TN 和 TP 的排放强度分别从 1990 年的 7.50kg/ha、7.70kg/ha 和 0.91kg/ha，增加到了 2009 年的 8.80kg/ha、11.35kg/ha 和 1.49kg/ha，年均增长率分别为 0.90%、2.49%和 3.39%。

综合以上分析，在我国农业发展过程中，农业污染排放量和排放强度均呈现增加态势，其对农业环境的压力在逐步增大。

3.2.2 空间分异特征

为更准确地反映我国农业污染的空间分异状况，消除偶然波动造成的影响，本章用近年（2000～2009 年）各省份的平均值来反映农业污染状况（表 3.3）。

表 3.3 各省份农业污染排放量和排放强度的平均值

省份	COD		TN		TP	
	排放量/万 t	排放强度/（kg/ha）	排放量/万 t	排放强度/（kg/ha）	排放量/万 t	排放强度/（kg/ha）
北京	3.18	30.54	2.87	26.24	0.38	3.38
天津	3.14	48.20	3.44	46.68	0.38	5.12
河北	38.65	30.00	46.59	35.46	5.80	4.40
山西	10.12	10.14	10.99	10.85	1.35	1.33
内蒙古	9.97	1.00	17.28	1.77	1.92	0.20
辽宁	16.08	14.11	19.63	17.14	2.22	1.91
吉林	10.19	6.11	17.70	10.55	2.08	1.23
黑龙江	13.19	3.39	20.49	5.32	3.13	0.81
上海	1.71	46.53	2.53	69.34	0.20	5.44
江苏	19.31	29.40	42.09	62.09	4.00	5.90
浙江	12.76	15.14	14.18	16.44	1.23	1.41
安徽	27.10	25.62	39.15	34.91	3.95	3.51
福建	13.69	12.29	12.52	11.65	1.84	1.69

续表

省份	COD		TN		TP	
	排放量/万 t	排放强度/（kg/ha）	排放量/万 t	排放强度/（kg/ha）	排放量/万 t	排放强度/（kg/ha）
江西	26.72	19.17	19.14	13.51	2.54	1.78
山东	52.98	45.72	65.58	56.36	9.69	8.29
河南	55.36	47.61	66.91	53.78	10.77	8.64
湖北	25.25	17.61	37.99	25.83	4.65	3.14
湖南	51.53	29.47	38.92	21.59	4.74	2.63
广东	32.45	22.25	28.16	18.77	3.16	2.09
广西	28.26	16.19	26.38	14.72	3.51	1.96
海南	2.94	10.98	3.86	13.53	0.44	1.53
重庆	8.55	12.72	9.65	13.88	1.18	1.69
四川	40.64	9.32	42.60	9.96	5.87	1.37
贵州	15.94	10.43	16.78	10.86	2.09	1.36
云南	18.61	5.84	23.68	7.40	2.65	0.83
西藏	13.84	1.75	12.33	1.56	1.59	0.20
陕西	12.09	6.68	16.01	8.60	1.65	0.89
甘肃	10.08	4.21	11.40	4.70	1.35	0.56
青海	10.51	2.41	9.20	2.10	1.21	0.28
宁夏	1.95	4.62	3.32	7.74	0.35	0.81
新疆	11.89	1.87	16.71	2.60	2.14	0.33

数据来源：本章计算汇总所得。不包括香港、澳门、台湾的数据。

不同省（市）农业污染排放量空间差异显著。从COD排放量来看，河南、山东、湖南等省份的排放量较大，都在50万t以上，其中，河南的排放量最大。四川、河北、广东等省份的排放量在30万～40万t，广西、安徽、江西、湖北等省份的排放量在20万～30万t，江苏、云南、辽宁、贵州、西藏、福建、浙江、黑龙江、陕西、新疆、青海、山西、吉林、甘肃等省份的排放量在10万～20万t。内蒙古、重庆、宁夏、天津、北京、海南、上海等省份的排放量在10万t以下，其中，上海的排放量最小，仅有1.71万t。从TN排放量来看，山东和河南的排放量在60万t以上，河北、四川、江苏等省份的排放量在40万～50万t，安徽、湖南、湖北等省份的排放量在30万～40万t，广东、广西、云南、黑龙江等省份的排放量在20万～30万t，辽宁、江西、吉林、内蒙古、贵州、新疆、陕西、浙江、福建、西藏、甘肃、山西等省份的排放量较小，在10万～20万t，重庆、青海、海南、天津、宁夏、北京、上海等省份的排放量在10万t以下。从TN排放量来看，河南、山东、四川、河北等省份的排放量较大，其值在5万～11万t。湖南、湖北、江苏、安徽、广西、广东、黑龙江的排放量在3万～5万t。内蒙古、贵州、福建、陕西、西藏、山西、甘肃、浙江、青海、重庆等省份的排放量较小，在1万～2万t。海南、北京、天津、宁夏、上海等省份的排放量最小，其值都在0.5万t以下。

不同省份的农业污染排放强度也存在显著的空间差异。从COD排放强度来看，山东、上海、河南、天津等省份的排放强度最大，在45～50kg/ha，广东、安徽、江苏、湖南、河北、北京等省份的排放强度也在 20～30kg/ha。山西、贵州、海南、福建、重庆、辽宁、浙江、广西、湖北、江西等省份的排放强度在 10～20kg/ha。黑龙江、甘肃、宁夏、云南、吉林、陕西、四川等省份的排放强度较小，在 3～9kg/ha，内蒙古、西藏、新疆、青海等省市排放量最小，其值在 1～3kg/ha。从 TN 排放强度来看，上海、江苏、山东、河南、天津等省份的排放强度较大，在 45～70kg/ha，其中，上海的排放强度达到了 69.34kg/ha，河北、安徽、北京、湖北、湖南等省份的排放强度也较大，其值在 20～40kg/ha。广东、辽宁、浙江、广西、重庆、海南、江西、福建、贵州、山西、吉林等省份的排放强度在 10～20kg/ha。四川、陕西、宁夏、云南、黑龙江、甘肃等省份的排放强度在 4.5～10kg/ha，内蒙古、西藏、新疆、青海等省份的排放强度最小，其值在 1.5～3kg/ha。从 TP 排放强度来看，山东、上海、河南、江苏、天津、河北、安徽等省份的排放强度较大，在 3.5～9kg/ha，北京、湖北、湖南、广东等省份的排放强度在 2～3.5kg/ha。广西、辽宁、江西、福建、重庆、海南、浙江、四川、贵州、山西、吉林等省份的排放强度在 1～2kg/ha。陕西、云南、黑龙江、宁夏、甘肃等省份的排放强度在 3～9kg/ha，内蒙古、西藏、新疆、青海等省份的排放量最小，在 0.2～0.4kg/ha。

综合以上分析，1990～2009 年我国农业污染排放量和排放强度的空间差异显著。农业污染排放量较大的省份集中在人口多、农业集约化程度高的地区，如山东、河南、河北、四川、江苏、湖北、安徽等省份；农业污染排放强度较大的省份集中在人口密度较大的地区，如山东、江苏、河南、天津等省份。另外，陕西、云南、黑龙江、宁夏、甘肃、新疆、青海、内蒙古、西藏等西部省份的排放强度和排放总量都较小。

3.3　农业污染源解析

3.3.1　全国层面的农业污染源解析

表 3.4 中，农业污染 COD 主要来源于畜禽养殖和农村生活污染（表 3.4），2009 年其对农业污染 COD 的贡献率分别为 47.79%和 44.25%，而农田固体废弃物的贡献较小，2009 年其贡献率仅为 7.97%。从时间变化来看，1990～2009 年畜禽养殖对 COD 的贡献维持在 43%以上，且呈现增加趋势，研究期内的平均值为 48.38%。1990 年畜禽养殖贡献率为 43.97%，随着畜禽养殖业的迅猛发展，其对农业污染的贡献率也不断增加，1995 年达到了 49.54%，此后维持在 50%左右，2000 年为 49.32%，2005 年为 51.73%。2006 年以后贡献率略有下降，维持在 47.50%左右，2006～2009 年平均贡献率为 47.57%。农村生活污染对 COD 的贡献也较大，除个别年份外，1990～2009 年其贡献率维持在 40%以上，平均值为 44.81%。1990 年农村生活污染对 COD 的贡献率为 49.37%，但之后呈现减少趋势，其对生态环境的压力逐步减小，这与农村人口减少和基础设施逐步完善有很大关系。农田固体废弃物对 COD 的贡献率较小，但由于农作物秸秆处理方式没有实质变化，综合利用率较低，其对农业污染的贡献较为稳定，维持在 7%左右。

表3.4　1990～2009年农业污染排放清单　（%）

年份	COD			TN				TP			
	畜禽养殖	农田固体废弃物	农村生活	农田化肥	畜禽养殖	农田固体废弃物	农村生活	农田化肥	畜禽养殖	农田固体废弃物	农村生活
1990	43.97	6.66	49.37	41.19	39.16	14.17	5.48	22.06	48.49	18.99	10.46
1991	44.37	6.55	49.08	42.34	38.62	13.70	5.34	23.59	47.68	18.57	10.16
1992	45.52	6.54	47.94	42.04	39.20	13.58	5.18	24.30	47.96	17.98	9.76
1993	46.24	6.92	46.84	42.42	38.65	14.02	4.91	25.68	46.61	18.57	9.13
1994	48.05	6.58	45.37	41.92	40.03	13.37	4.68	25.88	48.10	17.32	8.71
1995	49.54	6.77	43.69	42.23	40.09	13.32	4.35	26.01	48.32	17.53	8.15
1996	50.54	7.02	42.44	42.65	40.05	13.19	4.11	26.09	48.30	17.89	7.73
1997	45.84	6.88	47.28	45.57	36.18	13.50	4.75	28.97	44.67	17.45	8.91
1998	48.39	7.13	44.48	44.71	37.13	13.77	4.39	27.55	45.86	18.42	8.18
1999	49.28	7.07	43.64	43.80	37.96	13.91	4.33	28.12	46.00	17.98	7.90
2000	49.32	6.51	44.17	43.71	38.50	13.36	4.43	28.35	46.90	16.62	8.13
2001	50.08	6.43	43.49	43.83	38.66	13.15	4.37	28.73	46.90	16.47	7.91
2002	50.91	5.93	43.17	44.22	39.87	11.51	4.40	29.24	47.64	15.29	7.84
2003	51.49	6.02	42.49	43.22	40.02	12.47	4.29	28.98	47.90	15.47	7.65
2004	52.01	6.50	41.48	43.08	39.62	13.19	4.11	29.13	47.34	16.24	7.29
2005	51.73	6.41	41.86	42.68	39.89	13.20	4.23	28.95	47.36	16.28	7.41
2006	47.43	7.18	45.40	45.45	37.01	13.63	4.27	32.29	42.74	17.32	7.66
2007	47.61	7.29	45.10	44.97	37.84	13.07	4.12	31.15	45.05	16.65	7.15
2008	47.45	7.87	44.68	44.98	36.98	14.03	4.01	31.38	44.29	17.48	6.85
2009	47.79	7.97	44.25	45.15	36.88	14.07	3.90	32.07	43.86	17.39	6.68

数据来源：本章计算汇总所得。不包括香港、澳门、台湾的数据。

农业污染TN主要来源于农田化肥和畜禽养殖（表3.4），2009年两者的贡献率分别为45.15%和36.88%，而农田固体废弃物和农村生活污染对TN的贡献较小，其贡献率分别为14.07%和3.90%。从时间变化来看，农田化肥对TN的贡献率呈现增长态势，从1990年的41.19%增长到1995年的42.23%，而1996～2001年呈现波动增长态势，1997年贡献率增长到45.57%，此后有所下降，2001年为43.83%，2002～2005年呈现缓慢下降，其贡献率维持在43%左右。2006年又增长到45.45%，此后维持稳定，2009年增长到45.15%。畜禽养殖对TN的贡献率呈现波动状态，1990～1996年维持在40%左右，1997～2001年有所下降，平均值为36.69%，2002～2005年开始回升，平均值为39.85%，2006～2009年较为稳定，维持在37%左右。农田固体废弃物对TN的影响较小，1990～2009年贡献率均值为4.48%。

农业污染TP也主要来源于农田化肥和畜禽养殖（表3.4），2009年其贡献率分别为32.07%和43.86%。农田固体废弃物对TP的贡献也较大，2009年的贡献率为17.39%，农村生活污染对其贡献较小，贡献率仅为6.68%。从时间变化来看，农田化肥对TP的贡献呈现增长趋势，1990年为22.06%，1995年增长到26.01%，1996～2000年也呈现增长态势，其对TP的贡献率从1996年的26.09%增长到2000年的28.35%，2001～2005

年的贡献率较为稳定，维持在29%左右，2006年贡献率增长到了32.29%，此后维持稳定。畜禽养殖对TP的贡献率呈现下降趋势，1990～1995年在波动中下降，1990年为48.49%，1993年下降到46.61%，1994年波动增长到48.10%，1995年又增长到48.32%。1996～2000年从48.30%下降到46.90%，2001～2005年呈现增长趋势，从2001年的46.90%增长到2005年的47.36%，2006年又下降到42.74%，2007年以后又有所增长。农田固体废弃物对农业污染的影响也较大，1990～2009年其贡献率保持稳定，平均值为17.29%。

综合以上分析，在农村发展过程中，农业生产的发展是造成农村生态环境压力增大的主要原因，其中，化肥的使用、畜禽养殖业的发展，农田固体废弃物的影响较大，而农村生活的影响相对较小。从变化趋势看，农田化肥污染、畜禽养殖污染和农田废弃物的贡献率呈现增长趋势，农村生活污染呈现下降趋势。因此，在农村环境管理过程中，农田化肥和畜禽养殖污染应是重点控制类型，而农田固体废弃物污染也不容忽视。

3.3.2　农业污染源空间分异特征

从污染物COD的排放来看（表3.5），西藏、青海、四川、山东、北京、湖南、福建、广东、新疆、江西、广西、辽宁等省份主要表现为畜禽养殖污染，其数值在50%以上。上海、河南、河北、湖北等省份畜禽养殖污染比例也较高，其值在45%～50%。陕西、江苏、山西、甘肃、重庆、宁夏、贵州、海南、云南、浙江、天津、黑龙江、内蒙古等省份主要表现为农村生活污染。还有一些地区农村生活和畜禽养殖污染的比例较高（40%左右），如湖北、吉林、河南、河北、辽宁等省份。另外，各地区农田固体废弃物对农业污染的贡献都较少，都维持在10%左右。

表3.5　各省份农业污染排放清单　（%）

省份	COD			TN				TP			
	畜禽养殖	农田固体废弃物	农村生活	农田化肥	畜禽养殖	农田固体废弃物	农村生活	农田化肥	畜禽养殖	农田固体废弃物	农村生活
北京	60.18	4.38	35.44	53.62	32.98	9.05	4.35	26.48	49.65	16.22	7.66
天津	47.74	5.09	47.16	60.40	28.13	7.16	4.31	31.22	42.79	16.36	9.62
河北	48.19	11.32	40.49	43.05	36.47	16.84	3.65	22.00	43.77	27.64	6.58
山西	15.38	13.11	71.51	46.56	24.11	22.06	7.27	36.37	24.88	26.27	12.48
内蒙古	39.92	18.43	41.65	33.13	46.28	18.48	2.10	22.41	47.99	25.54	4.06
辽宁	52.97	8.25	38.77	45.66	36.84	13.93	3.57	18.38	50.32	24.27	7.03
吉林	33.41	21.25	45.34	34.96	39.11	23.22	2.70	20.96	38.08	36.31	4.66
黑龙江	28.41	24.21	47.38	32.33	34.02	30.69	2.97	41.43	27.62	26.81	4.15
上海	46.32	5.48	48.21	70.83	16.21	8.53	4.42	30.27	45.67	10.69	13.36
江苏	12.43	13.63	73.94	76.46	6.56	13.31	3.66	59.44	13.52	18.52	8.52
浙江	29.30	3.83	66.87	65.43	17.92	10.03	6.61	30.21	39.53	11.00	19.26
安徽	34.32	7.81	57.87	61.27	20.47	13.97	4.29	36.99	34.29	18.98	9.74
福建	52.62	2.47	44.91	54.43	31.69	7.54	6.35	44.60	40.95	4.93	9.52
江西	55.41	6.84	37.75	30.68	44.52	19.07	5.74	26.66	55.04	8.05	10.25
山东	57.34	8.45	34.21	46.31	33.63	16.76	3.30	37.82	33.84	23.50	4.84

续表

省份	COD			TN				TP			
	畜禽养殖	农田固体废弃物	农村生活	农田化肥	畜禽养殖	农田固体废弃物	农村生活	农田化肥	畜禽养殖	农田固体废弃物	农村生活
河南	46.28	9.26	44.46	40.19	41.55	14.65	3.61	43.25	37.10	14.66	4.99
湖北	44.67	6.92	48.41	64.73	21.43	10.44	3.41	56.19	29.63	7.92	6.26
湖南	65.12	6.11	28.78	37.20	43.68	15.07	4.05	16.03	68.90	7.24	7.82
广东	55.40	2.76	41.84	50.78	36.51	7.22	5.48	23.15	59.65	6.19	11.01
广西	54.49	3.81	41.70	37.31	48.56	8.91	5.22	25.22	59.91	6.82	8.06
海南	33.20	4.04	62.76	47.21	42.56	5.63	4.60	34.74	49.88	6.58	8.80
重庆	27.86	4.58	67.55	51.98	31.99	9.94	6.08	29.82	42.55	17.01	10.63
四川	55.39	2.62	41.99	32.79	53.59	8.49	5.13	18.41	61.57	11.69	8.33
贵州	32.01	5.11	62.88	28.48	53.25	12.01	6.26	12.08	53.51	23.85	10.56
云南	33.08	5.41	61.51	41.96	44.81	8.57	4.67	18.70	51.39	21.04	8.87
西藏	94.40	0.22	5.38	1.90	96.50	0.84	0.76	1.53	96.14	1.18	1.15
陕西	18.30	10.47	71.24	56.32	22.92	15.27	5.49	30.41	29.35	28.83	11.41
甘肃	27.93	6.15	65.92	32.18	49.86	12.50	5.47	23.32	49.91	16.74	10.03
青海	87.91	0.43	11.66	4.74	90.50	3.19	1.57	3.48	90.35	3.39	2.78
宁夏	31.54	4.40	64.06	49.43	38.75	8.25	3.57	31.25	42.35	19.13	7.27
新疆	59.22	2.28	38.50	42.34	48.42	6.17	3.07	31.29	52.55	11.19	4.97

资料来源：本章计算汇总所得。不包括香港、澳门、台湾的数据。

从污染物TN的排放量来看（表3.5），江苏、上海、浙江、湖北、安徽、陕西、福建、北京、天津、重庆、广东等省份主要表现为农田化肥污染，所占比例在50%～75%。宁夏、海南、辽宁、河北、山东、山西、云南、新疆、河南等省份农田化肥污染占比也较高，在40%～50%。西藏、青海、四川、贵州、甘肃等省份畜禽养殖污染占比较高，其值在50%左右，其中，西藏和青海更是在90%以上。广西、新疆、内蒙古、云南、江西、海南、湖南、河南等省份畜禽养殖污染比例也较高，在40%～50%。吉林、宁夏、辽宁、广东、河北、黑龙江、山东、北京、重庆、福建等省份的比例也在30%～40%。综合以上分析，湖南、海南、河南、云南、内蒙古等省份农田化肥和畜禽养殖污染占比较高。各省份农村生活污染和农田固体废弃物对农业污染的贡献较小，其中，农村生活污染的贡献率在10%左右。农田固体废弃物污染不容忽视，黑龙江、吉林、山西等省份比例较高，在20%～31%，内蒙古、江西、河北、山东、陕西、湖南、辽宁、河南、甘肃、江苏、安徽、贵州、湖北、浙江等省份的比例在10%～20%，其他省份在10%以下。

从污染物TP的排放来看（表3.5），江苏、湖北、福建、黑龙江等省份主要表现为农田化肥污染，其比例都在40%～60%，江苏的比例最高，为59.44%，浙江、山西、山东、海南、安徽、新疆、宁夏、陕西、天津、上海等省份的比例在30%～40%。西藏、青海、湖南、四川、广东、广西、江西、贵州、新疆、云南等省份畜禽养殖污染占比较高，在50%以上，西藏、青海更是达到90%以上。甘肃、海南、北京、内蒙古、上海、河北、天津、重庆、宁夏、福建等省份畜禽养殖占比在40%～50%。综合以上分析，安徽、山东、河南、湖北等农业集约化较高地区的农田化肥和畜禽养殖污染占比较高。农村生活污染对农业污染的贡献较少，上海、山西、陕西、广东、重庆、贵州、江西等省份的占比在10%～20%，其他省份都小于10%。农田固体废物对TN的贡献不容忽视，吉林、陕西、河北、黑龙江、山西、内蒙古、辽宁、贵州、山东、云南、宁夏等省份占比在20%～40%，上海、浙江、新疆、四川、河南、北京、天津、甘肃、重庆、江苏、安徽、宁夏等省份占比在10%～20%。

通过以上分析可知，我国农业污染源来源存在明显的区域差异。为进一步分析农业污染来源的空间分异特征和规律，利用聚类分析方法（cluster analyze）对31个省份农业面污染源进行综合分析。利用SPSS13.0软件，采用K-means方法对三类污染物（COD、TN和TP）进行聚类分析，并对聚类分析结果进行方差分析，结果表明，类别间距离差异的概率值均小于0.01，聚类效果良好。具体结果见表3.6。

表3.6 农业污染来源分类结果

污染类型	COD	TN	TP
Ⅰ类	上海、西藏、青海	西藏、青海	西藏、青海
Ⅱ类	天津、内蒙古、吉林、黑龙江、安徽、湖北	上海、江苏、浙江、湖北	黑龙江、江苏、福建、河南、湖北
Ⅲ类	北京、河北、辽宁、福建、江西、山东、河南、湖南、广东、广西、四川、新疆、	北京、天津、河北、山西、辽宁、吉林、黑龙江、安徽、福建、山东、广东、重庆、云南、陕西、宁夏	河北、山西、内蒙古、吉林、安徽、山东、重庆、贵州、云南、陕西、甘肃、宁夏
Ⅳ类	山西、江苏、浙江、海南、重庆、贵州、云南、陕西、甘肃、宁夏	内蒙古、江西、河南、湖南、广西、海南、广西、海南、四川、贵州、甘肃、新疆	北京、天津、辽宁、上海、浙江、江西、湖南、广东、广西、海南、四川、新疆

资料来源：本章计算汇总所得。

综合3类污染物的聚类分析结果，并考虑不同地区农业污染排放总量和排放强度特征，将全国有31个省份分为3类区域（表3.7）：①Ⅰ类区域主要表现为畜禽养殖污染，所占比例都在90%以上，包括西藏和青海。由于该区域污染排放总量较少，加上地区面积宽广，其排放量强度较小。②Ⅱ类区域畜禽养殖和农田化肥污染的贡献率较高，主要分布在东部和中部地区。受比较利益的影响，农业资源较为稀缺，农业生产规模相对较小，单位面积的化肥投入强度较高，农田化肥污染较为严重。另外，由于经济发展水平较高，对畜禽等高层次食品的需求量大，该区域畜禽养殖业较为发达，其污染贡献较高，排放强度和排放量也远远高于其他两个区域。③Ⅲ类区域主要分布在东北和西部地区，

表3.7 各省份农业污染分类及特征

类别	地区	特征
Ⅰ类地区	西藏、青海	畜禽污染比重大，但排放强度和排放总量都较低
Ⅱ类地区	北京、辽宁、河北、上海、江苏、福建、江西、山东、河南、湖南、广东、广西、四川、新疆	农田化肥污染与畜禽养殖污染比重都较高，排放强度和排放总量较高
Ⅲ类地区	天津、山西、内蒙古、吉林、黑龙江、浙江、安徽、湖北、海南、重庆、贵州、云南、陕西、甘肃、宁夏	各类污染比例比较平均，农田化肥污染比重相对较高

资料来源：本章计算汇总所得。

各类污染所占比重较为平均，农田化肥污染占比较大，但小于Ⅱ类区域。由于畜禽养殖业规模较小，其污染问题相对较小。

3.4　农业发展与环境污染协调性评价及分析

经济发展与环境协调性的衡量主要是将环境污染纳入到经济效率的分析框架中，分析环境污染对经济效率的影响。一些学者试图将污染作为一种“坏”产出引入到经济效率测度模型中。但由于受传统的生产率测度模型（如 Tornvist 指数和 Fischer 指数）的限制，“坏”产出的价格信息又很难获取，因而无法将“坏”产出纳入到生产率的模型。随着生产率测量方法的不断深入，Fare 等（1994）引入距离函数，提出 Malmquist 生产率指数的计算方法。虽然解决了价格信息的问题，但对于存在“坏”产出的状况，传统距离函数显得无能为力。针对这个问题，Chung 等（1997）引入方向性距离函数。由于方向性距离函数模型同时考虑了“好”产出的提高和“坏”产出的减少，也不需要考虑价格信息，并继承了传统效率分析技术的系统性和结构性框架，因此，其具有无可比拟的优点和较高的可信性（Fare et al.，2007）。国外关于方向性距离函数模型的研究成果已经很多，国内学者也开始关注这项研究（胡鞍钢等，2008；王兵等，2008；涂正革，2008），但国内在农业生产领域中的研究还不多见。基于此，本章拟以省际面板数据为基础，应用方向性距离函数模型测度区域环境技术效率，衡量环境与农业发展的协调性，并探讨农业发展与环境协调性变化的驱动机制，为农业环境政策的制定提供依据。

3.4.1　研究方法与数据

1. 环境技术效率与农业发展-环境的协调性评价方法

衡量农业发展与环境的协调性，最关键的是全面、科学地反映资源投入、经济增长和环境污染之间的关系，将环境因素引入到经济系统的分析框架中。为此，本章将农业生产中产生的不受欢迎的副产品（各种污染物）定义为“坏”产出，正常的产品称为“好”产出。Fare 等（2007）将包括“坏”产品在内的产出与要素资源投入之间的技术结构关系称为环境技术。环境技术与传统的投入-产出技术结构最大的区别是：在投入一定的情况下，减少环境污染排放需要投入净化设备，相应地会减少“好”产品生产的投入，导致“好”产品减产。假设某个地区农业生产中使用 N 种投入 $x=(x_1,x_2,x_N)\in R_+^N$ 得到 M 种好产出 $y=(y_1,y_2,y_m)\in R_+^M$ 和 T 种坏产出 $b=(b_1,b_2,b_T)\in R_+^T$，生产可行性集可以表示为

$$P(x)=\{(y,b):x\text{可以生产}(y,b)\},x\in R_+^N \tag{3.3}$$

生产可行性集 $P(x)$ 具有以下特点：①一个地区如果没有“坏”产出，就没有“好”产出，或者说，有“好”产出就一定有“坏”产出，也就是说，二者是同时存在的，从而将环境因素纳入到分析框架中。用公示表达为：$(y,b)\in P(x)$，且 $b=0$，那么 $y=0$。②产出弱可处置性（weak disposability of outputs），即“好”产出和“坏”产出同比例减少，仍然在生产可行性集中。这个特性意味着，如果要减少“坏”产出就必须减少“好”

产出，表明污染的减少是要付出代价的。

应用数据包络分析方法可以将满足上述特点的环境技术模型化，假设每个时期 t=1，2，…，T，第 K 个（k=1，2，…）决策单元（地区）的投入和产出值为 $(x^{k,t}, y^{k,t}, b^{k,t})$。

$$P^t(x^t)=\left\{\begin{array}{l}(y^t,b^t):\sum_{k=1}^{K} z_k^t y_{km}^t \geqslant y_{km}^t, m=1,2,\cdots,M \\ \sum_{k=1}^{K} z_k^t b_{ki}^t = b_{ki}^t, i=1,2,\cdots,I \\ \sum_{k=1}^{K} z_k^t x_{kn}^t \geqslant x_{kn}^t, n=1,2,\cdots,N \\ z_k^t \geqslant 0, k=1,2,\cdots,K\end{array}\right\} \tag{3.4}$$

z_k^t 表示每一个横截面观察值的权重，非负权重的变量表示生产技术是规模报酬不变的。

虽然环境技术的构造对环境技术概念的解释很有好处，但是对于计算却是很困难的。在当前环境问题日益受到重视的条件下，生产中的一个重要目标是减少污染（“坏”产出），保持经济增长（“好”产出）。为了计算环境技术效率，需要通过方向性距离函数将这样的生产过程模型化。方向性距离函数有投入和产出两种视角。由于本章所要实现的是在既定的产出下，达到最大的“好”产出和最小的“坏”产出，因此，使用基于产出视角的方向性距离函数：

$$D_0(x,y,b;g)=\sup\left\{\beta:(y,b)+\beta_g \in P(x)\right\} \tag{3.5}$$

$g=(g_y,g_b)$ 是产出扩张的方向向量。方向性距离函数需要选择不同的方向向量。当方向向量是 $g=(y,-b)$，并且坏产出在技术上具有弱可处置性时，则可以利用 DEA 来求解方向性距离函数：

$$\begin{array}{l}D_0^t(x^{t,k'},y^{t,k'},b^{t,k'};y^{t,k'},-b^{t,k'})=\text{Max}\beta \\ \text{s.t.}\sum_{k=1}^{K} z_k^t y_{km}^t \geqslant (1+\beta) y_{k'm}^t m=1,2,\cdots,M \\ \sum_{k=1}^{K} z_k^t b_{ki}^t = (1-\beta) b_{k'i}^t, i=1,2,\cdots,I \\ \sum_{k=1}^{K} z_k^t x_{kn}^t \leqslant x_{k'n}^t, n=1,2,\cdots,N \\ z_k^t \geqslant 0, k=1,2,\cdots,K\end{array} \tag{3.6}$$

可见，方向性环境距离函数是采用非参数线性规划技术，计算某个地区在某一时期相对于环境前沿生产者的距离，即生产者相对于环境生产前沿，产出扩张与污染缩减的最大可能倍数。环境技术效率值介于 0～1。落在环境生产前沿面上的地区的效率值为 1，表示该地区与其他地区相比，投入-产出和污染排放处于最佳水平，资源投入最少、产出最多、污染排放最少，该地区农业发展与环境处于高度协调状态。环境技术效率能够较全面地描绘现实农业生产与理想状态（给定技术结构和要素资源投入水平，产出最大、污染排放最少的地区）的差距，因此，可以根据环境技术效率取值的大小定义环境与农业发展的相对协调程度。如果环境技术效率取值范围是（0.9，1]，则将该地区定义为“优质协调地区”，即资源投入少、产出多、污染排放少的地区；定义环境技术效率在（0.8，0.9]为“良好协调地区”；环境技术效率取值范围为（0.7，0.8]为“中等协调发展地区；环境技术效率在（0.6，0.7]为“不协调地区”；如果环境技术效率小于 0.6 则为“严重不协调地区”。

2. 指标选择

按照上述理论方法探讨农业发展与环境的协调性，最重要的是选择合适的投入和产出指标，指标的选择主要包括“好”产出、“坏”产出和投入 3 个方面。

（1）“好”产出。“好”产出主要选择农林牧渔产值和粮食产量，并对原始数据进行了精加工，主要是以不变价对农业产值进行统一折算。

（2）“坏”产出。对于如何全面、科学地表达一个地区的环境破坏和资源损耗整体水平，国内外现有研究尚未给出统一的答案，国内外相关研究普遍采用具体污染指标。本章也采用这种思路，用农业生产中的 COD、TN 和 TP 排放量作为“坏”产出环境指标。

（3）投入指标。农业生产的投入指标可以用土地、资本和劳动力投入的数量来表征。鉴于数据具有可获得性，用农用地面积来表示对土地的投入，资本的投入用农田化肥施用量和农业机械总动力来表示，劳动力投入用农业生产中的实际劳动人员来表示。

3.4.2　农业发展与环境协调性时空特征分析

根据方向性距离函数的理论及相应的投入-产出的数据，采用非参数线性规划技术，测度出 1997～2009 年 31 个省份的环境技术效率，并根据环境技术效率取值的大小衡量环境与农业发展的相对协调程度。

1. 静态评价

从 2009 年的环境技术效率得分看，北京、黑龙江、上海和西藏的环境技术效率较高，环境与农业发展处于高度协调状态。但是，农业发展也造成一些地区环境恶化，山西、云南、陕西、甘肃、宁夏、贵州、广西、安徽、河北、重庆等省份的协调度小于 0.7，处于不协调甚至极不协调状态。为了更进一步反映环境与农业发展的协调状况，通过汇总的方式计算出 1997～2009 年各地区环境技术效率的平均得分。可以将不同地区按照协调性大小进行归类。①优质协调地区：西藏和吉林；②良好协调地区：黑龙江、上海、北京、辽宁；③一般协调地区：四川、福建、江苏、广东、海南、内蒙古、江西、浙江、重庆；④不协调地区：天津、新疆、山东、贵州、湖南、湖北、青海；⑤严重不协调地区：河南、河北、安徽、云南、广西、宁夏、甘肃、山西、陕西。

从静态平均情况看，中国 31 个省份中，大部分省份环境与农业发展处于不同程度的失衡状态，整体形势不容乐观。值得注意的是，农业环境技术效率与农业污染排放绝对量之间不存在对应关系，并不是污染排放量大，环境技术效率就低，农业发展与环境的协调性就差。可能的解释是：在经济发展水平较高的地区，人们对农产品的消费已由数量的满足转向质量的提高阶段，对环境质量较为重视，政府通过发展蓄积起来的经济实力开始转向农业环境整治，同时农业的清洁生产技术已经开始应用，这些都会使在一定农业投入规模下，农业污染的产出较少。

2. 动态评价

1997～2009 年平均环境技术效率为 0.692，并且呈现波动状态，为了考察农业发展与环境协调状况的动态变化，将整个研究分为 3 个阶段（1997～2000 年、2001～2004 年与 2005～2009 年），这 3 个阶段的协调度平均值为 0.677、0.645 与 0.742。近年来，农业发展与环境协调性增加的主要原因：国家对农业的重视程度增加，大规模地推行以税费减免为主要内容的“惠农新政”，加强农业生产基础投资，重视农业环境治理，力求改变当前农业基础设施薄弱和农业生产环境污染严重的状况，这一系列政策开始逐步收到显著效果，农民农业生产的积极性提高，提升了农业发展与环境的协调性，有利于农业的长远发展。

表 3.8 列出了全国有 31 个省份不同阶段的平均环境技术效率。按照不同阶段协调性的变化可以进行如下归类：①保持协调发展的地区：吉林和西藏；②一直处于不协调发展的地区：天津、河北、山西、内蒙古、安徽、浙江、江西、山东、河南、湖北、湖南、广西、陕西、甘肃、青海、宁夏、新疆；③从不协调向协调转化的地区：北京、辽宁、黑龙江、上海、福建、江苏、广东、海南；④协调性恶化的地区：重庆、四川、贵州和云南。从动态分析来看，经济发展水平较高的东部地区大都保持着协调发展的态势，或者已经向协调状态转化，而经济发展水平较低的中部和西部地区大都保持着不协调的态势，或者协调性不断恶化。

表 3.8　各省份不同阶段的环境技术效率

省份	1997～2000 年	2001～2004 年	2005～2009 年	省份	1997～2000 年	2001～2004 年	2005～2009 年
北京	0.819	0.849	0.955	湖北	0.618	0.571	0.672
天津	0.672	0.624	0.781	湖南	0.645	0.626	0.705
河北	0.537	0.517	0.633	广东	0.714	0.683	0.838
山西	0.400	0.451	0.495	广西	0.516	0.459	0.565
内蒙古	0.747	0.648	0.768	海南	0.669	0.661	0.878
辽宁	0.732	0.756	0.934	重庆	0.775	0.688	0.673
吉林	0.851	0.883	0.970	四川	0.842	0.743	0.783
黑龙江	0.918	0.839	0.922	贵州	0.782	0.666	0.588
上海	0.874	0.816	0.928	云南	0.564	0.517	0.539
江苏	0.744	0.740	0.857	西藏	0.961	1	0.998
浙江	0.7182	0.601	0.782	陕西	0.445	0.427	0.516
安徽	0.533	0.499	0.579	甘肃	0.487	0.468	0.524
福建	0.708	0.722	0.903	青海	0.542	0.547	0.742
江西	0.767	0.653	0.741	宁夏	0.492	0.489	0.525
山东	0.642	0.598	0.769	新疆	0.657	0.658	0.755
河南	0.558	0.537	0.671	全国	0.677	0.645	0.742

注：不包括香港、澳门、台湾的数据。

3.4.3　农业发展-环境协调性影响因素分析

1. 模型设定

利用1997～2009年31个省份的面板数据，采用多元回归方法检验农业发展-环境协调性与影响因素之间的关系，模型形式设定为

$$\mathrm{ETE} = \alpha + \sum \beta_i z_i + \mu \tag{3.7}$$

式中，ETE为环境技术效率；z_i为影响因素；β_i为被估计参数；μ为标准白噪声；α为截距项。

影响因素指标的选择主要考虑区域经济发展水平、农业结构、农业生产设施条件、农业资源禀赋、环境管理制度等几个方面。①区域经济发展水平指标选择人均GDP，并引入了平方项。②农业结构变动指标考虑农业产值结构变动和部门内部结构两个方面，分别用畜禽养殖业产值比重（Ani）和粮食作物与经济作物的比例（Plastr）来表示。③对于农业基础设施条件，参照一般研究的做法，用农业基础设施的投资来表示（Inv）。④用人均经营耕地数量（Acul）来代替经济发展中对农业资源需求的供给状况，该指标能够反映一个区域农业资源的稀缺程度。⑤环境管理制度和政策（Ins）通常很难直接衡量，主要有两种思路：一是采用指标代替的方法（杨涛，2003；应瑞瑶和周力，2006），但环境管理制度是多方面的，仅仅用其中的一方面来代替缺乏令人信服的解释；二是利用专家打分法得到环境管理制度的量化指标，这种方法能够综合对环境管理制度进行评价，避免了指标替代法的片面性，具有一定的优越性。本章也拟采用这种思路，通过专家打分的特尔菲方法，对农业污染管理制度进行量化，主要是以与农业污染管理相关政策的颁布和执行情况为基准，按照“很差、差、一般、好、很好”5个等级，请专家对不同时段和不同区域的农业环境政策的执行情况进行打分，并根据打分结果赋值，最后通过加权求和的方法得到农业环境管理制度的量化指标。

由于面板数据同时具有截面、时序的两维特性，模型设定直接决定了参数估计的有效性，因此，必须对模型设定形式进行假设检验。利用Eviews5.1软件进行回归，根据F-test和Hausman检验选择合适的模型，各项回归参数见表3.9。

表3.9　环境技术效率影响因素回归结果

变量	回归系数	t-统计量
C	45.108	23.386***
AGDP	0.00134	12.914***
AGDP平方项	–9.48E-09	–6.439***
Plastr	3.098	7.798***
Ani	0.094	2.614***
Acul	0.209	0.798
Inv	0.0494	1.709*
Ins	–0.949	–5.013***
R^2		0.961
F统计值		1375.294***

***、**和*分别表示1%、5%和10%的显著水平。

2. 模型结果分析

经济发展水平对农业发展与环境协调性的影响。回归分析结果表明，人均 GDP 的系数为正，并且人均 GDP 平方的系数为负，这说明人均 GDP 和环境技术效率之间具有倒 U 形关系，符合环境库兹涅茨曲线假说。随着经济发展水平的提高，公众对农业环境质量的要求也逐步提高，人们有更强的意愿和更多的资源治理环境污染。因此，经济发展过程中存在环境改善效应和治理效应，能够提高农业发展与环境的协调性。

农业结构对农业发展与环境协调性的影响。从种植业结构来说，模型结果表明，粮食作物在种植业中的比重增加，能够提高农业发展与环境的协调性。近 20 年来，粮食作物播种面积所占的比重不断减少，经济作物播种面积呈迅速上升趋势，这导致了施肥总量和施肥结构的变动，传统的粮食作物施肥量稳步增长的同时，很多新兴的经济作物化肥施用水平也达到很高的水平，增加了农业污染产生的潜在危险，不利于农业与环境的协调发展。从农业产值结构变动来说，回归结果显示，畜牧业产值比重的提高能够提升农业发展与环境的协调性，和王兵等（2011）的研究结论一致。这与畜牧业附加产值较高，单位产值的污染排放强度较低有很大的关系。

农业生产基础设施对农业发展与环境协调性的影响。回归结果显示，农业基础设施投资的回归系数为正，这是符合预期的。一方面，随着对农业基础设施投入水平的提高，农业基础设施建设也逐步完善，这对于提高农业综合生产能力和产出水平起到了积极的作用；另一方面，一些基础设施，如农田水利设施、节水灌溉设施、农业生态建设工程，也能够减少农业生产中的污染排放和生态破坏。

农业资源禀赋对农业发展与环境协调性的影响。农地资源丰富的地区可以通过推行土地适度规模经营，提高致污性投入的利用效率，从而减少污染物排放量，增加农业发展与环境的协调度。回归结果显示，耕地资源禀赋对农业发展-环境协调性的影响不显著。可能的解释是，我国人多地少，人均耕地资源禀赋较少，农业生产中实行家庭承包责任制，人为地将土地划分为若干小块，土地经营规模普遍偏小，不能够通过规模经济减少农业致污性投入。

环境管理制度对农业发展与环境协调性的影响。从回归系数来看，农业环境管理制度对农业环境技术效率的影响较为显著，符号为负。可能的解释是，我国的环境制度与农业环境污染特征的不适应性、农业环境管理制度不健全等在很大程度上限制了其正面效应的发挥。因此，农业环境污染管理制度改革的重点是逐步完善农业污染管理体制。

3.5 小 结

本章利用清单分析的思路，以省份为核算单位，对我国 1990～2009 年农业污染的 COD、TN 和 TP 进行核算。在此基础上分析农业污染演变的时空格局特征，并采用方向性环境距离理论方法科学地评价 1997～2009 年中国 31 个省份环境与农业增长的协调状况。主要结论如下。

（1）1990～2009 年我国农业污染三种污染物（COD、TN、TP）排放总量和排放强度总体上呈现增加趋势。在空间分布上，农业污染排放总量较大的省份主要分布在山东、河南、河北、四川、江苏、湖北、安徽等人口众多、农业集约化程度较高的省份，这些省份应该是农业污染控制的重点区域。

（2）从污染来源来看，农业生产中的化肥使用、畜禽养殖业的发展是农业污染的主要原因，因此，应将农业生产化肥污染和畜禽养殖污染视为重点控制的污染类型，另外，农田废弃物对农村生态环境的影响也较大，在农业污染控制和管理中也不应忽视。农业污染来源的区域差异也很明显，在实际操作中要因地制宜地制定农业面源进行控制和管理战略。

（3）农业发展-环境协调性整体偏低且不稳定。1997～2009 年全国农业环境技术效率的平均值为 0.692，农业发展与环境的协调性整体偏低，大部分地区环境与农业发展处于不同程度的失衡状态，并且在研究期内，农业发展与环境的协调度具有较大的波动性，这除了受天气因素的影响外，主要是农业环境技术效率的增长机制存在着很大的不稳定性，因此，在实践中应保持农业政策的稳定性，建立农业增长和环境治理的长效机制。

（4）同区域间农业发展-环境协调性极不平衡。综合静态和动态两方面的分析结果，经济发展水平较低的中部和西部地区的大部分省份的环境保护与农业增长处于失衡状况，并且在研究期内大都一直处于失衡状态；经济发展水平较高的东部的大部分省份农业发展与环境关系较为和谐，并且在研究期内大部分地市都一直保持着协调状态，或者逐步向协调状态转变。可见，农业发展-环境协调性的空间分布与经济发展水平存在着对应关系。因此，不同地区在环境管理中应实行差别化的管理政策，以确保农业可持续发展。对于协调性较高的东部地区，应注重农业发展质量的提高，通过大力推行作物生产高效与清洁生产技术等现代农业科技，加强农业生产的科学规划和管理，整合零散农业生产资源，建立减少化肥、农药、农膜投入的激励机制，以更少资源消耗、更低环境污染实现农业的可持续发展。对于协调性较低的地区来说，应依托当地资源禀赋条件，加强与周围邻近地区的交流和合作，改进农业投入要素的质量，缩小与最佳生产前沿面的距离。

（5）农业发展与环境协调性的影响因素是多方面的。经济发展水平的提高促进了农业环境技术效率的改善，主要原因是经济发展水平的提高使得人们有更大的意愿和能力治理农业环境污染，从而增大资源环境与农业发展的协调性；农业结构变动两个层次（种植业结构和农业产值结构）的变动对农业环境技术效率产生了重要影响；农业基础设施投资投入量的增加能够提高农业发展与环境的协调性；环境制度与农业环境污染特征的不适应性、农业环境管理制度不健全等在很大程度上限制了其正面效应的发挥。

第4章　农户行为对生态环境影响作用机理分析

农户行为对农业生态环境影响的研究主要是探讨农户行为是通过何种方式和途径对农业生态环境产生影响的。对这个问题的回答需要在探讨农户行为一般特征及其引起的农业环境问题种类的基础上，深入剖析农户行为对生态环境的影响方式和作用机理。

4.1　农户行为方式及特征分析

近年来，随着对农户经济行为的研究深入，西方经济学学者普遍认为农户行为是理性的，即农户是经济学意义上的理性经济人，这一观点逐步得到了认可和接受。这里的“理性”并不是绝对意义上的理性，而是相对理性。现实中农户往往依据自身的偏好、已掌握的信息和资源、价值观等选择能够实现最大化效用（或效益）的生产行为。也就是说，农户进行农业生产行为决策时主要依据自身对事物的主观判断，借助于已获取的信息和自身的感受，不断衡量投入与产出是否达到最优状态，并据此随时调整农业投入数量和种类，从而达到自身效用（或效益）最大化这个目标。随着研究的深入，“农户是理性”这一假设得到了广泛的应用。例如，一些学者开始利用数学分析方法和经济学模型对农户行为进行精确的分析和解释，其中应用最广泛的是农户模型，该模型是在“农户是理性”的基本假设下分析农户内部的各种复杂关系（张林秀和徐晓明，1996），以期能够为政府在农业领域制定政策提供依据。

我国学者对于农户行为是否理性的理解还不完全一致，但大部分学者都认同农户行为是理性的这一观点。例如，林毅夫认为可以将现代经济学的方法应用到农户经济行为的分析之中。史清华和任红燕（1999）在对山西、浙江两个省份的农户调查数据分析的基础上得出这样的结论：农户在进行农业生产资源配置时完全是理性化的。但必须看到，现实中农户的理性行为往往受到一些因素的影响和制约，如外部经济环境、交易成本（如信息搜寻成本、签订合同成本等）和主观认知能力等，会造成一些不理性行为的产生，事实上这恰恰是外部条件制约下表现出来的理性。综合以上分析可知，我国学者的主流观点是，农户经济行为是理性的，但是由于我国市场机制建设起步较晚，市场机制在资源配置中还不能发挥核心作用，在这样的背景下，农户生产中不可避免地会出现一些“反常”行为，从某种程度上说这是农户在外部约束条件下表现出来的“理性行为”。随着城市化和工业化进程的加快，社会主义市场体系会逐步健全、完善和成熟，农村市场也会逐步完善，农户在生产中也会有更大的自主性，其行为也会更加趋于理性。因此，本章将在“农户是理性”的这一假设下分析农户生产行为及其决策对农业环境的影响。

4.2　农户行为引起的生态环境问题

农户是农业生产活动的最基本主体和重要决策单位（李小建，2010），农户行为与农业生态环境变化密切相关。农户经营行为与农业可持续发展是一个矛盾共同体（何蒲明和魏君英，2003；王继军等，2010），主要表现在 3 个方面：农户经营行为的短期性与环境影响的长期性、农户经营行为的个体性与环境资源的共享性、农户经营行为的针对性与环境政策的普适性（陈利顶和马岩，2007），这导致在农业生产过程中造成了严重的环境污染和资源破坏。大部分农业生态环境问题都是由不合理的农户生产行为引起的。一般来说，农户农业生产行为需要资源环境的投入，而投入会产生废物，所以本章从资源消耗和环境污染的角度对农业环境问题进行分类，包括类型、致因、影响范围和影响深度等内容，具体见表 4.1。

表 4.1　农户行为的环境影响分类

类别	问题	主要致因	主要资源环境影响	影响范围	影响深度
资源要素破坏	土壤肥力下降	重氮轻碳，不养地	有机质减少，生产力下降	农田	可恢复
	土壤板结、盐化	不养地、不合理灌溉	土地生产力下降、耕性差	农田	可恢复
	水土流失	毁林开荒、过度放牧、耕作	减产、下游淤积	区域	持久
	水资源	灌溉	资源消耗、稀缺	区域	可恢复、持久
	沙漠化	毁林开荒、过度放牧、占地	土地丧失农业生产力、土地减少、风沙危害	区域	持久
	生物多样性减少	生境破坏、湿地开发、农药	物种基因、存在价值消失	全球	持久
环境污染	土壤污染	污灌、农药	产品质量、土壤生态	农田	持久
	地下水污染	氮肥、畜牧养殖	人畜健康	区域	持久
	地表水污染	化肥农药、耕作	畜牧养化、景观、渔业	区域	可恢复
	空气污染	氮肥、耕作、反刍动物养殖	温室效应、道路交通	区域全球	持久

结合本书的研究内容和目的，对农户行为引起的主要生态环境问题进行如下介绍。

（1）农业面源污染。现代农业的专业化、区域化、集约化打破了传统的种植业和养殖业之间的物质和能量循环，农业系统“高投入、高产出、高废物”的“三高”生产模式导致大量废物产生，它们和过量投入一起成为水环境污染的主要来源。第一次全国污染源调查公报显示，2007 年通过农业面源污染排放的 TN 为 270.48 万 t，TP 为 28.47 万 t，分别占全国污染排放总量的 57.19%和 67.27%。目前，农业面源污染已经超过了工业点源污染，成为我国流域污染和富营养化的主要因素。在我国，农业面源污染主要包括 4 类（张维理等，2004a；2004b）：①农田化肥污染。我国正处在由传统农业向现代农业过渡的时期，农业发展对化学品的依赖性还很大（朱兆良等，2006），农业产量至少有四分之一是靠化肥等化学物品取得的（沈景文，1992）。2013 年我国化肥施用量达到了 5911.9 万 t，占全世界消费总量的四分之一，化肥施用强度远远超过发达国家设置的 225kg/ha 的安全上限。化肥施用量过高和结构不合理加剧了日益严重的地表水富营养化趋势，还导致了地下水硝酸盐超标。②近年来，我国畜禽养殖业发展迅猛，但同时畜禽粪尿排泄量日益增多，目前，畜禽粪便产生量已经达到了工业固体废弃物的 4 倍（张维理等，2005）；中国总体的畜禽粪便的土地负荷警戒值已经达到环境胁迫水平，部分地区呈现出严重或接近严重的环境压力水平。同时，由于处理设备和设施落后，不能及时、合理地对畜禽养殖固体废弃物和废水进行处理，造成大量养分流失，带来严重的环境污染隐患。例如，在太湖流域，来源于农村畜禽养殖 TP 和 TN 的贡献率分别为 32% 和 23%。③农田固体废物污染。我国每年的农作物秸秆生产量约为 7 亿 t，而秸秆的综合利用率还不足 15%。农作物秸秆四处堆放现象非常普遍，更有甚者，将其堆放于沿河沿湖岸，在雨水的冲刷下，大量的渗滤液排入水体，从而形成更直接、危害更大的面源污染。④农村生活污染。我国农村人口众多，并且居住分散，农村生活污染对生态环境的污染也不容忽视，农村生活污染主要包括农村生活污水和人粪尿流失造成的污染。

（2）土壤污染和耕地质量下降。《2011 年中国环境状况公报》显示，全国土壤样品污染超标率达到了 21.5%。另有报道指出，目前我国每年因土壤污染导致粮食减产 100 亿 kg。与此同时，耕地质量也呈下降趋势，抽样调查显示，第二次土壤普查后的 30 年间，耕地土壤有机质含量下降了 20%，严重地区下降 60%。目前，全国耕地有机质含量平均已降至 1%左右，明显低于欧美国家 2.5%～4.0%的平均水平。中国缺钾耕地的比重达 56%，缺乏微量元素的耕地所占的比重达到 50%以上，养分不足的耕地所占比例达到 70%～80%。造成土壤污染和耕地质量下降的原因是多方面的，主要表现为以下几个方面：一是化肥和农药过量施用。在化肥施用方面，国内学者在对相关地区进行实地调查的基础上，认为农户过量施肥普遍存在，这不仅会通过农田径流造成水体有机污染和富营养化污染，同时也会引起硝酸盐积累，造成土壤污染、土壤板结、耕地质量下降。在农药施用方面，农户过量施用农药现象也非常普遍，我国每年农药使用量达 130 万 t，是世界平均水平的 2.5 倍。而目前农药的有效利用率非常低，大部分农药进入生态系统，造成有机氯农药在土壤中残留，形成土壤重金属污染。二是农作物秸秆不合理处理方式。农作物秸秆是农业生产的副产品，富含有机质和氮、磷、钾、钙、镁、硫等多种养分，农作物秸秆是一项重要的生物质资源，在饲料加工、生物能源利用、肥料与工业原料生产等诸多领域有着广泛用途。我国秸秆资源丰富，2010 年全国秸秆理论资源量为 8.4 亿 t，可收集资源量约为 7 亿 t。近年来，伴随着农村生活水平的提高，农户家庭的燃料结构发生了巨大变化，越来越多的农户开始转向使用液化气和电器（曾鸣和谢淑娟，2007），传统的农作物秸秆的再利用方式逐渐弱化，使原来作为主要燃料储备的秸秆成为废弃物，加之秸秆的分布零散、体积大、收集运输成本高、利用的经济性差和产业化程度低等，导致回收利用的难度较大。在这样的背景下，农民普遍采取了在田间焚烧的方式，这不仅会造成空气污染，同时也会使地面温度急剧升高，能直接烧死、烫死土壤中的有益微生物，破坏土壤结构，造成土壤氮、磷、钾的缺失，影响作物对土壤养分的吸收，并直接造成土地产出的明显下降。三是农用地膜使用造成的土壤污染。残留在土壤中的地膜不仅为田间管理带来众多不便，而且还可能造成土壤耕层结构的破坏，使土壤的理化性状变差，影响土壤的通透性，以及水分的上下输导，妨碍种子的发芽、生长，同时还可能助长细菌、病毒等有害生物的活动，并造成作物根系生长发育不良。四是污水灌溉。污水灌溉主要是利用经过预处理的城市生活污水或某些工业废水进行农田灌溉。我国污水灌溉现象比较普遍，主要集中在北方水资源严重短缺的海河、辽河、黄河、淮河四大流域，约占全国污水灌溉面积的 85%。合理的污水灌溉可以有效缓解农业用水紧张的局面，但必须看到，现阶段污水灌溉水质超标问题非常严重。调查显示，在进行污灌前普遍缺少必要的污水预处理措施，大部分污水未经处理直接排放，或者只进行了简单的预处理，但由于污水处理技术水平较低，也不能达到灌溉用水的要求。在这种情况下，长期利用超标污水灌溉，污水中的有机污染物、重金属（铅、铬、砷、汞），以及氯、硫、酚、氰化物等有毒、有害物质的含量大大超过了土壤吸持或作物吸收能力，这会破坏土壤结构，或者导致土壤盐碱化，造成土壤环境严重污染，降低农产品的质量和产量。

（3）水土流失。我国是世界上水土流失最严重的国家之一。目前，全国水土流失面积达 179 万 ha，每年土壤流失总量达 50 亿 t，全国总耕地的三分之一受到水土流失的危害；土地沙漠化不断加剧，面积已达 1.3 亿 ha；盐碱地超过 600 万 ha。水土流失最严重的是黄土高原地区，该区域水土流失的面积达到了 83.3%（大约为 45 万 ha），其中，严重流失面积达到了 29 万 ha，每年向下游输送的泥沙量达 16 亿 t。其次是南方亚热带和热带山地丘陵地区。另外，华北、东北的水土流失也比较严重。导致土壤侵蚀和水土流失原因是多方面的，其中，最主要的是农户不合理的土地利用。农户作为农业生产活动的直接参与者，其行为既受到农业政策的影响，又受到农户收入水平和对土地的依赖程度等自身特征的影响。受这两方面因素的共同影响，农户选择不同的土地利用方式和农业生产措施，并最终对农业环境产生影响。

（4）农业生态资源退化。农户生产中产生了生态系统破坏、生物多样性减少、生产力下降等一系列农业生态资源退化问题，主要表现为生态资源，尤其是关键资源存量减少和生态服务功能下降，分布的区域也开始由局部向更大的范围扩散。近年来，我国耕地数量大量减少，从 1996 年的 19.51 亿亩减少到 2010 年的 18.18 亿亩，14 年累计减少了 1.33 亿亩，平均每年减少约 950 万亩。森林资源总体质量呈下降趋势，生态功能较好的近熟林、成熟林、过熟林不足 30%；目前，草原生态仍呈“局部改善，总体恶化”的趋势，全国已有退化草原面积 1.3 亿 ha，并且每年还以 2 万 km^2 的速度蔓延。农户农业生产行为与农业生态资源退化有直接关系。改革开放前，农村实现集体经济，农户的农业生产是接受上级安排的，虽然国家也提倡植树造林，但无论是在政策效应还是舆论宣传上，这些都抵不过以粮为纲。粮食生产是地方政绩的重要表现形式，因而农作物耕作侵占草原、森林的现象非常普遍，而且粮食的地域性扩张是在集体经济组织下和地方政府默许下进行的。十一届三中全会以后，农村开始逐步推行家庭联产承包责任制的形式，农牧民的收入与生产直接挂钩，这导致其农业生产的积极性大为增强。但是在承包土地有限的情况下，生产扩张转向坡耕地、林地或者草地，由于农村集体的管理职能下降，农户生产扩张要求在约束力相对较小的状态下得到极大的发挥，追求个人利益最大化的欲望大大超过维护农业环境的需要。可见，农户生产对生态破坏和资源退化的冲击并不因为改革开放而中断，只是生态环境破坏的主体由集体转为农民个人。

4.3　农户行为对生态环境影响的作用机理分析

探讨农户行为对农业的影响研究需要在深入剖析农户行为对生态环境影响方式和

作用路径的基础上，构建农户行为对生态环境演变影响机理的理论框架。基于此，本章将在综合考虑影响农业生态环境演变的诸多因素基础上，构建农户行为对农业环境演变作用机理分析框架，并从理论上系统分析诸因素对农业环境演变的影响。

4.3.1 农户行为对生态环境影响的作用机理框架

Steve 等（2005）在进行千年生态系统评估（millennium ecosystem assessment，MA）时构建了生态环境演变的驱动机制的分析框架，将引起生态系统发生变化的因素称为“驱动力”，并将其分为直接驱动力和间接驱动力。其中，直接驱动力是直接影响生态系统的过程，主要包括物理、化学和生物方面的因素，如气候变化、土地覆被变化等；间接驱动力通过改变一个或多个直接驱动力的作用效果而产生比较广泛的影响，主要包括人口状况、经济状况、社会政治状况、科学技术状况，以及文化与宗教状况（图 4.1）。

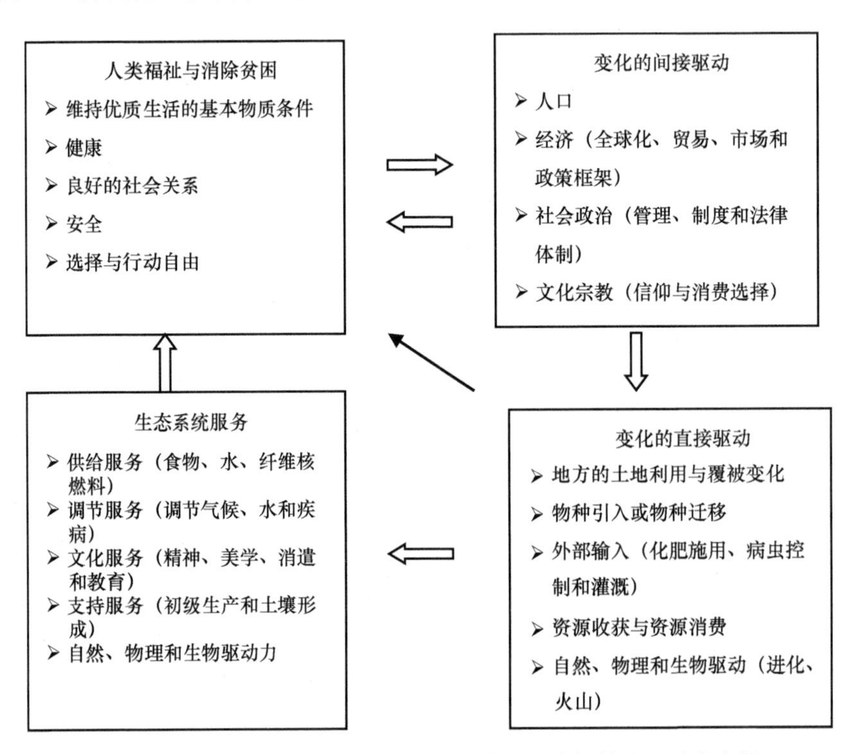

图 4.1　评估生物多样性、生态系统服务及人类福祉和驱动力之间各种相互作用的千年生态系统评估概念框架

资料来源：Steve R C，Prabhu　L P，Elena M B，et al. 2005.

由图 4.1 可知，MA 分析框架主要强调间接驱动力对生态环境的影响，并将间接驱动因子分为人口、经济、社会政治和文化宗教等类型，间接驱动因素通过直接因素对环境产生影响。该框架为研究农户行为对农业环境变化的影响提供了很好的借鉴作用。

如前所述，大部分学者认为农户的生产经营行为是理性的。随着改革开放的不断深入和市场化进程的加快，农户在生产中有了更大的自主性。有研究将在农场层次上的农户生产行为决策过程分为 4 部分：目标确立、状况判断、决策实施和责任承担。农户从经济角度考虑问题的两个重要变量就是风险约定条件下经济活动的投入和收益，不同农户由于其主要劳动、资本投向的差异，自然、经济环境、自身经济实力、生产经营目标的差异，以及劳动时间总量的约束，不同农户的农业生产方式和行为选择有很大的不同。可见，农户农业生产行为的选择主要来自自身资源约束和经营目的的响应。本章拟对 Steve 的 MA 思路进行扩展，将其应用到微观主体行为分析中，构建农户行为对农业环境影响的作用机理分析框架（图 4.2）。具体思路和步骤是：首先，将影响农业环境演变的因素区分为直接驱动因素和间接驱动因素，并主要强调间接驱动因素对农业环境变化的影响。因为这些间接因子是可控的，研究这些因子对农业环境变化的影响，对于农业环境管理政策的制定具有重要的理论和现实意义。其次，综合考虑农户经济行为压力及表现形式等因素，探讨可能影响农户行为的社会经济与政策因素及其传导机制，并结合农户特征和农户行为状态，总结农业环境问题产生的间接驱动因素。最后，间接驱动因素对农业生态环境演变的影响主要是通过农户生产行为和生产方式变化的传导，并在生态环境直接因子的作用下对农业环境的变化产生影响。具体来说，农户行为主要是通过农户农业生产投入行为、生计方式、生产技术选择、种植结构和规模、农户环保认知及对环保政策响应等方面的传导，通过改变或影响生态环境直接因子对农业环境的变化产生影响。但同时也要看到，农户行为和生态环境的作用是相互的。农户行为在通过直接驱动因子影响农业环境的同时，也受到农业环境变化的反作用。生态环境是经济发展的基础和前提，生态破坏和环境污染可能会使农业生产的资源与环境基础受到破坏，最终可能影响农业发展。为了更好地适应生态环境变化，政府会作出相应的制度安排，农户会主动调整农业生产方式。这些变化又通过直接驱动因子对农村的生态环境产生影响，即农户和政府对农业环境变化的响应，此内容将在后面的研究中涉及。本章主要分析农户行为对生态环境的影响，拟从农户农业生产投入、农户农业结构、农业生产技术选择、农业生产规模、农户特征、农户生计方式、农户环境认知等方面分析农户行为对农业环境的影响机理。

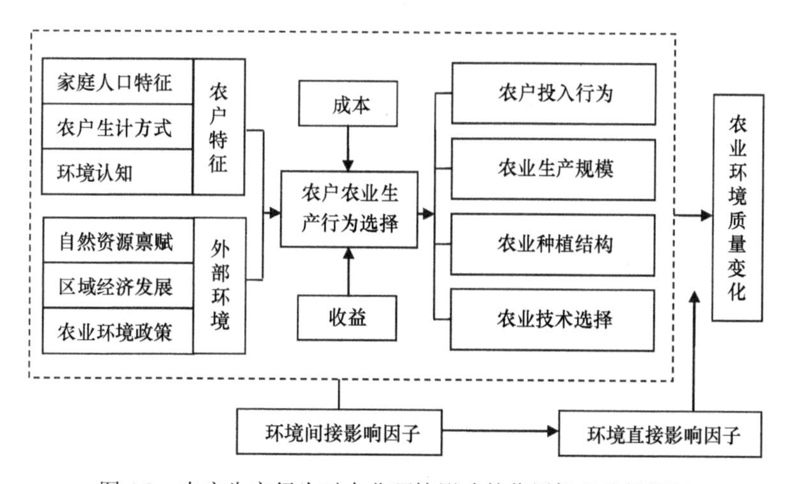

图 4.2　农户生产行为对农业环境影响的作用机理分析框架

4.3.2 农户生计方式与农业环境问题

由于农业生产的比较效益较低，理性的农户追求的是总收入最大化，在农业生产机会成本逐步增大的背景下，农户生计方式发生了巨大变化，将部分生产要素投入到非农产业中，形成对农业的替代，即进行非农兼业。农户兼业是指农户作为一个独立的生产经营单位，既从事农业生产，又从事非农业生产的多元化经营形式。对于兼业化程度的界定有不同的标准，日本学者根据非农业经营收入所占的比例来界定，美国学者根据从事非农业生产的时间的长短来界定。我国农业生产以农户为基本经营单位，根据非农业经营的收入比例来衡量兼业化程度更适合我国国情，按照这个标准，可以将兼业农户分为一兼农户（以农业收入为主）和二兼农户（以非农业收入为主）。目前，农户兼业现象非常普遍，2009 年我国农村劳动力的非农就业率达 44. 78%，非农收入占农户家庭收入的比重超 40%，分别比 1985 年平均增长了 2. 48 倍和 2. 2 倍。不过这种非农兼业行为对农业生产的替代并不是完全的替代，对大部分农户来说，土地还是重要的生活保障，还需要依靠土地解决吃饭问题。兼业行为在农业活动中对投入的减少主要表现为两种情况：一是尽可能少地占用自己所拥有的经济资源，如减少对农业生产的投资、减少劳动投入；二是尽可能多地使用不适合非农兼业的经济资源，如在农业活动中投入妇女和老人。这必然导致农业粗放经营，主要表现为广种薄收、高投入、高消耗，重速度、轻效益，这一方面造成大量耕地不能得到充分合理的利用，是一种隐性的耕地损失；另一方面由于农户缺乏对环境的保护，会导致农业环境的恶化。

4.3.3 环境认知、环境意识与农业环境问题

农户环境认知是环境保护行为的心理基础，准确的环境认知是开展合理环境保护行为的前提。农户作为农业生产活动主体与最基本的决策单位，具有自主的发展权与决策权，农户的环境感知和态度能够反映出农业生产中人地关系的变化和作用。因此，从这个角度来说，研究农户的环境感知特性及其规律不仅有助于进一步深入理解复杂的人地关系变化，更有助于寻求解决农业环境问题的最佳切入点。因此，本章尝试将认知的理念应用于农户生产行为对农业环境影响的研究中，将行为经济学与心理学结合起来，主要理论基础是：农户对农业环境变化的认知属于社会认知，是感觉器官直接接受社会生活事件的刺激而产生的反应。

一般来说，认知是按一定的方式来整合单个感知信息，按照一定的结构进行加工，并根据自身的经验来解释由感知提供的信息。而感知是指人们对事物及其属性的认识。认知以感知为基础，此过程并不是对若干感知的简单汇总，而是更高层次的复杂心理行为和活动过程。由以上分析可知，人们的认知过程并不是简单地将感知到的对象特征记录下来，或者进行简单的加总，而是以过去的知识经验为基础，通过复杂的心理行为对其做出合理的解释，使其具有一定的意义。

农户环境认知和意识的影响因素包括两个方面：一是外部刺激因素，即刺激本身所

具有的形状、结构、颜色、大小、声音等方面的特点。一般来说，农户并不是孤立地接受外部刺激（如环境友好型生产技术宣传），而是从刺激和其他事件之间的关系出发，将许多部分的刺激通过复杂心理行为组织成一个有机的整体，也就是感知整合过程。下面以政府环保部门对环境保护知识的宣传和普及为例说明这个过程，农业部门对农户环境友好型生产技术的培训和指导、邻居生产经验的传授、邻居采用的效果、书本/电视/广播/网络的教育宣传都会进入农户的知觉整合的过程，这些都会对农户农业生产行为环境影响的认知产生影响，并可能导致农户是否采用环境友好型的生产方式。二是农户个体因素，一般来说，农户（知觉主体）的反应主要依靠自己积累的知识经验，影响这个过程的因素主要包括价值、态度、心境、需要，以及类似的中间变量等。人对环境中某些事物的感知较为简单，但必须看到，不同的人对相同对象的感知差距很大。由于性别、年龄、受教育程度、家庭总收入及来源方式、耕地规模、农作物的用途等因素具有差别，农户对农业生产行为对环境影响认知的差距也很大。

根据计划行为理论，行为认知不仅影响到行为主体的行为意向（Ajzen and Madden，1986），同时还可能直接影响行为（Notani，1998），因此，农户对农业环境污染的认知水平直接影响农户农业生产方式和行为的选择，农户环境认知与行为决策具有一致性，进而会影响到农业环境管理的成效。但总体来说，农户的生态意识比较理性，农户农业环境友好型生产技术采用与否主要基于成本-收益核算，农户收入减少是导致生态环境保护政策失败的根本原因。

4.3.4　农业生产投入行为

农户农业投入是指农户为了获得生产经营性利润或满足家庭消费，将劳动力、流动资本和固定资本等生产要素投入到农业生产中进行生产的行为。按照投资回报周期长短，可将农户的投资分为两类：一是长期投资，主要是指用于农业生产基础设施、农业生态保护设施和劳动力素质提高等方面具有长远的经济、环境、社会效益的投资；二是短期投资，主要指一年内用于农业生产的家庭经营费用支出，如购买化肥、农药等。本章主要分析农业劳动力、农业投入两个重要方面对生态环境的影响。

1. 农业劳动力投入

劳动力是农业生产中人的投入，其数量和质量都会对农户经营行为产生影响，进而也会影响到农业环境。在农业劳动力数量方面，我国农村土地实行家庭承包责任制，总体来说，农户家庭劳动力数量较少，2010 年户均劳动力数量为 4.3 人。目前，我国农户非农兼业及劳动力向非农产业转移的现象非常普遍，这就造成本来就有限的劳动力分散投入，农户农业生产和农田的管理强度大大降低。例如，农业生产中一些合理的生产方式及施肥方法被丢弃，而改用省时省工会造成大量的化肥因不能被作物充分利用而流出农业生态系统以外的粗放的施肥方法，增加了农业生产对环境的负面影响。在家庭劳动力质量方面，主要表现为劳动力素质。一般来讲，劳动力素质越高，采用环境友好型生产方式的可能性越大，从而越有利于农业环境保护。但我国农村劳动力素质整体偏低，

2009年全国农户家庭劳动力中文盲半文盲和小学文化程度的劳动力所占比例为50.7%，高中以上所占比例仅为5.03%，接受职业教育和培训的劳动力所占比例仅为4.69%。这会在很大程度上影响他们接受新知识、新技术和各种信息的能力，限制了环境友好型生产技术（能够减轻农业环境负面影响的耕作技术、种植技术和农田管理技术等）的实施与推广。也就是说，农户主要依靠传统的耕作方式和经验进行农业生产，是一种对农业资源的掠夺性的开发利用，其结果必然造成土壤侵蚀加重、养分及水土流失加剧等环境问题。

2. 农业生产物质投入

现阶段，农户农业生产物质投入的主要是化肥、农药等农用化学品，这在提高农业产出、增加农户收入等方面发挥了重要作用，但同时投入的高强度和高流失率导致了农业生态环境恶化和农业面源污染加剧。农户投资行为主要通过农业投资总量、持续性和方向等方面对农业环境产生影响。本章从农户化肥投入行为和农业投入行为两方面进行分析。

农户化肥投入行为。农户化肥施用对环境影响的主要途径包括：①农业生产中施用的化肥随农田排水和地表径流进入水体，造成地表水富营养化污染和地下水硝酸盐污染；②过量施用的化肥长期在土壤中残留，严重破坏了土壤的耕种结构，土地板结现象日趋严重；③化肥中的氮元素等通过挥发作用进入大气。可见，农业生产中使用化肥对环境产生的影响主要包括大气污染、水体污染和土壤污染。其中，最主要的是水体污染，大量的研究表明，农田化肥类污染是农业面源污染最重要的来源，主要是通过暴雨径流冲刷，土壤中残留的化肥营养物质氮、磷，被转移、输送到水体中，从而形成对水体水质的影响，甚至造成水体富营养化。另外，氮肥施用量的增加，还可能导致地下水硝酸盐超标，从而造成部分地区地下水和饮用水硝酸盐污染，带来普遍的饮用水安全问题。我国农户化肥施用中存在以下3个方面的问题：一是，过量施肥现象普遍存在，目前，我国农田化肥施用量为246.4kg/ha，比世界农田每公顷平均施用量（104.2kg）高出1.5倍。二是农户施肥结构比例不合理。适合我国作物生长的氮、磷、钾比例为1∶0.4～0.45∶0.25～0.30（高云宪，1999），而实际施用比例为1∶0.3∶0.15，呈现两高（氮肥用量偏高、无机化肥过高）、一低（磷、钾肥用量偏低）、一少（有机肥太少）特点。相关研究表明，磷、钾养分偏少会影响作物对氮的吸收。三是农户施肥技术和方法不合理，对包膜技术、缓释技术、复合测土配方等采用较少。这两方面共同造成中国农业化肥的利用率低、流失率高（表4.2），据估计，氮肥、磷肥和钾肥的利用率分别为30%～50%、10%～20%和35%～50%，而发达国家的化肥利用率可达60%～70%（靳乐山和王金南，2004）。在施用的化肥中流失量很大，2010年我国的氮肥施用量为2620万t，据估算，449.6万t氮肥通过各种途径流失到水体和大气中，包括通过淋洗和径流损失分别进入地表水和地下水的117.6万t和47.1万t氮，还包括分别以N_2O形态和NH_3形态进入大气的25.9万t氮和258.8万t氮，我国每年农业生产使用化肥所排放的N_2O约占全世界总量的三分之一。可见，通过各种途径损失，氮加剧了地表水的富营养化，导致了地下水的硝酸盐富集，增加了大气温室气体的含量。

表 4.2　农户农田化肥氮在当季作物收获时的去向及其对环境的影响

氮的去向	比例/%	环境影响
径流	5	地表水富营养化，赤潮
淋洗	2	地下水硝酸盐富集
表观硝化-反硝化	34（其中 1.1%为 NO_2-N）	酸雨，破坏臭氧层，温室气体，气候变暖
氨挥发	11（旱地为 9%，稻田为 18%）	大气污染，酸雨
作物回收	35	—

资料来源：朱兆良，David Norse，孙波等. 2006. 中国农业非点源污染的现状、原因和控制对策. 见：朱兆良等. 中国农业面源污染控制对策. 北京：中国环境科学出版社。

农户农药施用行为。化学农药是防治病虫害、保证农作物高产、实现农业现代化的重要手段，在农业生产中发挥着重要作用，相关研究表明，每使用 1 元的农药，边际收益为 8～16 元（邱军，2007）。但是，农药的过量使用或使用不当也会对生态环境产生负面影响，过量的农药落入土壤、水源、大气中，通过扩散、残留与富积等方式形成水污染、大气污染、土壤污染和产品污染等，还可能误杀有益生物，破坏生物链条和生态平衡。我国作为一个农业大国，同时也是农药生产和消费大国。在集约化农区，农户每公顷农田农药用量高达 300kg，甚至高达 450kg，农药过量使用、利用率低的问题十分严重。农业生产中农药施用问题在很大程度上与农民的病虫害管理知识不足和技术推广部门服务不到位有关，朱兆良等（2006）对农户调查的数据也支持这个观点。另外，农户农药施用还存在的一个严重问题就是使用结构不合理。调查显示，使用的农药化学农药占总量的比例达到了 93.3%，在化学农药中，杀虫剂和高毒农药品种仍然占有相当高的比例，杀虫剂、杀菌剂、除草剂的使用比例约为 2∶1∶1，远远大于发达国家通常使用的比例（2∶1∶2）。因此，从总体上看，农户农药使用频率高、数量大、有效利用率低、结构不合理，这在很大程度上加剧了农药施用对生态环境的威胁。据估计，农药的利用率低于 30%，大约 70%以上的农药散失于环境中，产生各种环境污染，造成了严重的农业环境问题（李海鹏，2007）。

另外，农户农业投入行为还具有的特点就是：注重短期性投入而忽视长期性投入。一般来讲，长期投资主要包括农业生产基础设施、农业生态保护设施和劳动力素质提高等具有长远的经济、环境、社会效益的投资；短期性投资主要指一年内用于农业生产的家庭经营费用支出，如购买化肥、农药等。短期性投资虽然在取得较快和较多的农业收益方面帮助很大，但也会给农业环境带来严重的负面影响。因此，从农业可持续发展角度来看，加大农业长期性投资有助于农业生态环境改善，而短期性投资的增加可能会加剧农业环境的恶化。在我国，种植业是一个风险大、比较效益低、投入-产出周期长的产业。近年来，农户农业投入主要用于化肥和农药等生产资料中，而对环境友好型农业生产技术、农田基本生产设施的建设和维护的投入则较少。这会造成两方面的结果：一是农户注重短期投资经济效益，造成农户对农业生态系统掠夺性经营和不合理利用；二是忽视长期投资的环境效益和经济效益，使农业生态环境得不到及时维护与改善，从而加速农业环境恶化。

4.3.5　农业种植结构

农业种植结构变动的背后隐藏着各类用地面积和土地利用景观的变化，如耕地、林地和草地之间的相互转化，同时也伴随着投入要素的变化，这些都会对农业环境产生影响。在改变农业景观方面，如调节某土地斑块的利用方式，而影响面源污染。不同种植业结构表现为不同的土地利用覆被，不同的作物对化肥、农药的需求不同，并通过“源”“汇”土地利用类型的相互作用，控制或导致养分流失，种植结构变动对面源污染的影响既有利又有弊。土地利用方式是导致面源污染的直接因素之一，不同土地利用类型的面源污染物输移方式和程度不一样，影响水体水质的程度也不一样。在改变农业投入要素方面，如调节化肥的施用量、调节农业的发展规模和发展结构，从而影响面源污染。相关研究表明，不同的农业结构对生态环境的影响是不同的，可能是正面的，也可能是负面的（李俊然等，2000；帅红和夏北成，2006）。

近20年来，我国农户种植结构发生了巨大变动，粮食作物播种面积所占比重不断降低，而蔬菜、果树和花卉等经济作物增长显著。种植业结构的变动呈现一定的规律性，在以农业为主的产业阶段，耕地主要用于种植粮食作物，仅有少量耕地用于种植经济作物；随着第一产业比值下降，第二产业和第三产业比重上升，耕地利用强度不断加大，其复种指数不断提高，部分原来种植粮食作物的耕地逐步转化为种植收益更高的经济作物，经济作物所占比例增加迅速；随着经济发展水平的进一步提高，用于种植蔬菜、果树和花卉的比例也保持较快的增长速度。齐永华（2004）以北京郊区为例描述了种植业结构变化的过程：20世纪90年代以前主要是种植粮食作物，主要是冬小麦和夏玉米的轮作制度，但进入90年代以后，传统的种植制度被打破，改为只种一季春玉米，后来，随着比较利益的进一步变化，耕地向园地和菜地大面积转移。虽然各类作物对化肥的需求量不同导致了施肥结构的变动，传统的粮食作物和新兴的经济作物（如蔬菜、水果和花卉等新型产业）化肥施用量都明显增加，化肥施用量过高及结构不合理加剧了日益严重的地表水富营养化趋势，还导致了地下水硝酸盐超标。可见，目前我国种植结构的调整更多地表现为负面效应，增加了农业面源污染产生的潜在危险。

另外，从农业病虫害防治角度来说，作物连作、大面积连片的单一种植结构容易使农业的土地利用类型同一化和利用结构简单化，无法形成综合的农业生态防护体系，引起土壤肥力下降，病害大规模发生，易诱发水土和养分流失，导致农业面源污染产生。而混合种植能够发挥自然因素对有害生物的调控功能，可以提高作物的健康和抗逆水平，从而在农业生产中不用或少用化学农药，有利于减少环境污染和维护生态平衡。基于此，在时间和空间上合理优化农业种植结构和空间布局，形成立体型、混合式种植系统，充分发挥农业生态系统中各个子系统的生态功能，促进农业生态系统的良性循环，以期达到减少水土、养分流失的效果。当前我国农户由于文化素质较低，“你种啥，我就种啥”的现象非常严重，这种“趋同”性在一定程度上加重了病虫害和土壤肥力下降。在农业生产中表现为农户均采用遗传性一致的纯系品种大面积种植，且连续单作或短期轮作，由此形成的农业生态系统是一种脆弱的生态系统，极易遭受病虫害的袭击和引起土壤肥力下降。农户可能意识不到问题产生的种植制度根源，往往会按照惯例增加农药和化肥的投入量，这可能会导致在病虫害防治和土壤肥力保持上效果不佳，但却大大增加农业面源污染物积累与输出，对农业环境产生负面影响。农户的这种经营趋同性不仅会造成农业资源的极大浪费，而且还会引发农业生态系统的退化。

4.3.6　农业生产规模

农户种植规模的差异会对农业环境污染产生不同影响。对于小规模农户来说，其主要特征是土地经营规模超细化，对农业环境的影响主要表现在以下几个方面：①使农业耕作的机械化的发展和耕作技术的变革受到限制。农户更多地沿袭传统的翻土耕作方式，容易造成土壤结构的破坏和表层土质疏松，地表径流中水土流失和养分损失严重；而保土耕作可通过减少地表径流及雨点对土壤的冲击与侵蚀来保持水土，以及减少农用化学物质的流失。灌溉主要采用漫灌的方式，而技术含量高的节水灌溉技术则应用较少。与点灌等节水技术相比，漫灌使得灌田回水携带着大量的氮、磷，以及农药等污染物质进入地表水体。②由于地块分散，农户不是按照土地质量的状况和作物生产状况有针对性地施用化肥和农药，而主要依据自身经验，其结果往往造成化肥和农药的过量投入及土壤养分比例的失调，对环境污染造成了潜在威胁。③小面积的土地经营使农业劳动生产率难以迅速提高，为了稳定和增加收入，农户在有限的范围内，千方百计地增加所经营的土地面积，其结果是使农田间的树篱地及沟渠、水体的滩涂地、山坡上的林地和荒草地等被开垦为农地。农田中由树篱、沟渠形成的网络系统具有隔离不同农田地块之间虫害传播、促进水分和养分在农田景观中迁移、控制地表径流、防止土壤侵蚀、保护农田的土壤养分的作用。农田与水体之间的滩涂地有着滞缓地表径流、调节入河洪峰流量、截留地表和地下径流中固体颗粒和养分的功能，不利于农业环境保护。综合以上分析可知，由于超细化的农户土地经营技术含量低、科学性差和管理无序，对环境造成了不利影响。

扩大种植不仅能够带来规模经济效应，同时也会对减少农业环境污染产生积极影响，主要表现在两个方面：一是成本的节约，种植规模较高的农户能够有效降低单位面积的固定投入成本和管理成本，减少化肥投入，以更低的单位成本获取农业技术信息和使用现代农业技术，有利于环境友好型生产技术的推广。二是收益的增加，为了获取更大的农业收益，扩大种植也会对种植规模较高的农户产生采用现代农业技术和环境友好型生产技术、提高土地生产率水平意愿的激励。这两方面能够在源头上减少农业污染的产生。

目前中国平均每个农户经营的耕地为 0.5ha 左右，而且这 0.5ha 的耕地通常还要根据土地的肥沃程度、距离远近、灌溉等多种条件的不同进行均衡分配，致使每个家庭的耕地都非常零散。这会造成两方面的后果：一是不利于大型机械设备应用和环境友好型生产技术的推广，这是因为农业科技具有公共物品、保密性差，以及资源和环境保护紧密相关的特点，农户对某项技术的采用必然出现“搭便车”现象。由于农业生产是由千家万户的农户组成的，这种生产方式使农业科技成果的保密成本加大。当一种技术同资源与环境保护紧密相关时，就存在外部效应，造成供给不足。在现实中，农户更多地沿袭传统的翻土耕作方式。二是由于失去规模效应，在一定程度上增加农户对化肥、农药和地膜等化学品的投入。因此，从总体来说，我国当前超小的种植规模对农业环境更多地表现为负面效应。

4.3.7 农户技术选择行为

广义的农业生产技术包括4个层面，一是农艺制度的变革和新农艺方法的出现，包括新的耕作栽培技术、饲养技术和加工技术等；二是农业科学知识转化为生产资料，表现为新的农业投入物（如化肥、农药、塑料薄膜等）、新的生产设备和设施等；三是科学的管理方法和理论的出现及应用；四是污染治理技术的发展和应用。农户是技术采用行为主体，同时又是农业资源的占有和使用主体。农户技术行为决定了农户资源的利用方式，并对农业环境产生影响。如果农业资源利用不当，就会造成生态破坏和环境污染。如果对农业资源和环境进行合理保护与利用，就有利于实现农业生产与农业发展的协调发展。

农户技术行为可能会对农业环境产生正面影响，主要表现在以下几个方面：①技术进步的替代效应就是通过替代或减少资源的耗竭来达到缓解经济增长对生态环境的压力的目的。资源替代是社会生产发展的必然进程和客观规律。其一般规律是，更多的新的自然资源被开发利用，自然资源分别被劳动力、物质资本和知识替代，但最终又可能被技术知识所替代。在农业生产中表现为广种薄收转为精耕细作，土地的比重有所下降，而劳动力、物质资本比重上升，在生产规模扩大的过程中，较高层次的资源取代较低层次资源所起的作用。采用更优良的技术，改进对现代农业生产资料投入的管理，可以促进土地的可持续生产。可见，随着技术和知识对自然资源和物质资本的替代，农业生态系统受到的压力将大大减轻。另外，由于在生产过程中使用的自然资源减少，生产过程中排放的污染大大减轻。②科学技术的发展可以帮助人们更好地认识生态系统各要素之间的关系，更好地改善环境资源的利用方式、方法和强度，控制人类生产生活行为对生态环境的破坏和污染，以维护自然生态系统的动态平衡，技术进步是提高资源利用效率的有效途径。③知识创新和科技进步为认识和治理环境污染提供了新的技术，为农业生产中环境问题的解决提供了有效的途径。现实中许多技术的前景不错，能增强农业可持续性。例如，农业清洁生产技术的推行将进一步减少生产过程对农业生态环境的污染和破坏（世界银行，2008）。

必须看到农业生产技术是一把双刃剑，新技术的发现和运用也可能会对生态环境产生负面影响。经过科学技术武装起来的人类，改善自然的能力明显加强，人类开发利用自然环境资源的能力增强，自然资源的开发速度加快。同时，人类破坏和污染生态环境的能力提高了，人类的生产生活极易造成生态系统的破坏（张宏岩，2008）。在农业生产中，以化肥和高产种子等高科技产品为主要标志的“绿色革命”，推动了农业生产力的极大提高。但同时对农村的生态环境也产生了负面影响，许多学者从对环境造成的压力方面对“绿色革命”提出了批评（速水佑次郎，2003），根据联合国环境规划署在全球做的调查，现代农业造成的退化，如使用过量的灌溉用水和化学物品也是不能忽略的。这种现象在我国尤为明显。

另外，农户的技术采用特征进一步加剧了对农业环境的负面影响。首先，作为经济利益主体，农户更加注重化肥、农药、地膜等生化类技术，对有机技术采用较少。化肥、农药、地膜等生化类技术在增加农业收益方面具有“短平快”的特点，投资回报率较高。而有机技术投资回报率较低、见效慢。因此，作为理性的农户的技术，在技术选择决策时更加倾向于生化类技术。近年来，我国农户对生化技术的采用呈现快速增长的态势，这在增加农户收入方面有巨大的促进作用。但是必须看到，生化技术的过量施用也会对农业环境产生负面影响，破坏土壤资源及环境，造成水体污染。农药化肥过量施用现象非常严重，但其利用率非常低，只有 30%左右，过量投入的化肥、农药成为土壤污染源，或者通过地表径流造成水体污染。同时，“农民有化肥、农药的施用量越多越好”的片面认识，进一步加剧了对生化技术的投入和使用，对农业环境的负面影响更大。其次，农户更加倾向于农业资源利用与开发技术，而忽视资源保护技术。我国农业资源的最大问题是产权不明晰，这失去了产权在保证资源合理利用的激励作用，农户在资源中利用反而有了追求短期利益的冲动，更多的是考虑如何开发利用资源获取最大利益，这就导致了农户较多注重采用资源开发技术，而对于中低产田改造技术、水土流失防治技术等则很少愿意采用。这导致了水土流失、耕地质量下降、生态破坏等“公地悲剧”现象的产生，而对一些见效慢、有益于改善环境的有机技术，农户则很少采用。最后，农户较重视常规技术，较少采用对农业可持续发展有促进作用的高新技术。受农户知识水平和经营条件的限制，农户在农业生产中一般采用良种、化肥、农药等常规农业技术，对于信息技术、生物技术、设施农业技术等对农业可持续发展有较大促进作用的高新技术则很少采用。造成这种状况的原因包括两个方面：一是由农户自身特征决定的，我国农户文化水平普遍较低，客观上这些高新技术发展时间不长，还不够成熟，可供选择的种类不如常规技术多；二是由于农户自身知识水平低和经营规模较小，或者农户没有能力驾驭该项技术，或者经营规模太小，比较效益低，农户不得不因为客观因素的限制而放弃采用高新技术。

综合以上分析可知，农户技术行为对农业环境的影响既有正面的，也有负面的。作为经济利益主体，农户更加注重化肥、农药、地膜等生化类技术，对有机技术采用较少。作为资源利用主体，农户更加倾向于开发资源技术，忽视资源保护技术。作为风险规避者，农户较重视常规技术，较少使用高新技术。

4.4　农户行为对生态环境影响作用机理实证分析

4.4.1　理 论 假 设

在以上分析框架的基础上，深入剖析农户行为对生态环境影响的方式和作用路径，提出以下理论假设。

1. 农户家庭特征

1）农户年龄

年龄的差异在一定程度上可以用来解释行为动机和目标的多样性。也就是说，不同年龄阶段的农户由于行为动机和目标的差异可能会导致农户生产行为的差异。一是年龄较大的农户为了弥补体力不足，可能会施用更多的化肥和农药进行替代。过量施用农药和化肥会破坏土壤的物理性状，会在一定程度上加大农户行为对农业环境的负面影响。二是年龄较大的农户从事非农产业的限制因素也较多，收入来源于农业生产所占的比例较高，因此，这类农户对耕地的依赖性较大，其参与农业环境保护的意愿也越大，这在一定程度上会引导农户采取环境友好型的农业生产行为和生产技术。综合以上分析可知，农户年龄对农业环境的影响，既有负面的影响，又有正面的效应，但两方面的综合结果如何？到底是正是负？这有待于相应的实证研究来验证。

假设 H1a：年龄较大的农户，其生产行为对农业环境的负面影响较小。

2）人口素质

农业环境问题成因是多方面的，其中最重要的是人口问题，但又不能简单地将其归结为农村人口数量过多。相关研究表明，人口素质低下造成的农业生产方式不合理才是重要原因。文化素质的高低能够在一定程度上反映出劳动力质量，以及对新事物的接受能力。对于文化素质低的农户来说，由于受自身认知水平的限制，其对环境友好型农业生产技术的接受程度较低，综合运用新技术的能力也差。再加上其环保意识也不强，极易导致不合理的耕作方式，并对农业环境造成较为严重的负面影响。对于受教育程度较高的农户来说，其对环境友好型农业生产技术的把握和适应能力也较强，能够快速将现代化技术应用到生产中，进行科学施肥和现代化生产管理（郭利京和赵瑾，2014），对农业环境产生正面影响。

假设 Hlb：人口素质越高，其生产行为对农业环境的负面影响越小。

3）家庭劳动力数量

家庭劳动力数量在一定程度上决定着农户农业生产方式。农业生产中各投入要素之间存在着替代关系，家庭劳动力数量充足的农户，能够投入较多的劳动力。此时，农户会倾向于用人工劳动来替代部分化学品的投入，如用费工费时的农家肥代替部分化肥投入，对农业环境产生的负面影响较小；而劳动力数量较少的农户，所采取的行为正好相反，在农业生产中投入的劳动力可能不足，在生产要素替代的作用下，农户倾向于通过增加化肥施用量来替代劳动力投入（何浩然等，2006），这会加大农户农业生产行为对农业环境的负面影响。因此提出如下假设。

假设 H1c：家庭劳动力数量越多，其行为对农业环境的负面影响越少。

2. 农户生计方式

生计是人类谋生的方式，建立在人们的能力、资产和活动基础之上。对于生计方式的选择，主要是在农业与非农之间做选择。本书将农户既从事农业生产又从事非农产业的行为定义为生计方式的兼业化。不同的就业结构反映了农户利用资源水平和把握外部经济机会的能力。农户生态行为也是理性的，其参与保护环境的动机取决于他们对环境保护的成本和收益的内在比较，如果从事农业生产机会成本高，就会将部分农业劳动力转移到非农产业，从而推迟农业环境的保护措施。有研究指出，从事非农产业的农户在农业生产中通常粗放利用土地，其农业环境保护效果也较差。这是因为农业环境保护行为或者措施（如水土保持措施、环境友好型农业生产技术）往往需要大量的劳动力，即农村劳动力的非农择业行为有可能造成用于环境保护行为的劳动力不足，从而不利于农业环境状况的改善，因此，提出如下假设。

假设 H2：农户生计方式的非农兼业程度越高，其农业生产行为对农业环境的负面影响越大。

3. 种植结构

种植结构的变化将导致农业生产要素投入和农业景观结构均发生变化，从而对农业环境演变产生不同的影响。在改变农业景观方面，如调节某土地斑块的种植作物，即土地利用方式改变，这对农业环境的影响主要表现在两个方面：一是不同土地利用类型下的农业污染物输移方式和程度差别较大，对水体水质的影响程度也有差别。二是不同的土地利用方式对土壤的理化性质影响很大，并造成土壤抗侵蚀能力和土壤质量的差别。在改变农业投入要素方面，如调节农药化肥的施用量、调节农业生产的规模，从而影响农业环境质量。根据种植结构变化对农业环境的影响机理，提出如下假设。

假设 H3：经济作物所占的比例越高，其农业生产行为对农业环境的负面影响越大。

4. 农户经营规模

农户经营规模的差异会对农业环境污染产生不同的影响。对于小规模农户来说，农业耕作的机械化和耕作技术的革新将受到限制，这会造成两方面的后果：一是不利于大型机械设备应用和环境友好型生产技术的推广，从现实来看，农户更多地沿袭传统的耕作方式，这容易造成土壤结构的破坏和表层土质疏松，地表径流中水土流失和养分损失严重。二是加大农户单位土地面积的投入，如化肥、农药等化学品的投入增加，导致大量的营养物质、有毒有害物质等在空间上富集，在降雨或农田灌溉条件下，这些污染物质便随地表径流进入水体。可见，超小的种植规模会加大农户农业生产对农业环境的负面效应。对于种植规模较大的农户来说，不仅具有规模经济效应，同时也能减少农户农业生产对农业环境的负面影响，主要表现在两个方面：一是成本的节约，能够有效地降低单位土地面积的固定投入成本和管理成本，以更低的单位成本获取农业生产技术信息和采用现代农业技术，有利于环境友好型生产技术的推广。二是收益的增加，增强了农户对现代农业技术和环境友好型生产技术的采纳能力。基于以上分析提出如下假设。

假设 H4：农户经营规模越小，其农业生产行为对农业环境的负面影响越大。

5. 细碎化程度

土地细碎化是指农户所经营的土地被人为地分割为零碎的、分散的、若干大小不一的地块，并且每个地块的面积较小。这既不利于农业机械化和农业新科技的推广，又难以抵御自然灾害，增加农户生产成本，降低农户生产效率。同时由于地块分散，农户不是按照土地质量状况和作物生产状况有针对性地施用化肥和农药，在实际操作中主要是依据自身经验，采用统一的模式进行管理，其结果往往造成化肥和农药的过量投入，以及土壤养分比例的失调，对农业环境造成潜在威胁。因此，提出如下假设。

假设 H5：农户土地细碎化程度越高，其农业生产行为对农业环境的负面影响越大。

6. 农产品商品化

随着新型城镇化和工业化的快速推进，以及农业生产技术水平的提高，目前粮食需求已经不再是制约农户经营的首要因素，农户农产品商品化水平不断提高。在这样的背景下，农户的土地利用目标逐步由产量最大化逐渐向利润最大化过渡。此阶段农户的土地利用行为方式具有新的特点，主要表现为二重性：既要考虑劳动力的充分利用，又要考虑资金的充分利用；既要保障家庭成员的基本消费品的满足，又要在此基础上追求农产品价值增值的最大化。农户要在权衡土地规模、技术、劳动力和资金的边际变化的基础上完成生产要素替代过程。可能会出现 3 种情况：如果劳动力成为限制因素，劳动力机会成本增加，可能就会利用农药、化肥等致污性生产要素替代劳动力；如果土地规模受到限制，则农户就会提高土地的利用强度，增加土地的投入强度，而农药化肥等常规的生产要素就成为投入增加的首选；如果技术选择受到限制，农户倾向于选择传统的且成本较低的生产技术。综合以上几个方面可知，农户追求农产品商品化率和利润最大化的行为提高在一定程度上加大了农业生产的负面影响。因此，提出如下假设。

假设 H6：农户农产品商品化率越高，其农业生产行为对农业环境的负面影响越大。

4.4.2　假设的检验

为了进一步揭示农户行为对农业环境的影响机制，在以上理论分析的基础上，构建如下计量经济模型：

$$E = \alpha + \sum_i \gamma_i X_i + \sigma \tag{4.1}$$

式中，E 为环境质量指标；X 为影响因素；γ 为回归系数；α 为常数项；下标 i 为第 i 个影响因素；σ 为随机扰动项。

1. 指标选择和数据说明

1）指标选择

在农户行为环境影响机制分析框架的基础上选择相应的指标。①农户家庭特征，主要选择户主年龄、农户文化程度、农户劳动力数量 3 个方面的指标，其中，农户文化程度用户主的受教育年限代替，由于受中国几千年封建思想的影响，农户生产决策中户主起决定性作用，这种状况在调研区域——河南省传统农区更加明显，因此，用户主的受教育年限表示家庭人口素质具有较高的可信性。②农户生计方式，鉴于农户兼业化普遍存在，本书对兼业程度的衡量用非农产业收入占家庭总收入的比例表示。③种植结构，用经济作物播种面积的比例表示。④农户经营规模用农户拥有的耕地面积表示。⑤耕地细碎化程度用拥有的耕地块数表示。⑥农产品商品化率用产品销售量与总产量的比例表示。

对于环境质量指标，本书用环境影响指数表示。采用生命周期评价方法，以农户为基本单元，进行农户生产行为的环境影响评价，生命周期评价方法是环境管理的重要支持工具，目前在工业领域的研究成果较多，国外不少学者尝试将其引入到农业领域，定量评价农产品或农业措施的生态环境效应，结果表明生命周期评价方法在农业领域是合适的，能够为农业环境管理和决策提供理论支撑。但目前其仍处于探索阶段，特别是利用农户数据的研究更是少见。随着农业环境问题的日益凸显，农户是最基本的农业经济活动单位，是农业环境政策的最基本的作用对象，因此，以农户为基本单元展开评价，可以为农业可持续发展的管理和决策提供理论支撑。具体过程和方法见第 5 章。

2）数据来源

本书所需数据来源于 2013 年 7～10 月在河南省永城市、孟州市、新野县、杞县、武陟县 5 个县（市）进行的农户调查。为使数据更加真实和可信，采取“问卷初步设计—预调查—问卷修改”的步骤，并多次重复此过程，直到问卷的表达方式能够被农户理解接受，预调查结果达到理想效果后才进入实地调查阶段。农户层面问卷调查的内容具体见表 4.3。在河南省传统农区共调查了 224 个农户，除去不具有代表性的无效问卷，共收回 213 份有效问卷，有效问卷的比例为 95.1%。

表 4.3　抽样调查问卷的主要内容和相关指标

问卷主要内容	主要指标	单位
家庭结构	家庭总人数	人
	劳动力数量	人
	农业劳动力数量	人
	初中以上农业劳动力数量	人
收入状况	总收入	元
	农业收入	元
支出状况	家庭总支出	元
	农业支出	元
农业状况	耕地总规模	ha
	播种面积	ha
	是否有转入情况	是/否
	是否有转出情况	是/否
施肥状况	是否使用农家肥	是/否
	复合肥的使用量	kg
	尿素使用量	kg

在被调查的 5 县（市）的全部农户中，90%以上的农户家庭人口数量在 3～5 人，农户家庭规模分布较为均匀，平均每户为 4.34 人。从男女比例来看，大部分家庭中女性所占比重为 0.4～0.6。调查结果显示，平均每户劳动力数量为 3.21 人。农民从事非农兼

业现象非常普遍，一般一家之中有 1～2 人外出打工，平均每户从事非农产业的劳动力数量为 1.69 人，并且从事非农兼业的时间比较长，大都在半年以上，平均每户的非农收入为 14616 元。劳动力文化程度比较低，大部分为小学和初中文化程度，二者所占比例达到了 90%。被调查农户平均每户的耕地面积为 5.19 亩，耕地的经营规模普遍偏小。

2. 检验结果

利用 Eviews5.1 软件包进行回归分析，采用广义最小二乘法（GLS），以消除截面数据中可能存在的异方差现象，各项回归参数见表 4.4。

表 4.4　农业环境问题形成机制回归模型结果

项目	回归系数	标准误差	t-统计值
常数项	23.12406	2.012421	11.49066***
农户生产规模	−1.924319	0.07622	−25.24674***
细碎化程度	2.47069	0.102795	24.0352***
户主年龄	−0.08572	0.01678	−5.1081***
文化程度	−0.25652	0.04745	−5.40604***
劳动力数量	−0.260695	0.129789	−2.008607**
生计方式兼业程度	2.875478	0.641079	4.48537***
经济作物比例	30.40972	0.494591	61.48452***
农产品商品率	16.74707	2.696589	6.210465***
调整后的 R^2	0.999	F-statistic	6238.306***

***、**、*分别表示在 1%、5%和 10%的显著水平上通过检验。

农户家庭特征与农业环境。①如前述理论所分析的，农户年龄对农业环境既有正面影响，也有负面影响。回归结果显示，户主年龄的回归系数为负。这表明，在河南省传统农区，农户年龄大对农业环境的正面影响大于负面影响。调查中发现，传统农区参加农业劳动的年龄较大的劳动力所占比例较高，由于这些农户在农业生产技术采用方面较为保守，会限制农户农业环境保护意愿向农业环境保护行为的转化程度，会降低对农业环境的正面影响。②文化程度的回归系数为负，也就是说，文化程度的提高能可以减少农户农业生产的负面影响，符合预期。但必须看到，河南省传统农区农村劳动力素质整体偏低，大部分为小学和初中文化程度，二者所占比例达到了 90%。这会影响人力资本素质正面效应的发挥。因此，应该努力提高农户的人力资本素质，加大人力资本投入，以确保农业环境的可持续利用。③劳动力数量的回归系数为负，这说明农户家庭劳动力数量的提高能够降低对农业环境的负面影响。主要原因是，劳动力资源充足的农户家庭，劳动力与环境友好型生产技术之间存在一定的替代关系。

农户生计方式与农业环境。结果显示，回归系数为正，并且在 1%的显著水平下通过检验，符合预期。也就是说，农户兼业程度的提高对农业环境的负面影响加大。这个结论也是符合传统农区实际的。调查结果显示，传统农区农户兼业行为非常普遍，一般一家之中有 1～2 人外出打工，平均每户从事非农产业的劳动力数量为 1.69 人，并且从事非农兼业的时间比较长，大都在半年以上，平均每户的非农收入为 14616 元。不过这种非农兼业行为对农业生产的替代并不是完全的替代，对于大部分农户来说，土地仍然是重要的生活保障，是粮食和食物来源。农户生计方式向兼业化的转变对农业生态环境的影响主要包括两个方面：一是由于不断增长的非农就业与农业生产的竞争，对土地的保护性投资会减少，如农家肥投入的减少，造成土壤侵蚀增加和土地退化加剧；二是非农活动增加了农户的总收入，有更大的可能性去增加土地投入，杀虫剂和其他农用化学品的使用对土壤肥力、土壤质量等产生负面影响。

农户种植结构与农业环境。结果显示，回归系数为正，经济作物所占比重越大，对农业环境的负面影响越大。随着经济社会发展水平的提高，传统农区农业种植结构发生了巨大变化，主要表现为：粮食作物播种面积所占比重不断减小，而经济作物播种面积增长迅速。各类作物对化肥的需求水平不同，会导致种植业施肥结构的变动。从总体来看，传统的粮食作物施肥量和新兴的经济作物化肥施用量都明显增加，化肥施用量过高加快了地表水富营养化趋势，同时也导致了地下水硝酸盐超标。可见，目前传统种植结构的调整更多地表现为负面效应，可能增加了农业面源污染产生的潜在危险。农业结构调整虽然能够在很大程度上增加经济效益，但其对农业生态环境的影响却是负面的，这种农业增长方式的可持续性较差，因此，必须转变农业发展模式。

耕地细碎化程度与农业环境。结果表明，回归系数为正，表明细碎化程度提高，其对农业环境的负面影响加大，符合预期，这也是符合传统农区事实的，调查区域大多处于平原地区，耕地是集中连片的，但却人为地将其分为若干小块。家庭承包责任制的实质是土地平均分配，这不仅体现在数量上的平均，还将土地的质量、地块离家的远近、距离灌溉源的远近、交通方便程度不同的土地进行平均分配，导致了农户经营的土地细碎化和分散化。调查中平均每个农户拥有的地块数量为 3.46 块，平均每块耕地的面积为 1.498 亩。细碎化程度的提高在一定程度上增加了农户农业生产对农业环境的负面影响。

农户经营规模与农业环境。模型结果表明，回归系数为负，农地规模的提高能够减少对农业环境的负面影响。但在调查中发现，河南省传统农区耕地的经营规模普遍偏小，被调查农户平均每户的耕地面积为 5.19 亩，从规模分布来看，10 亩以上的农户数为 7 户，所占比例为 3.29%；5～10 亩的农户数为 100 户，所占比例为 46.95%；3～5 亩的农户数为 68 户，所占比例为 31.92%；1～3 亩为 36 户，所占比例为 16.90%；1 亩以下为两户，所占比例为 0.94%。这会在很大程度上增大对农业环境的负面影响。而土地产权的自由流转可以有效解决二者的矛盾，能够弥补土地细碎化的负面效应。

农产品商品化与农业环境。模型结果表明，回归系数为正，这说明，农产品商品化水平的提高在很大程度上增加了对农业环境的负面影响，这个结论是符合传统农区实际的，目前，传统农区农户的商品率逐步提高，并且农业生产规模普遍较小，为了追求更大的利润，就会利用其他要素来替代土地，加大对农药化肥的投入，不利于环境质量。

4.5　小　结

本章的主要结论如下。

（1）借鉴 MA 的分析思路，并将其应用到微观主体行为分析中，构建农户行为对农业环境影响的作用机理分析框架。农户行为对农业环境的作用机制是：影响农业环境演变的因素包括直接驱动因素和间接驱动因素，间接驱动因素通过改变一个或多个直接驱动因素的作用效果而产生比较广泛的影响。具体来说，农户行为主要是通过农户农业生产投入行为、生计方式、种植结构和规模等方面的传导，通过改变或影响生态环境直接因子对农业环境的变化产生影响。

（2）实证结果表明，农业环境的影响因素是多方面的。①在农户家庭特征方面。随着户主年龄的提高，其对农业环境产生的正面影响大于负面影响。文化程度的提高也对农业环境产生正面影响。②在农户生计方式方面。农户兼业程度的提高在一定程度上加大了农户行为对农业环境的负面影响。因此，在实践中应努力创建能够促使过度兼业农户真正向非农产业转化的制度环境。③农户增收行为。种植结构调整（经济作物所占比重的提高）和农产品商品化虽然在增加农民收入方面发挥了重要作用，但却增加了农户行为对农业环境的负面影响。因此，必须转变农业发展模式，加大环境友好型生产技术的推广力度，建立农户生产行为的约束和激励机制。④在土地经营方面，传统农区农地经营普遍偏小和农地细碎化现象增加了农户农业生产行为对农业环境的负面影响。农地规模经营和农地细碎化是一对矛盾，在实践中应将其作为政策的着力点。

第5章　农户生产行为生态环境效应定量评价

5.1　农户行为生态环境效应评价方法

“生命周期评价（LCA）”的概念是由国际环境毒理学和化学学会（SETAC）于1990年提出的。该方法最终以总量形式定量评价产品或服务对环境的影响，主要用于两方面的评价：一是分析和评价某产品或服务当前对环境的影响；二是对产品或服务整个生命周期内所产生的环境问题进行评价。该方法是一种新兴的环境管理工具，一经提出后就成为环境科学领域研究的热点之一，并得到了广泛的应用。随着农业环境问题的日益凸显，国外不少学者尝试将其引入到农业领域，定量评价农产品或农业措施的生态环境效应，结果表明生命周期评价方法在农业领域是合适的。农户是最基本的农业生产单位，是农业环境政策最基本的作用对象，因此，以农户为基本单元展开评价，可以为农业环境管理和决策提供理论支撑。因此，本书拟将在生命周期评价的框架下进行河南省传统农区农户农业生产行为的环境效应评价，该方法主要包括4个相互联系的步骤（梁龙等，2009；杨建新，2002）。

5.1.1　目的与范围的界定

利用生命周期评价方法最关键的是合理确定研究目的与界定研究范围，即分析农业生产系统和界定系统边界，并构建系统模型。河南省传统农区的主要作物类型是小麦、玉米、大豆、棉花等，现阶段农业生产对化肥等化学产品的依赖性还很大，过度施用化肥的现象非常普遍，并且化肥利用率非常低，是农户农业生产对环境影响的最主要方面。因此，本章主要分析农户农业生产行为中对环境影响最大的施肥行为，定量评价农作物生产的环境影响。考虑化肥的来源，从理论上说，农作物生产完整的系统边界可以界定为：起始边界为矿石能源开采，终止边界为农产品和污染物的输出。在数据获取方面，本章主要通过PRA方法调查农户层面的农业生产数据，研究的目的是定量评价农户施肥行为的环境效应。化肥生产所需的原材料的获取阶段（矿石开采）虽然也会消耗大量资源，并对生态环境产生较为严重的负面效应。但这与本章研究目的的关联性较小，且获取准确数据的难度较大。基于此，本章没有将矿石能源开采阶段列入生命周期内，仅考虑农作物生产系统中农资阶段化肥的生产与种植阶段化肥的施用两个环节。

5.1.2 清单分析

利用清单分析的思路对农户农业生产的环境效应进行分析。产品或服务在其整个生命周期内对环境的影响表现为两个方面：一是资源、能源的消耗，二是向外部环境排放的污染物（如废气、废水、固体废弃物等），清单分析主要是对产品或服务在生命周期内的环境影响数据进行量化的过程，并以输入数据清单和输出数据清单的形式表示出来。具体到农户农业生产的生命周期，系统输入是农户农业生产所投入的所有原材料、资源和能源等，系统输出则是农户农业生产过程中所有释放到环境中的废弃物质（包括废气、废水、固体废弃物及其他废弃释放物）。由于农户农业生产系统是一个庞大的复杂系统，包含一系列的子系统，因此，本章以各个子系统为分析和评价的基本单元。在实际操作中仅考虑与农户施肥相关的环境影响类型，具体来说，农户农业生产生命周期内的系统投入主要包括化石燃料、化肥等；系统输出主要包括两个方面：一是释放到环境中的污染气体，引起温室效应、环境酸化效应，二是通过农田排水和地表径流等方式排放到水体中的营养物质，引起富营养化效应。即主要考虑能源消耗、温室效应、环境酸化效应和富营养化效应 4 种环境影响类型。

5.1.3 环境影响评价

生命周期环境影响评价就是将清单分析结果（系统的输入/输出）与其对应的环境影响通过数量关系模型关联起来，据此揭示不同输入/输出的相对重要性，以及其在每个生命周期阶段对环境影响的大小。但对采用何种方法进行生命周期影响评价，国内外学者尚没有统一的意见，从现有文献来看，主要采用定性研究和定量评价相结合的方法。本章吸收现有方法的优点，构建环境影响评价模型框架对清单分析结果进行评价。该框架模型主要包括 4 个技术步骤，即分类、特征化、标准化、加权评估。

5.1.4 结果解释

生命周期评价结果解释是在目的与范围的界定、清单分析、环境影响评价等阶段研究的基础上进行。首先，要对评价过程中所需的信息、资料和数据进行检查，确保数据资料的完整性、准确性，以及来源的一致性；其次，在探讨和分析研究结果的基础上，对评价结果的可靠性进行检查，形成相应的结论，提出建议；最后，还需要解释结果的局限性，例如，一些影响因素如果没有被纳入到评价系统中，可能会对结果产生影响，应对其做出相应的解释。

5.2 数据来源与农户概况

5.2.1 数据收集和调研方法

本章采用参与式农户调查与评估方法（participatory rural appraisal，PRA）获取农户数据。PRA 方法主要以样本区域的自然资源利用状况、生态环境、社会经济条件为调查对象，通过与农户进行非正式访谈来全面了解农村的实际情况，并与农户共同调查和评估社区发展所面临的限制和机遇。PRA 实质上是一个包含多种技术方法的工具包，如直接观察、社区居民会议、问卷调查、半结构访谈等。结合河南省传统农区的实际和本章的研究目的，主要采用问卷调查和半结构访谈（semi-structure interview）相结合的方法。在实际调查中采取开放式的提问方式，根据调查主题和提前拟定的调查提纲进行访谈，并使农户在和谐的气氛中发表对农业生产、农业环境状况和农业环境保护的看法与意愿。

为使数据更加真实和可信，在应用 PRA 时采取“问卷初步设计—预调查—问卷修改”的步骤，并多次重复此过程，直到问卷的表达方式能够被农户理解接受，预调查结果达到理想效果后才进入实地调查阶段。农户层面问卷调查的内容主要包括农户的家庭人口、劳动力、教育程度、非农就业情况、收入及支出、土地利用状况、农户灌溉行为、农业投入（化肥、农药、种子、农家肥等）、农业产出、农业种植结构、农业环境污染状况。

2012 年 7～10 月在河南省永城市、孟州市、新野县、杞县、武陟县 5 个县（市）进行了实地调查。样本的选择依据平均分布和代表性的原则，采用分层随机抽样的方法进行，以县（市）的社会经济发展水平为判断标准，并结合地貌类型、区位进行选点。具体过程是：先按人均国内生产总值、农村居民人均年纯收入等指标将河南省传统农区的县域经济发展水平分为好、中、差 3 个层次，使调查样点能在每个层次中有较均匀地分布，并综合考虑了地貌类型、区位要素，选择 5 个样本点，调查样本点选择涵盖了河南省传统农区的不同类型区域，例如，在传统农区豫东平原，选择了两个县（市），一个是经济发展水平相对较高的永城市，而杞县经济发展水平较低；在豫西南选择了地处南阳盆地的新野县；另外，还选择了处于黄河滩区的孟州市和豫北平原的武陟县。然后在抽样框内，在每个县（市）内随机选择 2～3 个乡镇，根据抽样结果，在这些乡镇随机选择村庄进行调研。最后在每个村庄随机选择 10～15 个农户进行农户调查。

5.2.2　农户的基本概况

在河南省传统农区共调查了 224 个农户，除去不具有代表性的无效问卷，共收回 213 份有效问卷，有效问卷的比例为 95.1%。永城市、孟州市、新野县、杞县、武陟县有效问卷的数量分别为 34 份、28 份、28 份、70 份和 53 份。

在被调查的 5 县（市）的全部农户中，90%以上的农户家庭人口数量在 3～5 人，农户家庭规模分布较为均匀，平均每户为 4.34 人。从男女比例来看，大部分家庭中女性所占的比重为 0.4～0.6。调查结果显示，平均每户劳动力数量为 3.21 人。农民从事非农兼业现象非常普遍，一般一家之中有 1～2 人外出打工，平均每户从事非农产业的劳动力数量为 1.69 人，并且从事非农兼业的时间较长，大都在半年以上，平均每户的非农收入为 14616 元。劳动力文化程度较低，大部分为小学和初中文化程度，二者所占比例达到了 90%。

被调查农户平均每户的耕地面积为 5.19 亩，耕地的经营规模普遍偏小。10 亩以上的农户数为7户，所占比例为3.29%；5～10亩的农户数为100户，所占比例为46.95%；3～5亩的农户数为68户，所占比例为31.92%；1～3亩为36户，所占比例为16.90%；1亩以下为两户，所占比例为0.94%。平均每个农户拥有的地块数量为3.46块，平均每块耕地的面积为1.498亩。

另外，被调查对象的基本状况能够在很大程度上决定调查数据的准确性，例如，被调查者如果年龄偏大，一是在与之交流的过程中可能会因交流困难造成信息损失，二是老年人的记忆力下降对以往事情的回忆较为困难，可能造成调查结果偏差加大。如果年纪较小，虽然记忆力较好，但对家里基本情况的了解不全面；如果女性较多，也可能会影响调查结果，因为在河南传统农区，受“男尊女卑”传统观念的影响较大，在家庭决策时仍然是以男性为主。在调查过程中充分地考虑了以上几个方面的因素，在选定的抽样框内，选择条件较优的调查对象。从本次调查情况来看，被调查者的平均年龄为49.79岁，其中，60岁以上、50～60岁、40～50岁、40岁以下所占的比例分别为8.94%、19.52%、47.15%和24.39%，可见40～55岁年龄段所占的比例较大。这个年龄段的户主在进行农业生产行为决策时，可以根据自己掌握的信息和经验做出判断，形成相对独立的有限理性的决策，并且92%以上的被调查者为男性，符合相关要求，这能够确保调研结果的准确性。

5.3　河南省农户施肥行为定量评价

利用生命周期法对河南省农户农业行为的环境效应进行定量评价。

5.3.1　对目的与范围进行界定

本章以河南省传统农区农户的施肥行为为研究对象，在河南省传统农区利用PRA方法调查了农户层面的农业生产数据，并根据农业生产的实际，确定农户农业生产系统边界，这里仅考虑农资阶段化肥的生产与种植阶段化肥的施用两个环节。在具体操作中以河南省传统农区农户农业生产调查数据为基础，分析与评价农户农业生产行为的环境效应。

5.3.2　清单分析

在农资阶段化肥生产过程中需要消耗大量的能源和原材料，此过程会产生大量的温室气体（如CO_2、CO、NO_x等），并引起温室效应，因此本章也将能源消耗和温室效应环境影响类型纳入到评价系统中。其他环境影响类型方面，农业生产中过量施用的氮、磷元素随农田排水和地表径流进入江河，形成富营养化；化肥施用阶段的氮元素也会通过挥发作用进入大气及化肥生产阶段产生SO_x气体，这会在很大程度上造成环境酸化。因此，农作物生产生命周期环境影响类型主要包括温室效应、富营养化和环境酸化3类（具体见表5.1）。

表 5.1　不同阶段污染排放种类和环境影响类型

阶段	污染源	气体排放类型	环境效应
农资生产阶段	化肥生产	CO_2、CO、NO_x	温室效应
		SO_x	环境酸化
农业生产阶段	化肥施用后养分淋失、挥发	N_2O、CH_4	温室效应
		NH_3、NO_3-N、PO_4^{3-}	富营养化
		NH_3	环境酸化

关于农户农业生产周期内能源消耗和污染排放系数根据文献调研获取。在农业生产阶段，农户化肥施用主要是通过气体挥发和养分流失对环境产生影响。相关研究表明，NH_3 的气体挥发率、养分流失量与氮肥的投入量关系紧密。本章在文献调研的基础上，主要参考相关研究成果（胡志远等，2006），结合河南省传统农区的实际，确定氮素挥发、淋失和径流量系数，并建立相应的数据库。主要能源消耗和污染排放系数具体见表 5.2。

表 5.2　农资（化肥）生产阶段能源消耗和污染排放系数

生产类型	能源消耗/（MJ/kg）	污染物排放系数/（g/kg）					
		HC	CO	PM_{10}	NO_x	SO_x	CO_2
N	95.8	0.58	4.29	5.2	36.01	32.32	10366
P_2O_5	21.85	0.08	0.83	0.39	4.75	2.81	1585
K_2O	9.65	0.04	0.35	0.16	1.99	1.17	662

采用清单分析的思路，利用以上确定污染排放系数数据库建立河南省传统农区单位面积耕地投入和输出清单，具体结果见表 5.3。在系统输入中，河南省传统农区农户平均每公顷耕地的化肥投入总量为 800.55kg，其中，氮、磷和钾投入分别为 466.13kg、253.25kg 和 84.18kg，据此计算出的能源消耗为 50999.82MJ；在系统输入中，每公顷耕地 CO、NO_x、SO_x、CO_2、NH_3、N_2O、NO_3-N、PO_4^{3-}等污染物排放量分别为 2.24kg、18.80kg、15.87kg、5288.90kg、46.61kg、6.53kg、23.31kg、2.18kg。

表 5.3　河南省传统农区单位面积耕地投入和输出清单

系统投入			系统产出		
物质	数量	单位	物质	数量	单位
能源	50999.82	MJ	CO	2.24	kg
N	466.13	kg	NO_x	18.80	kg
P_2O_5	253.25	kg	SO_x	15.87	kg
K_2O	84.18	kg	CO_2	5288.90	kg
			NH_3	46.61	kg
			N_2O	6.53	kg
			NO_3-N	23.31	kg
			PO_4^{3-}	2.18	kg

5.3.3　环境影响评价

环境影响评价的核心是通过评估清单结果对相应的环境影响类型的贡献度进行核算和分析。本章按照分类、特征化、标准化、加权评估 4 个步骤构建农户农业生产环境影响评价模型。

1. 分类

进行环境影响评价第一个技术步骤是分类，是将清单分析结果根据环境影响类型进行划分归类的过程。如前所述，农户农业生产生命周期的环境影响类型主要包括温室效应、富营养化和环境酸化 3 类，并根据农户农业生产系统输入/输出清单分析结果与环境影响类型之间的对应关系进行归类。这里一般可以分为两种情况：一是有些污染排放物只与一种环境影响类型有直接关系，因此，可以直接将这类污染物归并到相应的环境类型，是一对一的匹配关系。例如，农户农业生产生命周期中排放的 CO_2、CH_4、SO_2 等气体污染物就属于这种类型，只对一种环境影响类型有贡献。二是一些污染排放物与两种或两种以上环境影响类型都有直接关系，可以将这种关系定义为环境影响的串联模式。因此，在实际操作中需要将同一种污染物分别归并到多种环境影响类型中，并不是进行一对一的匹配关系。例如，农户农业生产生命周期中排放的 NH_3、NO_x 等污染物就属于这种类型，对环境酸化和富营养化都有贡献。具体分类结果见表 5.4。

表 5.4　污染排放物与环境影响类型

环境影响类型	温室效应	环境酸化	富营养化
污染物	CO_2、CO、CH_4、N_2O	SO_2、NH_3、NO_x、SO_x	PO_4^{3-}、NO_x、NH_3、NO_3、NO_3-N

2. 特征化

环境影响评价的第 2 个技术步骤是特征化，其核心内容是计算清单分析结果的环境影响潜力。从现有文献来看，计算环境影响潜力的方法较多，概括起来主要包括两类：一是临界目标距离法，主要将清单分析结果与相应环境标准关联起来进行计算；二是当量因子法，一般来讲，某种环境影响类型受多种影响因子的共同作用，不同影响因子的贡献率大小也差别较大。由于量纲不同，不同影响因子之间无法进行直接比较，对此问题国际上一般采用当量因子法进行不同影响因子之间的度量转化。当量因子法应用较为广泛，不同环境影响类型已经建立起了比较完善和统一的当量模型，得到了学术界的认可，结果具有较高的可信度。因此，本章也拟采用当量因子法计算清单分析结果的环境影响潜值。

当量因子法以环境影响类型为基本分析单元，其基本步骤如下：首先，在某种环境影响类型中选择某一个影响因子作为基准，将其影响潜力定义为 1；其次，将其他影响因子与基准影响因子进行对比，确定其他影响因子的相对环境影响潜力，即当量系数，并根据当量系数计算各个影响因子的环境影响潜值；最后，通过加总求和得到这种环境影响类型的综合环境影响潜值。具体到农户农业生产生命周期，主要包括温室效应、富营养化、环境酸化 3 种环境影响类型。根据上述当量因子法的计算过程，在每种环境影响类型中选择一种污染物作为参照物，温室效应、环境酸化和富营养化 3 种环境影响类型选择的参照物分别为 CO_2、SO_2 、PO_4^{3-}，即分别以 CO_2、SO_2 和 PO_4^{3-} 当量表示。在同一种环境影响类型中，不同污染物可以通过当量系数转换为参照物的环境影响潜力。不同环境影响因子及当量系数见表 5.5。另外，计算过程中环境影响类型也会涉及能源消耗，本章以热量单位进行表征。

环境影响潜值指的是系统中所有环境排放和能源消耗的总和，计算公式如下：

$$\mathrm{EP}_j = \sum \mathrm{EP}_{ij} = \sum (Q_{ij} \times \mathrm{EF}_{ij}) \tag{5.1}$$

式中，EP_j 为农户农业生产周期内对 j 种环境影响类型的贡献；EP_{ij} 为 i 种排放物对 j 种潜在环境影响类型的贡献；Q_{ij} 为 i 种排放物对 j 种环境影响类型的排放量；EF_{ij} 为 i 种排放物对 j 种环境影响类型的当量系数。

表 5.5　不同影响因子的当量系数

环境影响类型	污染排放物	当量系数	环境影响类型	污染排放物	当量系数	环境影响类型	污染排放物	当量系数
温室效应	CO_2	1	酸化效应	SO_2	1	富营养化	PO_4^{3-}	1
	CO	2		NH_3	1.88		NO_x	0.13
	CH_4	21		NO_x	0.7		NH_3	0.33
	N_2O	310		SO_x	1		NO_3	0.42
							P_{tot}	3.06

利用表 5.5 提供的当量系数，利用式（5.1）计算 3 种环境影响类型特征化后的潜值，表 5.6 列出了单位面积耕地农作物生产周期环境影响潜值。计算结果显示，农业生产的温室效应主要来自农资（化肥）生产阶段，环境影响潜值达到了 352.892kg CO_2-eq，占生命周期温室效应潜力的 72.35%；而酸化效应和富营养化主要来自农作物生长阶段，环境影响潜值分别达到 5.872kg SO_2-eq 和 12.154kg PO_4^{3-}-eq，占整个生命周期内酸化效应和富营养化潜力的 75. 5%和 98.72%。

表 5.6　单位面积农业生产环境影响潜值

环境影响类型	单位	环境影响潜值
温室效应	kg CO_2-eq	4877.755
酸化效应	kg SO_2-eq	7.778
富营养化	kg PO_4^{3-}-eq	12.312

3. 标准化

为了使不同影响类型环境影响潜值的相对大小有一个可以比较的标准，需要对之进行标准化处理。在实际操作中，可以根据研究区域的大小，选择不同的尺度标准。一般来说包括两种标准：全球尺度标准和局地性标准，分别对应于全球性环境影响和局地性（国家或某一地区）环境影响的研究。根据本章的研究目的和内容，这里选择局地性标准。标准化处理的方法一般有标准人当量和标准空间当量两种，前者标准化后环境影响潜值单位是标准人当量，反映的是农户农业生产周期某种环境影响潜值占人均基准值的比例；后者标准化后环境影响潜值单位为标准空间当量。根据数据的可获性，本章采用人均基准值对农户农业生产周期环境影响进行标准化，标准化基准见表 5.7。计算公式如下：

$$\mathrm{NEP}_j = \frac{\mathrm{EP}_j}{\mathrm{ER}_j} \tag{5.2}$$

式中，NEP_j 为 j 种环境影响潜值标准化值；EP_j 为 j 种环境影响特征化值；ER_j 为人均基准值。

表 5.7　标准化基准

环境影响类型	单位	基准值/（人·a）$^{-1}$	权重
能源消耗	MJ	56877.88	0.283
温室效应	kg CO_2-eq	8700	0.226
富营养化	kg SO_2-eq	6.21	0.227
环境酸化	kg PO_4^{3-}-eq	36	0.264

利用式（5.2）对农作物生产周期环境影响进行标准化，具体结果见表 5.8。河南省传统农区农户农业生产行为的能源消耗、温室效应、环境酸化和富营养化环境影响指数分别为 0.060、0.056、1.253、0.342，即农户农业生产中单位面积耕地的能源消耗、温室效应、富营养化和环境酸化潜力分别相当于我国人均能源和环境负荷潜值的 5.98%、5.61%、125.3%和 34.2%。可以看出，在 3 种潜在的环境影响负荷中，以环境酸化和富营养化效应最为严重，温室效应影响是最小的。另外，能源消耗对环境的影响也不容忽视。

表 5.8　农业生产生命周期环境影响指数

环境影响类型	标准化环境影响指数	权重环境影响指数
能源消耗	0.0598	0.0169
温室效应	0.0561	0.0127
富营养化	1.253	0.2843
环境酸化	0.342	0.0902

4. 加权评估

数据标准化可以测度不同环境影响类型潜在影响的相对大小。但是必须看到，不同环境影响类型对区域可持续发展的重要程度是不同的，还需要对其重要程度进行排序，即赋予不同的权重，然后在此基础上通过加权求和的方式进行评估。根据专家评议法确定不同环境影响类型的权重值，具体见表 5.8。计算公式如下：

$$\mathrm{WR} = \sum \mathrm{NEP}_j \times R_j \tag{5.3}$$

式中，WR 为农户农业生产系统环境影响指数；NEP_j 为 j 种环境影响潜值标准化值；R_j 为环境影响类型的权重。依据环境影响标准化值和相关权重，利用式（5.3）计算出系统环境影响指数，具体见表 5.8。

5.3.4 结果解释

经加权评估后，农户农业生产环境影响指数为 0.404，这表明河南省传统农区农业生产中单位土地面积的环境影响潜力是中国人均环境影响潜力的 0.404 倍。可见农业生产对环境的影响较大。不同环境影响类型环境影响指数大小差异也较大，由大到小依次是富营养化、环境酸化、能源消耗和温室效应。可见，农业生产过程中化肥投入对环境的负效应主要是富营养化和环境酸化，这个结论是可信的。在富营养化方面，河南省传统农区农业生产中化肥过量投入现象非常普遍，抽样调查数据显示，每公顷施肥量达到了 800.55kg，远远超过了联合国环境规划署设定的安全施肥的上限。过量的化肥投入会通过淋失、农田径流造成面源污染，造成富营养化。目前，农业面源污染已经超过了工业点源污染，成为我国流域污染和富营养化的主要因素。第一次全国污染源调查公报显示，通过农业面源污染排放的 TN 为 270.48 万 t，TP 为 28.47 万 t，分别占全国污染排放总量的 57.19%和 67.27%。环境酸化主要来源于种植阶段，超量施用氮肥，大量 NH_3 挥发是导致潜在环境酸化的主要原因。

不同兼业类型农户的农业生产行为对环境影响的差异。对于兼业程度，本章按照非农收入占家庭总收入的比重来度量。具体标准为：非农业收入占家庭总收入的比重小于 10%的农户为纯农户，介于 10%～50% 的为一兼农户，50%以上的为二兼农户。调查结果显示，调查区域纯农户的比例为 9.84%，兼业农户的比例超过了 90%。其中，一兼农户和二兼农户的比例分别为 36.07%和 54.09%。二兼农户所占比例超过了纯农户和一兼农户。可见，调查区域农户兼业较为普遍。不同类型农户的土地利用行为差异较大，主要表现在劳动、资本和技术投入，以及经营规模的差异，这些通过改变或影响生态环境直接因子从而对农业环境产生不同的影响，这造成了纯农户、一兼农户和二兼农户对环境影响的差异，三者的环境影响指数分别为 0.294、0.384 和 0.402。总体来说，纯农户<一兼农户<二兼农户。可能的解释是：纯农户的收入主要来自于农业生产，必然追求农地的产出最大化，在此目标作用下必然加大对农业的投入，土地利用程度也很高，还可能会通过租入土地的方式扩大经营规模。对农业的依赖性较大，倾向于采用环境友好型的生产方式，对农业生产的负面影响相对较小。兼业农户既从事农业生产又从事非农业生产，存在着在非农业投入和农业投入之间的权衡，在土地利用决策中追求的整体理性，也就是追求总收入的最大化。二兼农户收入以非农收入为主，非农业的收入效应对其更加明显，因此，农户在资源配置过程中就会倾向于非农产业，而只是将农地作为重要的保障，这样必然会减少对土地的投入，同时还可能会将土地流转出去。此过程对农业生态环境的影响主要包括两个方面：一是不断增长的非农就业与农业生产的竞争，对土地的保护性投资会减少，如农家肥投入的减少，造成土壤侵蚀增加和土地退化加剧；二是非农活动增加了农户的总收入，有更大的可能性去增加土地投入，杀虫剂和其他农用化学品的使用对土壤肥力、土壤质量等产生负面影响。这两方面都会加大环境的负面影响。一兼农户仍然是以农业收入，农业的收入效应更加明显，这样农户决策的过程中就会倾向于农业，将更多的资源投入到土地。

由于一兼农户对农业的依赖程度介于纯农户和二兼农户之间，因此，总体上一兼农户土地利用行为（主要要素的投入和土地利用程度）也应介于二者之间。其行为对环境的影响也介于纯农户和二兼农户之间。

5.4　小　　结

生命周期评价方法已成为环境管理的重要支持工具，目前工业领域的研究成果较多，在农业领域，国外学者做了一些尝试性的研究工作，但是在我国农业领域开展的研究较少。从整体来看，目前生命周期评价在农业领域的应用还处于探索阶段，特别是利用农户数据的研究更是少见，目前的研究还停留在农业 LCA 的概念研究和方法体系的框架研究水平上。本章借鉴国内外的研究成果，采用生命周期评价和参与式农户调查相结合的方法分析传统农区河南省农业生产生命周期资源消耗和污染物排放清单，并通过构建概念模型对农业生产从农资生产阶段到种植阶段的生命周期进行了环境影响评价。主要结论如下。

（1）河南省传统农区农户农业生产行为的能源消耗、温室效应、环境酸化和富营养化环境影响指数分别为 0.060、0.056、1.253 和 0.342，即农业生产中单位面积耕地的能源消耗、温室效应、环境酸化和富营养化潜力分别相当于我国人均能源和环境负荷潜值的 5.98%、5.61%、125.3%和 34.2%。可见，农户农业生产对环境的影响较大。不同环境影响类型环境影响指数由大到小依次最大的是富营养化、环境酸化、能源消耗和温室效应。农户农业生产对环境影响最大的是富营养化和环境酸化。在农业环境管理中应将富营养化和环境酸化作为重点控制的环境类型。

（2）不同环境影响类型的来源差异也较大，温室气体的排放和能源消耗主要产生于农资生产阶段。污染物排放影响最大的环境影响类型是富营养化和环境酸化，主要来自于种植阶段的化肥施用。因此，一方面，应提高化肥先进的技术水平，实施清洁生产和节能减排，从源头控制温室气体和减少能源消耗；另一方面，农业生产过程中也采用环境友好型生产技术（如测土配方施肥），控制化肥的投入量，提高化肥利用率。

（3）不同兼业类型农户的农业生产行为对环境影响的差异较大。纯农户、一兼农户和二兼农户的环境影响指数分别为 0.294、0.384 和 0.402。总体来说，纯农户<一兼农户<二兼农户。

（4）本章尝试从农业生产最基本单位——农户体系着手，采用 PRA 方法获取农户数据，在此基础上进行农户农业生产的 LCA 评价，测度了农户农业生产的环境效应，结果具有较高的可信性。但结合农户农业生产实际，LCA 方法在农户农业生产上的应用仍然存在一些因素限制。第一，农户是我国农业生产的基本单位，农户农业生产行为差异较大，其环境影响差异巨大，通过 LCA 方法进行评价和管理是十分必要的。我国实行家庭承包责任制，这就造成了农业生产规模偏小和分散经营的状况，农户层面缺乏较为全面和准确的基础数据作为 LCA 评价的支撑。本章采用农户抽样调查数据尝试进行农户层面的 LCA 评价，但在操作中投入要素考虑不全面，未能将水、农药和运输等纳入到 LCA 分析框架中，这可能造成生命周期不够完整。第二，农户农业生产行为的污染排放参数、环境影响类型的特征化参数、环境影响潜力的基准值和权重值，本章在参数获取时采用文献调研的方法，并建立相应的数据库。由于文献是不同区域的实验数据，通过简单的加权平均来代替样本点的数据，可能会影响到区域评价的准确性。

第 6 章　农户土地利用效率分析

第5章中定量分析了农户生产行为的生态环境效应。农户生产行为的经济效果如何，是本章将关注的问题。本章从农户土地利用效率的视角考察农户生产行为的经济效应，首先分析农户生计资本对农户土地利用效率的影响，其次探讨环境因素影响的农户土地利用效率。

6.1　农户生计资本与农户土地利用效率

生计是人类谋生的方式，它建立在人们的能力、资产和活动基础上，决定着个体与地理环境之间的作用方式。生计资本是农户生计结构的基础，其结构与特征决定着农户生计方式的选择及在土地利用中可能采取的行动策略，并最终影响到农户土地利用效率。因此，探讨农户生计资本特征与农户土地利用效率的关系，对于提高农户收入和土地利用效率具有重要的理论和现实意义。

6.1.1　农户生计资本对土地利用效率的影响机理分析

英国国际发展机构提出了可持续生计分析框架（SLA），该框架将生计资本划分为人力资本、自然资本、物质资本、金融资本和社会资本 5 种类型。SLA 框架为分析农户生计资本对土地利用效率的影响提供了新的思路。我国农村实行家庭承包责任制，农户是农业经济活动的最基本主体和决策单位（李小建，2010）。目前，农户生产规模普遍偏小，在这种背景下，人力资本和自然资本就成为农户最重要的生计资本。因此，本章主要从这两方面构建农户生计资本对土地利用效率影响的分析框架。农户的生产经营行为是理性的，随着改革开放的不断深入和市场化进程的加快，农户在生产中有了更大的自主性。农户在土地利用决策中考虑的两个重要变量是风险约定条件下经济活动的投入和收益，不同农户由于生计资本特征和结构的差异，其土地利用方式和行为选择也会有很大的差异（欧阳进良等，2004），并最终影响土地利用效率（图 6.1）。

1. 农户人力资本与土地利用效率

人力资本指个人拥有的用于谋生的知识、技能、劳动能力和健康状况等。本章主要从人力资本素质和人力资本的劳动时间配置两方面分析人力资本对土地利用效率的作用机理。

（1）人力资本素质。农村劳动力的人力资本素质主要包括智能素质、经营管理素质、健康素质（陈华宁，2006）。这 3 个方面是紧密联系、相互制约的，其中，智能素质包括文化素质和科技素质，它直接反映了农民接受科学文化知识的程度、掌握农业生产

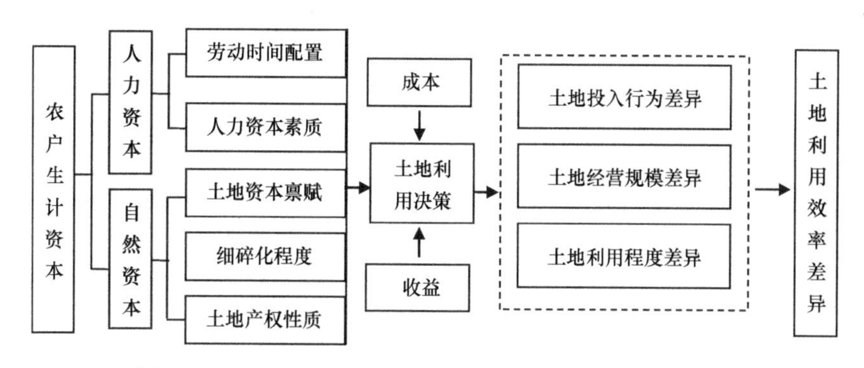

图6.1 生计资本对土地利用行为效率的作用机理分析框架

技术的数量多少和质量高低，并且对健康素质、经营管理素质的形成与发展也有直接影响。因此，本章主要考察人力资本的智能素质对土地利用效率的影响。科学技术是第一生产力，也是农业发展的第一推动力。农户作为农业生产经营的基本单位，承担着接受和使用农业科技的任务。文化科技素质较高的农民具有较强的科技意识，学习能力也较强，容易接受新知识、新方法、新技术，能够掌握现代化生产工具的操作技术、及时捕捉市场信息，是农业技术推广的受益者，能够有效增加农业产出，有利于土地利用效率的提高。文化科技素质较低的农户，接受农业新技术、新成果的能力相对较差，灵活运用、综合运用新技术的能力也差。这会造成农户的劳动技术含量低，不利于土地利用效率的提高。可见，劳动者素质高低对农业生产技术的采用率及使用的有效性具有较大的影响，并最终对土地利用效率产生影响。

（2）人力资本的劳动时间配置。假设一个家庭的资源和社会关系是有限的，在生产技术水平不变的前提下，对于农产品的生产来说，可变要素投入量和不变要素投入量之间都存在一个最佳的组合比例。对同一块土地不断追加劳动投入，当劳动要素的投入量小于某一特定值时，增加劳动投入所带来的土地边际产量是递增的；当劳动要素的投入量超过这个特定值时，土地边际产出是递减的。但此时如果有劳动力从事非农兼业，会造成土地利用效率的变化。农户兼业存在着在非农业投入和农业投入之间的权衡，在土地利用决策中追求整体理性（总收入的最大化）。适当的非农兼业可以避免边际报酬递减规律的出现，有利于土地产出的增加。此时农户仍然是以农业收入为主，农户生产决策会倾向于农业，为了获得更大的农业收益，会将更多的资源投入到农业生产中。因此，适当的农户兼业有利于土地产出率的提高（梁流涛等，2008a；2008b）。随着人力资本兼业程度的进一步提高，此时农户收入以非农收入为主，农户在资源配置的决策中会倾向于非农产业，而只是将农地作为生活保障，对土地的投入会明显减少，农业劳动投入也会随之大幅度减少，从而影响土地的产出（蔡基宏，2005）。综合以上分析可知，随着劳动力兼业程度的增加，农户土地利用效率呈现倒“U”形的变化趋势。也就是说，农户适当地从事非农兼业可能会提高土地利用效率，但非农兼业程度增加到一定程度，会造成土地利用效率下降。

2. 农户自然资本与土地利用效率

自然资本是人们能够利用和用来维持生计的土地、水和生物资源。随着20世纪80

年代初的家庭联产承包责任制的全面推行，土地成为农户重要的自然资本。土地资源禀赋与土地细碎化及土地资本产权性质都会对农户土地利用效率产生影响。

1）土地资源禀赋与土地细碎化

家庭承包责任制实行土地平均分配，按照农户家庭人口或者劳动力数量对土地进行平均分配，在家庭人口规模一定的条件下，农户拥有的土地数量与当地土地资源禀赋状况有很大关系。因此，土地资源禀赋直接决定着农户经营的土地面积大小。对于农户经营规模与土地利用效率的关系，主要有两种观点（钱贵霞和李宁辉，2006；张光辉，1996；邵晓梅，2004）：一是农地规模与土地生产率成反比关系，也就是农业经营规模的扩大会造成土地利用效率的下降；二是农地适度规模经营论，该观点认为农业规模经营与提高单产并行不悖。不同研究者之所以得出相反的结论，主要是由于农民技能的差异、样本点土地质量的差异、农户经营管理水平、政策制定者对农业规模经营的偏好等因素的影响。因此，土地经营规模大小与土地利用效率的关系还需要进一步验证。

农地细碎化是许多国家农业中存在的主要问题，在我国尤为明显。家庭承包责任制的土地平均分配不仅体现在数量上的平均，还对土地的质量、地块离家的远近、距离灌溉源的远近、交通方便程度不同的土地进行平均分配，导致了农户经营的土地细碎化和分散化。农地细碎化对土地利用的影响包括两方面的效应（许庆等，2008）：①负面效应。首先，降低了农地的有效利用。由于不同农户的众多地块交错在一起，为了明晰地块界线，必须将一部分土地用作地块边界的划分（田埂），造成土地大量浪费，因土地细碎化而浪费的耕地面积的比例高达5%～10%（谭淑豪等，2003），降低了土地的有效利用率。同时，由于农村人口死亡、出生和婚嫁等因素，土地的再调整频繁出现，进一步加剧了土地细碎化程度，造成更多的耕地因边界划定而浪费。其次，降低了生产要素的配置效率。农地细碎化和分散化的存在会造成田间管理和机械作业的不便，劳动力和农业机械的工作时间因在不同地块间进行转移而浪费，这不仅是一种劳动力的浪费，同时降低了农业机械的使用效率。另外，需要更多的道路和灌溉网络等，降低了灌溉效率，增加了农业生产的负外部效应，提高了农业生产成本。②正面效应。首先，有利于多样化种植。土地细碎化的直接表现是农户具有很多分散地块，农户可以种植不同的农作物，多种经营能够分散劳动强度，从而更加有效地使用劳动力，可以合理地安排和统筹劳动时间投入，有利于劳动时间的节约、农业生产效率和产出的提高。李功奎和钟甫宁（2006）的研究表明，土地细碎化与农户种植业的多种经营有正相关关系，土地细碎化能够提高农户的土地收益。其次，风险分摊和风险规避。农业生产和销售过程中具有高风险性，主要表现为生产风险与价格风险，土地细碎化所引起的种植业的多种经营，或者农民在他们所拥有的很多块土地上即便种植同样一种农作物，细碎化使得农户的各个地块分散在各处，可以降低农业生产中的各种自然风险，如病虫害和洪涝灾害等。农产品价格受市场供给和需求的影响，波动较大。不同农产品价格往往此消彼长，土地细碎化导致的种植多样化能够有效规避市场价格风险。综合以上分析可知，土地细碎化对农户土地利用的影响，既有负面的影响，又有正面的效应，但两方面的综合结果如何，到底是正是负，有待于相应的实证研究来验证。

2）土地资本权性质

土地资本权是一束权利，主要包括占有权、使用权、收益权与处分权，其中，最重要的是农户土地产权的稳定性和市场流动性。土地资本权具有激励效应，不同的土地产权制度对人们土地、劳动、化肥等生产要素投入的激励程度不同，并导致土地利用效率具有差异。

土地资本权越稳定，越有利于土地投入和产出的增加。Besley（1995）指出，土地产权的稳定性与农民土地投资的积极性呈正相关。拥有充分和稳定产权的农民能够抑制农户土地利用中的机会主义行为倾向和减少不确定因素，并能激励农民合理、高效地利用土地资源，越有利于土地利用效率的提高。相反，订约时间越短、调整越频繁，土地产权越不稳定，对土地承包权的不确定性削弱了农民投资的积极性，不利于农民土地长期投资的激励（Huang，1995），从而不利于土地利用效率的提高。

新制度经济学认为，产权的清晰界定和自由交易有利于土地资源配置效率的提高，并且对土地自由流转权利界定越充分的土地产权，对促进资源配置效率的提高越有利。较自由的交易权，如使用权的买卖和土地租赁等，能够有效促进土地流转。土地的自由流转能促使土地边际产出较小的农户流向土地边际产出较大的农户，并且使农户对获取较高预期收益更有信心，从而增强农户对土地投资的激励作用，提高土地资源的配置效率。

6.1.2　农户生计资本特征对土地利用效率的实证研究

1. 模型设定与指标选择

为了定量考察农户生计资本对土地利用效率的影响，构建如下计量经济模型：

$$E = \alpha + \sum_{i} \gamma_i X_i + \sigma \qquad (6.1)$$

式中，E 为农户土地利用效率值；X_i 为影响因素；γ_i 为回归系数；α 为常数项。

在生计资本对农户土地利用效率影响机理分析的基础上选择相应的指标。①人力资本。从人力资本的劳动时间配置和人力资本的素质两方面选择指标。用农户中从事非农产业劳动力所占的比例表示人力资本劳动时间配置（兼业状态），并引入平方项验证农户非农兼业与土地利用效率之间可能存在的二次关系。教育是提高人力资本素质的重要方式，可以根据劳动力受教育水平的高低来代替人力资本素质的高低。本章用农户家庭中初中以上的劳动力比例来表示。另外，考虑到技术进步在农业生产中的重要作用，而接受技术培训是当前农民获取新技术的重要渠道，也是提高农户人力资本素质的有效途径，因此，也需要考虑技术培训所带来的人力资本素质提高对土地利用效率的影响，用农户家庭中接受技术培训劳动力的比例来表示。②自然资本。如前所述，土地是农户的重要自然资本，实证中主要考察农户土地资源禀赋、细碎化程度和产权性质对土地利用效率的影响。土地资源禀赋用人均耕地面积表示。土地细碎化最直观的表现是农户拥有多块分散的土地，农户拥有的地块数量能够在很大程度上反映土地的细碎化程度，是最常用的衡量指标。产权性质主要考虑稳定性和流动性。农村土地家庭承包责任下，农户的土地有承包地和自留地两类，一般来说，承包地稳定性较差，面临着土地行政调整的风险，而自留地的经营权受国家法律保护，不得随意侵占，具有较强的稳定性。两种产权会对土地利用效率产生不同的影响。本章分别用自留地所占的比例和农户流转土地所占的比例表示产权的稳定性和产权的市场流转性。

2. 数据来源与说明

本章数据主要来源于全国农村固定观察点的调查数据，从 1986 年通过对固定的村和农户进行长期跟踪调查，取得连续数据。在 2003 年和 2009 年对调查指标进行修订，本章的样本时间选定为 2000～2009 年。样本点涉及全国 31 个省（自治区、直辖市）的 355 个行政村，具有很好的代表性。调查内容主要包括农户人口和劳动力基本情况、农户经营耕地情况、农户土地投入和收入情况等。全国及不同区域的农户基本情况见表 6.1。

表 6.1　不同区域调查农户基本情况

指标	东部	中部	西部	全国
家庭人口/人	3.87	3.82	4.16	3.92
耕地面积/亩	4.52	10.57	6.06	7.16
农业动力/kW	4.5	5.3	2.8	4.3
农作物播种面积/亩	5.91	12.35	7.49	8.16
粮食产量/kg	1761.71	3763.21	1865.59	2626.2
农业收入/元	12998.86	11824.28	10444.62	11915.45

关于农户土地利用效率测度方法，利用数据包络分析（DEA）模型，将农户土地利用过程视为一个投入-产出系统，通过最优方法内生确定各种投入要素的权重，可以使用多项投入和产出指标，并且不需要假设具体的生产函数形式。该方法在农业土地利用效率评价中得到了广泛的应用（梁流涛等，2008a；杜官印和蔡运龙，2010）。本章把农户看作一个独立的生产决策单元，应用由 Fare 等（1994）改造的方法构造一个生产最佳前沿面，将每个决策单元的生产同前沿面进行比较，从而测度农户土地利用效率。落在生产最佳前沿面上的生产决策单元（DMU）的效率值为 1，其他未落在边界上的 DMU，则称为无效率的 DMU，其效率值介于 0～1。使用 DEA 方法测量效率结果的准确与否在很大程度上依赖于测评过程中所使用的投入和产出指标。本章按照可比性、系统性、整体性、经济性等原则进行指标的选取，具体见表 6.2。最后，应用 DEAP2.1 软件计算 2000～2009 年农户土地利用的 DEA 效率。计算结果显示，2000～2009 年全国农户土地利用效率的平均值为 0.858，这表明农户土地利用的实际产出占理想产出的比例为 85.8%，还有较大的提升空间。

表 6.2　DEA 模型投入-产出指标

指标类型	产出指标		投入指标					
	O_1	O_2	I_1	I_2	I_3	I_4	I_5	I_6
指标	农业收入	粮食产量	劳动力投入	土地投入	农业机械投入	生产性固定资产投资	种子投入	化肥投入
单位	/元	/kg	/人	/ha	/kW	/元	/元	/kg

3. 模型结果分析

在以上计量经济模型设定的基础上，利用 Eviews5.1 软件包进行回归分析，采用广义最小二乘法（GLS），以消除可能存在的异方差现象，各项回归参数见表 6.3。

表 6.3　农户土地利用效率影响因素回归结果

变量	回归系数	标准误差	t-统计值
常数项	1.217	0.107	11.331***
非农兼业	1.894	0.416	4.556***
非农兼业的平方	−1.817	0.417	−4.355***
初中以上劳动力数量	0.193	0.0423	4.576***
职业培训劳动力数量	0.0401	0.0143	2.804**
土地资源禀赋	0.009	0.0039	2.327**
土地细碎化程度	−0.0301	0.0056	−5.361***
自留地所占的比例	0.152	0.1913	0.796
转包地所占的比例	0.778	0.295	2.637**
调整后的 R^2	0.999	F-statistic	71.93***

***、**、*分别表示在 1%、5%和 10%的显著水平上通过检验。

人力资本与农户土地利用效率。①农户非农就业一次项的符号为正，平方项的符号为负，并且在 1%的显著水平下通过检验，这表明农户非农兼业与农户土地利用效率呈现倒“U”形关系，与理论分析结果一致。也就是说，随着非农兼业程度提高，农户土地利用效率呈现先增加后减少的趋势。拐点为 0.480，当家庭劳动力非农就业比例小于 0.480 时，农户土地利用效率随着非农就业比例的提高，呈现增加的趋势；当非农就业比例大于 0.480 时，非农就业就会影响土地利用效率。因此，应当鼓励农户适当地从事非农兼业活动，这不仅有利于土地利用效率提高，也能够增加农户收入。②初中以上文化劳动力数量和接受职业培训劳动力数量的回归系数都为正，并且在 1%的显著水平下通过检验，表明人力资本素质的提高有利于土地利用效率的提升。2009 年全国农户家庭劳动力中，文盲半文盲和小学文化程度的劳动力所占的比例为 50.7%，高中以上所占的比例仅为 5.03%，接受职业教育和培训的劳动力所占的比例仅为 4.69%，可见，我国农村人力资本素质整体偏低，这会影响人力资本素质正面效应的发挥。因此，应该努力提高农户的人力资本素质，加大人力资本投入，以确保农业土地的可持续利用。

自然资本与农户土地利用效率。①土地资源禀赋的回归系数为正，土地资源禀赋较高的地区，农户也具有较高的土地利用效率。农户土地资源禀赋的增加意味着土地经营规模的扩大，土地规模效益得到了充分发挥，会带来土地收益的增加和成本的节约，从而能够提升土地利用效率。本章的结论支持了第二种观点，即土地经营规模的扩大有利于土地利用效率的提高。这与国家大力推行土地适度规模经营政策有很大的关系。20 世纪 80 年代初期的农村土地家庭承包责任制被认为是中国 20 世纪最成功的经济改革政策和制度安排，它提高了农户生产的积极性，提高了农业和土地产出效率。但是从 20 世纪 80 年代末以后，随着该制度对农民激励的逐步释放，农业生产却出现了增长缓慢甚至停滞的现象。在这种背景下，农村土地规模经营引起了人们的重视。土地适度规模经营是对我国原有承包经营关系的发展与完善，能够有效弥补家庭联产承包责任制的不足和缺陷，并被称为农业制度改革的第二次飞跃。1987年中央5号文件提出在有条件的地方应积极稳妥地推进土地适度规模经营，同时，《土地承包法》也确立了农地流转的合法性，为土地适度规模经营提供了前提，有利于土地利用效率提高。②土地细碎化的回归系数为负，这表明土地细碎化不利于农户土地利用效率的提高。如前所述，农地细碎化对土地利用效率的影响具有正面效应和负面效应两个方面，实证结果表明在我国现阶段，土地细碎化的负面效应大于正面效应。因此，应减少土地细碎化程度。另外，需要特别指出的是，土地规模经营和细碎化是相反的两方面，土地细碎化是推行土地规模经营的制约因素，2009年全国农户平均地块数为5.90块，不足0.5亩的有2.88块，0.5～1亩的有1.27块，1～2亩的有0.88块，2～3亩的有0.36块，3～4亩的0.18块，4～5亩的有0.12块，7.5亩以上的有0.21块，平均每块耕地面积为1.75亩，远远小于土地规模经营的要求，这可能会影响土地资源禀赋对土地利用效率的提升作用。土地产权的自由流转可以有效解决二者的矛盾，能够弥补土地细碎化的负面效应。③自留地所占比例的回归系数为正，表明产权的稳定有利于土地利用效率的提高，但不显著，可能的解释是：我国农户所占有的自留地面积是非常有限的，抽样调查数据显示，2009年全国农户自留地面积占经营土地总面积的比例仅为8.2%，这将影响农地产权稳定性正面效应的发挥，对土地利用效率的提升作用不明显。土地产权的自由流动性的回归系数为正，表明产权流动性的增加有利于土地利用效率的提高，与预期一致。由综合产权稳定性和自由流动性的回归结果可以得出如下结论：越是稳定的使用权、自由的转让权和独享的收益权，越能达到提升农地利用效率的目的。

6.1.3 小 结

在SLA框架下，从人力资本和自然资本两方面分析生计资本对农户土地利用效率的影响，并选择合适的指标进行实证研究。主要结论和政策启示如下。

人力资本与土地利用效率。人力资本对土地利用效率的影响主要通过农村劳动力素质和人力资本的兼业状态两方面产生影响。人力资本素质的提高有利于土地利用效率的提升。因此，应提高农村劳动力人力资本素质，稳定农业科技推广队伍，充分发挥科技推广部门的作用，加速提高农村劳动力的素质和农业科技力量，促进农业增长方式的转变，最终实现农业土地的持续利用。人力资本的兼业状态与土地利用效率呈现倒“U”形关系，也就是说，农户适当地从事非农兼业有利于土地利用效率的提高，但兼业过度（家庭非农劳动力比例超过0.480）可能会造成土地利用效率的下降。因此，应适当地鼓励农户从事非农兼业活动，以增加农户收入。同时，努力创建促使过度兼业农户真正向非农产业转化的制度环境，继续深化户籍制度改革，改变当前割断城乡的户籍管理制度，解除对农民“进城” 的歧视性政策，为农民“进城”营造宽松的环境。同时，扩大社会保障的范围，建立多层次的、全方位的农村社会保障体制，使之摆脱对土地的依赖，为真正实现向城市市民的转变提供政策方面的保障。

自然资本与土地利用效率。土地资本自然禀赋、土地细碎化和土地产权性质都会对农户土地利用效率产生影响。土地资本的自然禀赋可以提高土地利用效率，土地细碎化对土地利用的影响包括正面效应和负面效应两方面，实证结果表明，在现阶段，土地细碎化的负面效应大于正面效应，土地细碎化不利于土地利用效率的提高；土地产权的稳定性和市场流动性有利于土地利用效率的提高。因此，未来农村土地制度创新的重点是：①在坚持家庭承包经营的农地制度的前提下，大力推行土地适度规模经营，根据当地实际状况，因地制宜地确立粮地效率最优适度规模，这是提高农户土地利用效率和农业国际竞争力的重要手段，是解决农户农业生产细碎化和分散化的根本途径。②以法律的形式明确界定农民承包的土地的权利，使农户真正享有对土地的占有权、使用权、收益权、处分权，增加农地产权的稳定性。明确界定土地产权是土地顺利流转的前提，并建立土地使用权流转机制。③加强配套制度建设。例如，建立政策性农业保险公司，对农民的保费进行补贴；农业银行要支持土地规模经营的信贷，在资金额度和利率上给予优惠；完善农村社会化服务体系，为农户的产前、产中、产后提供优质服务。

6.2 环境因素约束下的农户土地利用效率

6.2.1 问题的提出及文献回顾

1. 问题的提出

耕地具有多功能性，不仅具有经济功能，还具有保障国家粮食安全、社会稳定和生态安全等方面的功能。面对人多地少的基本国情，我国制定了世界上最严格的耕地保护制度，主要是以基本农田保护制度、耕地占补平衡和土地用途管制制度为核心。但在快速城镇化和工业化的背景下，耕地保护制度的绩效并没有达到预期目标，每年仍然有大量的耕地转变为非农建设用地。从某种程度上说，实行耕地保护的终极目标是解决国家粮食安全问题（丁洪建等，2002）。因此，在耕地数量日益减少的背景下，通过提高耕地利用效率的方式保障国家粮食安全是非常重要的。我国农村土地普遍实行家庭承包责任制，农户就成为耕地利用和耕地保护的重要主体和决策单位（李小建，2010），其土地利用效率在一定程度上决定了耕地保护的成效。因此，从微观层面（农户）探讨土地利用效率问题具有重要的理论和现实意义。学者对此领域关注较多，在研究方法方面，主要是采用 DEA 模型对农户的土地利用效率进行测度。但这些研究存在明显的缺陷：在产出指标中仅仅考虑了土地利用的“正常”产出（例如，实物产出或经济产出），没有将“非意愿”产出（例如，对环境的负面影响）纳入到土地利用系统中。事实上，现阶段我国农业发展取得了巨大成就，但这在很大程度上是靠牺牲生态环境取得的，由此产生的农业环境问题日益突出（梁流涛等，2010a；2010b），并对生产和生活造成了较为严重的负面影响。而农业环境问题与农户土地利用密切相关，其产生在很大程度上源于农户土地利用（Shiferaw and Holden，1998；马岩等，2008）。因此，为了符合当前农户土地利用引起的农业环境问题日益严重的现实，以及提高农户土地利用效率测度的准确性，需要将环境因素纳入到农户土地利用效率测度的范畴。基于此，本章拟利用非参数的方向性距离函数方法将环境因素纳入到农户土地利用效率的分析框架中，以农户为基本核算单元，测度环境因素约束下的农户土地利用效率，并通过 Tobit 模型探讨其影响因素，以期为农业环境管理政策的制定和农户产出水平的提高提供理论支撑。

2. 文献回顾

由于环境污染不能在市场上进行交易，相应的市场价格也很难获取，因此，核算其给经济系统运行带来的额外成本也十分困难，这导致环境因素约束下的生产效率测度多年来停滞不前。但随着研究的逐步深入，Repetto 等（1997）提出了如何将生产过程中的环境污染纳入到生产效率的计算框架中，其思路是用“好”产出的增长率减去所有投入的贡献（Repetto et al.，1997），考虑环境因素的生产效率计算取得了重大进展。也有学者试图将污染作为一种“非意愿”产出引入到生产效率测度模型中，但传统的生产效率测度模型需要相应的价格信息，而“非意愿”产出的价格信息难以获取，受此限制，无法将“非意愿”产出纳入到生产效率的测度模型中。Fare 等（1994）引入距离函数对传统的生产效率模型进行改进，主要是扩展了 Malmquist 生产率指数，测度过程中不需要相应的价格信息。虽然距离函数能够有效地解决价格信息的问题，但对于考虑“非意愿”产出的状况仍然无能为力。针对这个问题，Chung 等（1997）引入方向性距离函数，并提出了 Malmquist-Luenberger 生产率指数。方向性距离函数模型具有两个方面的优点：一是同时考虑了“好”产出的提高和“非意愿”产出的减少，又不需要考虑相应的价格信息；二是继承了传统生产效率分析技术的系统性和结构性框架，测量结果具有较高的可信性。基于这一点，国外采用方向性距离函数模型测度环境因素影响下的生产效率的研究逐渐增多（Fare et al.，2001；Lee et al.，2002；Arcelus and Arocena，2005），国内学者也开始关注这个问题，例如，王兵等（2008）在考虑环境管制的条件下测度了 APEC 国家的全要素生产率。胡鞍钢等（2008）利用方向性距离函数测度了中国省级环境技术效率。吴军等（2010）分析了环境因素修正后我国东部、中部和西部地区生产效率的变化情况。匡远凤和彭代彦（2012）对中国环境生产效率与环境全要素生产率进行了测算，并分析了其时空特征及影响因素。盖美等（2014）分析了辽宁省环境效率的时空分异特征。这些研究为推动我国环境因素影响下生产效率测度问题的研究起到了积极作用。

众多学者对不同国家和地区的农业土地生产效率展开了大量的研究，例如，Haag 等（1992）、Alston 等（1998）对经济发达国家，Arnade（1998）、Fulginiti 和 Perrin（1998）对发展中国家的农业生产效率进行分析，Nin 等（2003）、Vollrath（2007）、Restuccia 等（2008）对不同国家的农业生产效率进行对比分析。对于我国农业土地生产效率的研究，主要基于两个视角，一是宏观层面，将不同区域或者不同时期视为评价单元，利用非参数的 DEA 模型或者随机前沿分析（SFA）方法对我国不同区域或者不同时期的农业土地利用效率进行测度和分析（梁流涛等，2008a；2008b；王文刚等，2012；叶浩和濮励杰，2011）。二是微观层面，主要是利用农户抽样调查测度农户土地利用效率（梁流涛等，2008a；2008b；2008c；李谷成等，2008；陈海磊等，2014；梁流涛和许立民，2013；许恒周等，2012）。可见，关于农业生产和土地效率的研究成果很丰富。

针对农业土地利用的负面影响越来越严重的现实，这一非市场性的“非意愿”产出也逐步被纳入到效率测度框架中。例如，Ruttan（2002）对资源和环境约束下的世界农业生产效率的增长问题进行了论述。Marthin 等（2007）利用对澳大利亚的农业土地利用效率进行了环境修正，结果表明环境破坏成本是影响修正结果的重要因素。我国学者也进行了此方面的尝试，将环境因素纳入到了农业土地利用效率的测度框架中（杨俊和陈怡，2011；梁流涛，2012；沈能等，2013；崔晓和张屹山，2014），但这些研究主要是宏观层面的分析，对于微观领域层面（农户）的研究较少，因此，亟须加强此方面的研究。

6.2.2　研究方法与数据来源

1. 方向性距离函数与环境技术效率

如何将环境因素纳入到农户土地利用效率分析框架中，综合现有的研究成果，主要包括 3 种思路：正向属性转化法、投入-产出转置法和方向性距离函数法（Atkinson and Dorfman，2002）。其中，正向属性转化法在实际操作中扭曲了变量背后的技术转化率，投入-产出转置法的实质是倒置生产系统的投入-产出的关系，二者都可能得出不准确的测量结果。而方向性距离函数法在一定程度上能够避免上述两种方法的缺陷，成为测度考虑“非意愿”产出的生产效率的有效方法。基于此，本章也拟在方向性距离函数的框架下测度农户土地利用效率。

将土地产出分为两类：“好”产出（正常的产品，例如，农产品和经济产出）和“非意愿”产出（农户土地利用对生态环境的负面影响）。基于“好”产出和“非意愿”产出的框架，Fare 等（2007）提出了环境技术的概念，即各种产出（包含“好”产出和“非意愿”产出）与要素投入之间的技术结构。本章将每个农户作为独立的生产决策单元（DMU），并假设农户土地利用系统中包括 N 种投入、M 种“好”产出和 T 种“非意愿”产出，分别记为 $x=(x_1,x_2,x_N)\in R_+^N$、$y=(y_1,y_2,y_m)\in R_+^M$ 和 $b=(b_1,b_2,b_T)\in R_+^T$，则考虑环境因素的生产可行性集可以表示为

$$\left|P(x)=\{(y,b):x\text{可以生产}(y,b)\},x\in R_+^N\right| \tag{6.2}$$

在农户土地利用对环境的负面影响日益严重的背景下，农户土地利用的首要目标包括两个方面：一是减少对环境的负面影响（“非意愿”产出）；二是保持土地经济产出和实物产出的增长（“好”产出）。在实际操作中，可以通过方向性距离函数将这样的生产过程模型化。方向性距离函数实质上是谢泼德（Shephard）距离函数的一般化。可以用公式表示为

$$D(x,y,b;g)=\sup\{\beta:(y,b)+\beta_g\in P(x)\} \tag{6.3}$$

式中，$g=(g_y,g_b)$ 为产出扩张的方向向量，可以根据需要选择不同的方向向量。当方向向量为 $g=(y,-b)$ 时，“非意愿”产出则会表现出技术上的强弱可处置性。这种状况下“好”产出和“非意愿”产出可以同比例反向变化。为了便于计算方向性距离，用 z_k^t 表

示每个横截面的权重，方向性环境距离函数需要改写为非参数线性规划的形式：

$$
\begin{aligned}
& D_0^t(x^{t,k'},y^{t,k'},b^{t,k'};y^{t,k'},-b^{t,k'})=\mathrm{Max}\beta \\
& \text{s.t.}\sum_{k=1}^{K} z_k^t y_{km}^t \geqslant (1+\beta)y_{k'm}^t m=1,2,\cdots,M \\
& \sum_{k=1}^{K} z_k^t b_{ki}^t=(1-\beta)b_{k'i}^t, i=1,2,\cdots,I \\
& \sum_{k=1}^{K} z_k^t x_{kn}^t \leqslant x_{k'n}^t, n=1,2,\cdots,N \\
& z_k^t \geqslant 0, k=1,2,\cdots,K
\end{aligned}
\tag{6.4}
$$

根据式（6.4）计算每个生产决策单元（农户）相对于环境前沿生产者（给定技术结构和要素投入水平，产出最大、环境负面影响最小的农户）的距离，即农户相对于环境生产前沿，“好”产出扩张与“非意愿”产出缩减的最大可能倍数。如果计算出来的结果较大，则表明该农户土地利用与环境产出前沿的距离越大，所对应的环境技术效率越低。环境因素约束下的农户土地利用效率（ETE）的计算公式可以表示为

$$
\mathrm{ETE}=\frac{1}{1+D_0(x,y,b;g)} \tag{6.5}
$$

环境因素约束下的 ETE 取值范围在[0，1]，其值越大，表明环境因素约束下的农户土地利用效率越高。如果某个农户的环境因素影响下的土地利用效率等于 1，表示该农户与其他农户相比，投入-产出和环境负面影响处于最佳水平，相对而言，资源投入最少、产出最多、环境负面影响最小。

2. 指标选择与数据来源

利用方向性距离函数方法准确测度环境因素影响下的农户土地利用效率的关键是选择合适的投入和产出指标，其中，产出指标包括“好”产出和“非意愿”产出两方面。农户土地利用系统具体见表 6.4。

（1）投入指标。对于农户农业生产来说，土地、资本和劳动力是重要的生产要素，本章也拟从这 3 个方面选择农户土地利用的投入指标。考虑数据的可获性，用农户土地利用中投入的耕地面积来表示土地投入；对于劳动投入，由于农业生产的劳动类型较多，包括翻耕、播种、施用化肥和农药、灌溉、收获及其他田间管理等，劳动方式和劳动轻度差别较大，很难进行统一度量。本章采用变通的方式，利用农户投入农业生产的劳动总时间（包括雇用工和自用工）来代替劳动投入，以工日为单位（按每天 8 小时进行折算）；土地资本投入的种类也具有多样性，主要包括农药、化肥、种子、农业机械、灌溉，以及其他农业技术投入等。为了统一度量，本章用农业生产总支出表示，以元为单位。并通过农业生产资料价格指数进行修正，剔除价格波动带来的影响。

（2）“好”产出。如前所述，耕地具有多功能性，主要包括经济效益和保障国家粮食安全的社会效益。因此，“好”的产出主要从这两个方面选择相应的指标，分别用农户农业收入和粮食产量表示。

表 6.4 基于环境因素的农户土地利用效率测度的投入-产出指标

指标类型	投入指标			“好”产出		“非意愿”产出
	I_1	I_2	I_3	O_1	O_2	O_3
指标	耕地面积	劳动投入	资本投入	粮食产量	农业收入	环境影响指数
单位	/ha	/工日	/元	/kg	/元	/%

（3）“非意愿”产出。如何全面、科学地测度农户土地利用对环境的负面影响是一个难题，国内外相关研究的方法尚不统一。根据传统农区农户土地利用的实际，本章拟采用生命周期评价方法对农户土地利用的环境影响进行定量评价，测度农户土地利用的环境影响指数。生命周期评价方法成为环境管理和决策的重要支持工具，在工业领域中的应用较多。随着该领域研究的逐步深入，国外学者将生命周期评价方法应用到农业生产领域，定量测度农产品生产或农业措施的环境影响（Brentrup et al.，2001；Lal，2004），结果表明该方法在农业生产领域也具有适用性，并且结果可信性较高。但目前仍处于探索阶段，特别是利用微观数据（例如，农户抽样调查数据）进行农业生产的环境效应的定量研究更是少见。农户是农业土地利用和生产决策的基本单位，同时也是农业环境政策最基本的作用对象，因此，以农户为基本单元展开农业生产环境影响的定量评价，可以为耕地可持续利用管理提供理论支撑。本章拟在借鉴国内外相关研究成果的基础上，采用生命周期评价和 PRA 相结合的方法，以农户为基本分析单元，分析河南省传统农区农户土地利用生命周期资源消耗和污染物排放清单，并通过构建概念模型对农户土地利用从农资生产阶段到种植阶段的生命周期进行环境影响评价。具体过程、方法及涉及的参数见梁流涛和翟彬（2015）的相关研究成果。

本章计算所需数据来源于 2013 年 12 月～2014 年 7 月在河南省传统农区进行的实地调查。调查农户的抽取遵循平均分布和具有代表性的原则、采用分层随机抽样的方法进行。具体过程和步骤如下：首先按区域经济发展水平、农村居民人均年纯收入等指标将河南省各地市分为好、中、差 3 个层次，在每个层次选择 2～3 个地市作为调查区域，最终选择了郑州市、开封市、焦作市、商丘、南阳市、平顶山和周口市等地区；其次，在抽样框内每个地市选择 1～2 个县（市），每个县（市）随机选择 2～3 个乡镇，在每个乡镇随机选择 2～5 个村庄进行调研；最后，在每个村庄随机选择 10～15 个农户进行入户调查。问卷设计采取“问卷初步设计—预调查—问卷修改”的步骤。共调查了 737 个农户，剔除无效问卷，有效问卷的数量为 709 份，有效问卷的比例达到了 96.2%。农户分布状况具体见表 6.5。

河南省传统农区农户调查结果显示，农户家庭人口规模分布较为一致，90%以上的农户家庭人口数量在 3～5 人之间，平均每户为 4.76 人。平均每户劳动力数量为 2.99 人。农民从事非农兼业现象非常普遍，平均每户从事非农产业的劳动力数量为 1.47 人，平均每户的非农收入为 18032 元，大部分农户非农业收入占总收入的比例超过 50%。劳动力文化程度比较低，超过 85%的农户的文化程度为小学和初中。被调查农户平均每户的耕地面积为 0.364ha，耕地的经营规模普遍偏小。不同地区的农户基本情况具体见表 6.5。

表 6.5 农户分布及基本概况

地区	样本县（市）数量/个	样本乡镇数量/个	有效农户数/户	被调查者年龄/岁	家庭劳动力/个	户耕地数量/ha	非农业收入/元
郑州市	3	8	131	55.859	2.562	0.263	23396
开封市	1	3	108	48.143	2.847	0.294	16975
焦作市	2	4	92	47.452	2.991	0.431	19039
商丘市	1	3	101	52.776	3.314	0.311	21996
南阳市	1	3	78	57.127	3.153	0.519	18533
平顶山	1	2	83	51.391	3.218	0.439	14371
周口市	3	10	116	55.858	2.561	0.378	10992

6.2.3 环境因素约束下农户土地利用效率测度结果分析

根据方向性距离函数方法及河南省传统农区农户调研数据，采用非参数线性规划技术，测算出环境因素约束下的农户土地利用效率，并通过汇总得到表 6.6。

表 6.6 环境约束下农户土地利用效率分布状况

农户类型	效率值区间	农户个数/个	所占比例/%
低效率农户	[0，0.4]	63	8.89
效率较低农户	(0.40，0.50]	186	26.23
中等效率农户	(0.50，0.70]	273	38.50
效率较高农户	(0.70，0.90]	70	9.87
高效率农户	(0.90，1]	117	16.51

河南省传统农区环境因素约束下的农户土地利用效率平均值为 0.612，这表明在考虑环境因素的情况下，农户土地利用实际产出占最优产出的比例只有 61.2%。环境因素约束下的农户土地利用效率差异较大，最大值为 1，表明这些农户处于土地利用环境前沿面上，投入产出和土地利用对环境的负面影响处于最佳水平，但这类农户数量很少，所占比例仅为 4.23%；效率值最小农户的仅为 0.284，还不足最佳农户的 30%，距离土地利用的环境前沿面的差距较大。为了进一步反映环境约束下的农户土地效率的分布状况，按照其效率值大小对农户进行归类，将被调查农户分为 5 个层次：①高效率（ETE 取值在（0.90，1]）的农户个数为 117 户，所占比例为 16.51%；②效率较高（ETE 取值在（0.70，0.90]）的农户个数为 70 户，所占比例为 9.87%；③中等效率（ETE 取值在（0.50，0.70]）的农户个数为 273 户，所占比例为 38.50%；④效率较低（ETE 取值在（0.40，0.50]）的农户个数为 186 户，所占比例为 26.23%；⑤低效率（ETE 取值在[0，0.4]）的农户个数为 63 户，所占比例为 8.89%。由以上分析可以总结出农户效率值的分布特征：高效率值农户所占的比例较低，低效率值农户所占的比例高于前者，中等效率值所占的比例最大。但从总体上来说，环境约束下农户土地利用效率总体不高，具有较大的提升空间。

不同土地经营规模的农户，其环境约束下的农户土地利用效率的差异较大。为了分析农户土地利用效率和农户经营规模之间的关系，首先，对农户土地经营规模进行分类，参考相关研究成果，并结合河南省传统农区的实际，确定分类标准，将河南省传统农区被调查农户分为超小规模、小规模、中等规模、大规模和超大规模 5 类；其次，将环境因素约束下的农户土地利用效率测算结果按 5 个不同土地经营规模组进行分组统计（表 6.7），最后对分组统计结果进行对比分析。结果显示：农户土地利用效率在超小经营规模阶段的平均值为 0.929，是 5 个阶段中的最大值；随着农户土地经营规模的逐步扩大，环境因素约束的农户土地利用效率在逐步降低，在小经营规模阶段的平均值下降到 0.622，在中等经营规模阶段达到最低点，平均值为 0.572；但随着土地经营规模的进一步扩大，环境因素约束的农户土地利用效率变化趋势也发生了改变，呈现逐步上升的趋势，在大规模阶段平均值增加到了 0.605，在超大经营规模阶段效率值又大幅度提高，平均值达到了为 0.730。可见，农户生产规模与土地利用效率呈“U”形变化趋势。造成这种状况的原因是：农户土地利用的各类要素投入之间存在着替代关系，当农户经营规模较小时，农户倾向于用劳动投入替代其他生产要素投入，即采用精耕细作的方式，这一方面有利于土地产出的增加；另一方面也有利于农业环境的改善，有利于环境因素约束的农户土地利用效率的提升。而随着农户经营规模逐步扩大，小规模经营时的精耕细作和劳动密集方面表现出来的优势逐步丧失，这在一定程度上降低了环境因素约束的农户土地利用效率，并达到最低点。随着土地经营规模的进一步扩大，规模效应、机械化耕作、专业化分工等方面的优势开始得到充分发挥，同时，也有利于农户对现代农业技术和环境友好型生产技术的采纳，这导致环境因素约束的农户土地利用效率又开始回升。另外，还需要特别说明的是，中等经营规模的农户数量最多，占总样本的比例达到了 44.15%，但该类农户对应的土地利用效率平均值最小，这说明河南省传统农区农户土地利用存在潜在的威胁。

表 6.7　不同规模农户土地利用效率差异

农户类型	规模区间	农户个数/个	平均效率值
超小规模	[0，0.1]	30	0.929
小规模	（0.1，0.201]	173	0.622
中等规模	（0.201，0.335]	313	0.572
大规模	（0.335，0.667]	170	0.605
超大规模	（0.667，+∞]	23	0.730

6.2.4　环境因素约束下农户土地利用效率影响因素分析

1. 模型设定及估计

由于基于方向性距离函数方法测算出的农户土地利用效率值在 0～1，在分析其影响因素时，如果采用普通最小二乘法（OLS）直接回归，会导致参数估计结果出现偏差。为了避免 OLS 回归带来的偏差，需要采用因变量连续但受到某种限制情况下取值的模型进行回归。Tobit 模型可以满足这个要求，模型的基本形式设定如下：

$$y^* = \beta x + \varepsilon, \varepsilon \sim N(0, \delta^2) \tag{6.6}$$

$$y=\max(0,y^*)=\begin{cases}y^* & \text{if } y^*\geqslant 0\\ 0 & \text{if } y^*<0\end{cases} \tag{6.7}$$

式中，y 为实际观测值；x 为自变量向量；β 为回归系数向量；ε 为随机变量；y^* 为潜变量。对于自变量（影响因素），本章从农户家庭特征、土地利用状态、农户生计方式、农户种植结构、农产品商品化等方面进行选择。①农户家庭特征，主要选择户主年龄、农户文化程度、农户劳动力数量 3 个方面的指标，其中，农户文化程度用户主的受教育年限代替，由于受中国几千年封建思想的影响，户主在土地利用决策中起决定性作用，这种状况在河南省传统农区更加明显，因此，采用户主的受教育年限表示家庭人口素质具有较高的可信度。②对于生计方式选择，当前农户主要是在农业与非农之间做选择。本章将农户既从事农业生产又从事非农产业的行为定义为生计方式的兼业化，并且这种方式在河南省粮食生产中普遍存在。对于兼业程度的衡量本书沿用较为普遍的做法：用非农产业收入占家庭总收入的比例表示。③种植结构，河南省传统农区农户的作物种类繁多，但可以概括为两类：粮食作物和经济作物。基于此，本章用经济作物播种面积所占的比例表示种植结构。④农户的土地利用状态，主要考虑农户经营规模、耕地细碎化程度两方面的指标，分别用农户实际耕作的耕地面积和耕地块数表示。⑤随着新型城镇化、工业化的快速推进，以及农业生产技术水平的提高，农业产量大幅度提高，目前满足家庭粮食需求已经不再是农户土地利用的首要目标，开始逐步向追求经济利润最大化的阶段过渡，在这种背景下，农户农产品商品化水平也不断提高，也会对农户土地利用效率产生影响。本章用产品销售量占总产量的比例表示农产品商品化率。⑥在土地产权方面，主要考虑农村土地的稳定性。农村土地家庭承包责任之下存在 3 种产权形式：承包地、自留地和流转地。一般来说，农户承包经营权是残缺的地权，随着村民生老病死和婚嫁的逐步增多，为了保证公平，会通过行政调整的方式对耕地在村民之间进行重新分配，这种频繁的调整造成了农民土地产权的不稳定，而且也剥夺了农民对土地的长期使用权；虽然目前农地流转比较普遍，但现实中操作不规范，大多没有签订相应的合同，仅仅是口头约定，土地产权稳定性更差。与前两类土地产权性质相比，自留地的经营权具有较强的稳定性。为了定量测度产权稳定性，本章以各类土地产权的性质为基准，利用专家打分的特尔菲方法，对 3 类土地产权的稳定程度进行打分，并分别进行赋值，并按照农户拥有各类产权土地面积大小为权重加权平均求和，得到产权稳定性的综合分值。

利用 Eviews5.1 软件包进行 Tobit 回归分析，各项指标通过检验，回归参数见表 6.8。

2. 模型结果的解释

农户家庭特征与环境因素约束下的农户土地利用效率。①回归结果显示，农户年龄的回归系数为负，且在 10%的显著水平下通过检验。这表明，随着农户年龄增大，其环境因素约束下的土地利用效率也随之降低。这个结论是符合河南省传统农区实际状况的，调查区域年龄较大的农业劳动力所占的比例较高，所占比例超过了 60%，调查中发现，这些农户为了弥补体力方面的不足和提高土地产出，会通过施用更多的化肥和农药的方式进行要素替代。过量施用农药和化肥会破坏土壤的物理性状，还可能造成农业面

表 6.8　农户土地利用效率影响因素 Tobit 模型结果

项目	回归系数	标准误差	Z 值
常数项	0.566468**	0.293124	1.932522
农户生产规模	0.006596	0.006254	1.054633
细碎化程度	–0.021925***	0.021068	–2.340685
户主年龄	–0.003138*	0.002430	–1.791481
文化程度	0.003341**	0.007565	1.941598
劳动力数量	–0.015416	0.019182	–0.803669
生计方式兼业程度	–0.327510***	0.091399	–3.583287
经济作物比例	–0.009304*	0.095629	–1.807292
农产品商品率	0.558749**	0.298974	1.868889
产权状况	–0.018519***	0.045489	–4.407111
调整后的 R^2	0.161	最大似然估计值	196.1

***、**和*分别表示在 1%、5%和 10%的显著水平上通过检验。

源污染，这会在一定程度上加大农户土地利用对环境的负面影响；同时，年龄较大的农户拥有丰富的耕作经验，受传统耕作观念的影响也很深，在是否采用测土配方施肥等环境友好型生产技术方面较为保守，这不利于农业环境的改善。②文化程度的回归系数为正，并且在 5%的显著水平通过检验，也就是说，文化程度的提高有利于农户土地利用效率的提升。可能的解释是：文化程度较高的农户对农业生产新技术的把握和适应能力较强，有利于农户在农业生产中采用现代化生产管理，能够对农业产出的提高和农业环境状况的改善产生积极的影响。但必须看到，调查结果显示河南省传统农区农村劳动力素质整体偏低，小学和初中文化程度居多，二者所占比例超过了 85%。这会限制劳动力文化程度正面效应的发挥。③劳动力数量的回归系数为负，这说明劳动力充足的农户，其环境因素约束下的土地利用效率较低。但在 10%的显著水平下没有通过检验，这表明劳动力数量对环境因素约束下的土地利用效率影响不显著。

农户生计方式与环境因素约束下的农户土地利用效率。回归结果显示，回归系数为负，并且在 1%的显著水平下通过检验。这表明农户生计方式兼业程度的提高不利于环境因素约束下的土地利用效率的提升。这个结论也是符合河南省传统农区实际的。调查结果显示，河南省传统农区农户兼业行为非常普遍，主要表现在两个方面：一是从事非农兼业的人数多，大多数农户家庭中有 1～2 人外出打工，平均每户从事非农产业的劳动力数量为 1.74 人；二是非农兼业时间长，大多数兼业人员从事非农产业的时间超过半年。农户从非农兼业中获得的收入也相当可观，平均每户的非农收入为 13783 元。不过必须看到，目前普遍的非农兼业行为对农业生产并不是完全替代，大部分农户仍然视土地为重要的生活保障和食物来源。调查中发现，农户兼业程度的提高会导致两种情况的产生：一是不断增长的非农就业与农业生产的资源竞争，由于机会成本的差异，农户在农业生产方面尽可能少地占用自己所拥有的珍贵资源，例如，减少劳动力投入及对土地的保护性投资（例如，农家肥、水土保持和土壤改良等）；二是在农业生产中尽可能多地使用不适合非农兼业，或者价格相对低的资源，例如，在农业活动中大量投入妇女、老人，以及对农业生产增产明显的杀虫剂和其他农用化学品。总之，农户生计方式兼业程度的提高不仅会造成农业粗放经营，耕地不能得到充分、合理利用，是一种隐性的耕地减少；并且，由于土地利用方面缺乏必要的环境保护措施，也会加速农业环境的恶化，不利于环境因素约束下土地利用效率的提升。

农户种植结构与环境因素约束下的农户土地利用效率。结果显示，回归系数为负，经济作物所占比重越大的农户，其环境因素约束下的土地利用效率越低。随着经济社会发展水平的提高，近年来，社会对农产品的需求也发生了巨大变化，农民增加收入的压力也越来越大，在这种背景下，河南省传统农区农户为了适应这种变化，主动进行多轮大幅度的农业种植结构调整，主要特征是粮食作物逐步向经济作物转化，这造成粮食作物播种面积所占比重不断减少，而经济作物播种面积增长迅速。由于不同类型的农作物对化肥的需求量是不同的，种植结构大幅度调整必然导致农户施肥总量和施肥结构的变动。在此过程中农户施肥总量的变化趋势可以概括为：粮食作物施肥量和经济作物化肥施用量都明显增加。农业结构调整虽然能够在很大程度上增加农民收入，但增加了农业面源污染和土壤退化产生的潜在危险，对农业生态环境的影响是负面的，并且具有持久性，这就造成环境因素约束下的土地利用效率下降。可见，这种农业增长方式的可持续性较差，因此，必须转变农业发展模式。

耕地细碎化与环境因素约束下的农户土地利用效率。结果显示，回归系数为负，这表明细碎化程度的提高，不利于环境因素约束下的农户土地利用效率的提升。这个结论是符合河南省传统农区实际情况的。家庭承包责任制的实质是对土地进行平均分配，主要体现在两个方面：一是在数量上的平均，对集体土地按照集体经济组织人口总数进行平均分配；二是在质量上的平均，主要根据土壤肥力、土地产出水平、地块区位条件对不同质量的土地进行平均分配。这两方面共同导致了农户经营的土地细碎化和分散化。这种状况在河南省传统农区也比较普遍。调查区域大多处于平原地区，耕地本来是集中连片的，但为了体现“公平”，却人为地将其分为若干小块再进行平均分配。调查结果显示，平均每户拥有的地块数量为 4.13 块，平均每块耕地的面积为 1.26 亩。耕地细碎化程度的提高不仅不利于土地产出的增加，还在一定程度上增加了农户土地利用对农业环境的负面影响。造成环境因素约束下的农户土地利用下降。

农户土地经营规模与环境因素约束下的农户土地利用效率。模型结果表明，回归系数为正，土地经营规模的扩大能够提升环境因素约束下的农户土地利用效率。可能的解释是：随着农户土地经营规模的扩大，土地规模效益会出现并逐步得到强化，这能够带来土地收益的增加和成本的节约，同时也降低了农户采纳环境友好型生产技术的成本，有利于环境友好型生产技术的推广，能够减少农户土地利用对环境的负面影响。这两个方面导致了环境影响下的农户土地利用效率的增加，前文的土地利用效率值与不同经营规模的分组统计结果也印证了这个结论。但在 10%的显著水平下没有通过检验。这个结论是符合河南省传统农区实际的：在调查中发现，该区域耕地的经营规模普遍偏小，被调查农户平均每户拥有的耕地面积为 5.26 亩，4 亩以下的农户所占比例超过了 50%。这限制了土地经营规模对环境因素影响下的土地利用效率的正面效应的发挥，造成回归结果显著性不明显。另外，需要特别说明的是，土地规模经营和细碎化是相互对立的两个方面，土地细碎化是推行土地规模经营的主要制约因素，而通过农地流转将土地集中可以有效解决二者的矛盾，能够有效地抑制土地细碎化的负面效应，增强土地规模经营的正面效应。

农产品商品化与环境因素约束下的农户土地利用效率。农户农产品商品化率的提高会产生两个方面的效应：一是农户家庭收入的提高，二是在农户土地利用规模普遍较小的背景下，为了追求更大的利润，就会利用其他要素来替代土地要素，加大农药化肥等化学品的投入，可能会加大农户土地利用对环境的负面影响。前者会对环境因素约束下的农户土地利用效率产生正面效应，后者会对其产生负面效应。两方面的综合结果到底是正还是负有待于进一步验证。对于河南省传统农区来说，回归系数为正，说明农产品商品化的正面效应大于负面效应，产品商品化水平的提高能够提升环境因素约束下的农户土地利用效率。在实践中，为了进一步提高农户土地利用效率，应采取措施限制负面效应。

土地产权与环境因素约束下的农户土地利用效率。一般来讲，稳定的土地产权有助于产生长期的土地收益预期和改善农地土壤的长期肥力。模型结果也证实了这一点，回归系数为正，表明土地产权稳定性的提高能够提升环境因素约束下的农户土地利用效率。但目前我国农村土地属于集体所有，在经营方式上实行家庭承包责任制。无论是集体土地产权，还是承包经营权及农户间非正式的土地流转，土地产权关系都不稳定，主要表现为 3 个方面：一是土地行政调整过于频繁，二是无法对抗国家土地征收行为，三是流转的土地随时可能被收回。这些导致农地产权不稳定的因素在河南省传统农区也比较普遍，会降低农户对土地利用的长期预期，农民进行土地长期投资的积极性会大大降低，农户土地利用中可能会进行掠夺式的经营，出现土地利用的短期化行为，致使土地质量下降和农业环境恶化，不利于环境因素约束下的农户土地利用效率的提升。

6.2.5　小　结

本章针对农户土地利用行为引起的环境问题日益严重的现实，以河南省传统农区农户调研数据为基础，将环境因素纳入到农户土地利用效率测度的框架，利用方向性距离函数方法测度环境因素影响下的农户土地利用效率，并探讨其影响因素及其作用大小和方向。主要结论和政策启示如下。

（1）河南省传统农区环境因素约束下的农户土地利用效率平均值为 0.612，这表明在考虑环境因素的情况下，农户土地利用实际产出占理想产出的比例只有 61.2%。效率值在 0.6 以下的农户超过一半。可见，被调查农户环境约束下的农户土地利用效率总体不高，还有较大的提升空间。不同土地经营规模农户的环境约束下的土地利用效率的差异较大，并表现为一定的规律性，二者呈现“U”形趋势。中等土地经营规模的农户数量最多，所占比例高达到 44.15%，但该类农户对应的土地利用效率平均值最小，说明当前的农户土地利用存在潜在的威胁。

（2）环境因素约束下的农户土地利用效率影响因素是多方面的。①在农户家庭特征方面。随着户主年龄的增长，其环境因素约束下的土地利用效率也会降低；农户文化程度的提高会对环境因素约束下的土地利用效率产生正面影响。因此，针对河南省传统农区农户文化普遍较低的现实，应提高农户以文化素质核心的综合素质，特别是通过技术培训提高农户的农业生产技术水平，并通过宣传增强农户的环保意识。②在农户生计方式方面。农户生计方式兼业化程度的提高在一定程度上降低了环境因素约束下的土地利用效率。因此，应在实践中大力促进兼业程度较高的农户真正向非农产业转移，加快其“市民化”转化步伐，具体措施包括：继续深化户籍制度改革，消除城乡人口流动壁垒，建立“绿色通道”；扩大社会保障的范围，建立多层次、全方位、城乡一体化的社会保障体制；积极探索土地承包经营权和宅基地的自愿有偿退出机制。③种植结构调整（经济作物所占比重的提高）和农产品商品化在增加农民收入方面发挥了重要作用，同时也会对农业环境产生一定的负面影响，但产生的综合效果却有所差异。农产品商品化有利于环境因素约束下的土地利用效率的提升，而种植结构调整降低了环境因素约束下的土地利用效率，因此，应转变农业发展模式，提高农业生产技术水平在农户增产增收中的作用，加大环境友好型生产技术的推广力度和补贴力度，建立农户土地利用行为的约束和激励机制。④在土地利用状态方面。河南省传统农区农地经营普遍偏小和农地细碎化现象在一定程度上降低了环境因素约束下的土地利用效率。农地规模经营和农地细碎化是一对矛盾，在实践中应将其作为政策的着力点。主要包括：建立健全土地经营权流转市场，引导和规范农地流转行为，充分发挥市场在土地资源优化配置中的作用，在此基础上大力推行土地适度规模经营，培育新型农业生产经营主体（联户经营、专业大户和家庭农场）。⑤在土地产权方面。产权的稳定性能够提高环境因素约束下的土地利用效率。因此，在实践中应通过法律的形式明确其用益物权性质，使农户真正享有对土地的占有权、使用权、收益权、处分权；加快土地承包经营权登记发证，增加农地产权的长期性和稳定性。

第7章　农户参与农业环境保护意愿分析

农户的意愿是农户参与农业环境保护态度的体现，而农业环境保护态度会影响相应行为的发生，也就是说，农户的农业环境保护行为是其对农业环境保护态度的外在表现。因此，从这个角度来说，农户农业环境保护行为的产生与其对农业环境保护的认知和意愿直接相关。

7.1　农户对农业环境问题的认知

河南省传统农区的主要农业环境问题包括哪些？农户对此的认知状况如何？为此，选择具有代表性的区域进行调查。采用分层随机抽样的方法进行，具体过程如下：首先，按经济发展水平、农村居民人均年纯收入等指标将河南省各地市农户分为好、中、差3个层次，在每个层次选择1～2个地市作为调查区域，最终选择了郑州市、开封市、焦作市、商丘、平顶山和周口市等地区；其次，每个地市选择1～2个县（市），每个县（市）随机选择2～3个乡镇，在这些乡镇随机选择2～5个村庄进行调研；最后，在每个村庄随机选择10～15个农户进行农户调查。共调查了737个农户，剔除无效问卷，有效问卷的数量为709份，有效问卷的比例达到了96.2%。

农业生产中的环境问题主要包括土壤板结、土壤盐碱化、表土流失、土壤肥力、被冲蚀的土壤填埋、土壤沙化、洪涝灾害、土壤酸化、农业面源污染等。河南省传统农区存在哪些问题，对其进行了调查，调查结果显示，71.0%的农户有土壤板结问题；47.8%的农户存在土壤盐碱化问题；35.5%的农户存在表土流失问题；对于土壤肥力下降，存在此问题的农户所占比例为80.5%；31.3%的农户存在被冲蚀的土壤填埋问题；土壤沙化问题存在的比例为26.5%；洪涝灾害问题存在的比例为56.0%；34.9%的农户存在土壤酸化的问题。可见，河南省传统农区主要的农业环境问题是土壤板结、土壤肥力下降、洪涝灾害。同时，农业环境问题也导致了较为严重的后果，调查中发现，主要表现为粮食产量降低和农业生产投资增加，而对于农业生产产生的面源污染问题认识不足，大多数农户认为不存在这样的问题。

对于目前农业生产导致的环境污染问题的严重性，认为很严重的农户所占比例为26.8%，认为较严重的农户所占比例为24.6%，认为不太严重的农户所占比例为26.0%，认为不严重的农户所占比例为18.7%，认为没有导致任何环境问题的农户所占比例为3.9%。可见，超过一半的农户存在严重的农业环境问题。

对于农业环境的变化情况，认为明显变差的农户所占比例为53.3%，认为稍微变差的农户所占比例为18.9%，认为没变差也没好的农户所占比例为5.4%，认为稍微变好的农户所占比例为16.6%，仅有5.8%的农户认为农业环境明显变好。可见，大部分农户对农业环境逐步恶化的现实有所认同。

大量施用农药和化肥是造成农业环境问题的重要原因之一，造成环境污染、生态退化等问题，认为农药和化肥施肥行为有影响的农户所占比例高达84.9%，认为没有影响的农户所占比例为5.4%，对此不了解的农户比例为9.7%。可见，农户对此问题的认知比较高。

7.2　农户参与耕地质量保护意愿分析

7.2.1　调查区域与调查方法

2013年12月在河南省周口市开展农户问卷调查。样本区域的选择依据平均分布和具有代表性的原则，采用分层随机抽样的方法进行。在实际操作中以周口市的社会经济发展水平为样本选择的判断标准，主要做法是：首先，按县域人均国内生产总值、农村居民人均年纯收入等指标将周口各县（市、区）的社会经济发展状况分为高、中、低3个层次，在每个层次选择一个县（市、区）作为调查样本点，确保调查样点在每个层次中都有分布，以保证样本的代表性。根据周口县域经济发展的实际情况，选择经济发展水平较高的川汇区、经济发展水平中等的淮阳县和经济发展水平较低的太康县作为研究样本区，具体见图7.1。其次，在抽样框内，在每个县（市、区）内随机选择3个乡镇，根据抽样结果，在这些乡镇随机选择4个村庄进行调研。最后，在每个村庄随机选择15～25个农户进行农户调查。

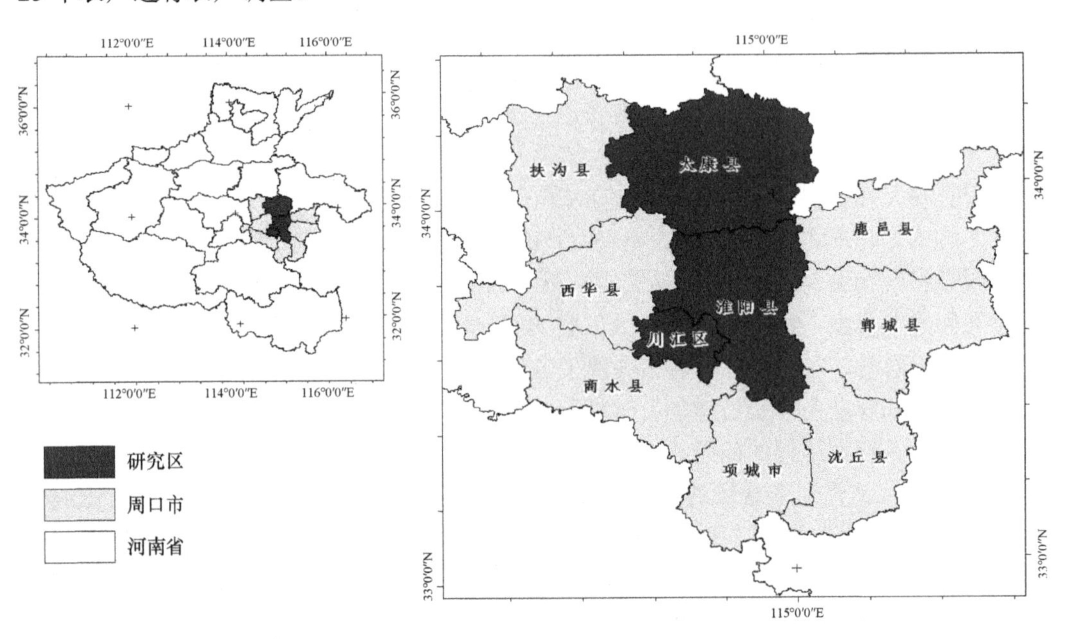

图7.1　研究区域示意图

调查内容涉及农户家庭基本情况、农户对耕地的外部效益认知程度，以及农户耕地保护意愿的影响因素等（表 7.1）。

表 7.1　抽样调查问卷的主要内容和相关指标

问卷内容	指标	单位
家庭结构	家庭总人数 劳动力数量 农业劳动力数量 初中以上农业劳动力数量	人
支出和收入状况	家庭总支出 农业支出 总收入 农业收入	元
农业生产状况	耕地总规模 播种面积	ha
	是否有转出情况 是否有转入情况 是否使用农家肥	是/否
	化肥使用量	kg
耕地功能认知	对耕地社会效益的认知 对耕地生态效益的认知	是/否
耕地保护意愿	是否愿意参与耕地保护 参与耕地保护的方式 参与耕地保护的影响因素	选择

在传统农区周口市共调查了 262 个农户，除去不具有代表性的无效问卷，获得有效问卷 257 份，有效问卷的比例高达 98.09%。由抽样调查数据计算得出调查区域农户的基本情况，具体见表 7.2。

表 7.2　农户调查基本情况

调查内容		平均值
农户家庭平均规模/人		5.4
农户平均年龄/岁		49.8
户均耕地面积/（亩/户）		5.67
户均劳动力数量/人		3.09
农户兼业程/%	纯农户	34.36
	一兼农户	28.57
	二兼农户	37.07

注：农户兼业程度是指非农业收入占家庭总收入的比例。

样本区域 90%以上的农户家庭人口数量在 4～6 人，调查农户家庭规模分布较为均匀，平均每户为 5.4 人。在劳动力方面，平均每户劳动力数量为 3.09 人。农业劳动力文化水平整体不高，小学、初中、高中、大专、本科以上所占比例分别是 31.67%、44.36%、11.52%、6.23%、6.22%。可见，调查区域绝大部分劳动力的文化程度为小学和初中，二者所占比例达到75%以上，而高中以上文化程度农户较少。

样本区域农户兼业现象比较普遍，调查结果显示，大部分农户有1～2人外出打工，平均每户从事非农产业的劳动力数量为1.36人，且从事非农就业时间一般在半年以上，户均非农收入为7992元。对于兼业程度，本章按照非农收入占家庭总收入的比重来度量。具体标准为：非农业收入占家庭总收入的比重少于10%的农户为纯农户，介于10%～50%的为一兼农户，50%以上的为二兼农户（梁流涛等，2008b；2008c）。调查结果显示，传统农区周口市纯农户的比例为34.36%，兼业农户的比例达到了65.64%。其中，一兼农户和二兼农户的比例分别为28.57%和37.07%。二兼农户所占的比例超过了纯农户和一兼农户。通过以上分析可知，虽然农户兼业水平较高，但是与经济发达地区还有较大的差距（梁流涛等，2008b；2008c）。

被调查农户平均年龄为49.8岁。从年龄分布来看，40～60岁年龄段所占比例较大。这个年龄段的农户农业生产经验较为丰富，在进行农业生产决策时，可以根据自己掌握的信息和积累的经验做出判断，并形成相对独立的有限理性的生产决策。同时，调查结果也显示，青壮年农村劳动力大都处于脱离农业生产的状态，完全从事非农产业，而文化程度偏低且年龄较大的农民反而成为农业生产的主要劳动力。

在耕地资源禀赋方面，家庭承包责任制下的土地平均分配不仅体现在数量上，还体现在质量和区位上，将土地质量、交通方便程度、距离灌溉源远近不同的土地进行平均分配。这种状况在调查区域也非常明显，平均每户的耕地面积为5.67亩，农户土地经营规模普遍偏小。另外，农户经营的土地细碎化和分散化较为严重，平均每个农户拥有的地块数量为3.89块，平均每块耕地的面积为1.46亩，远远小于规模经营要求的数量。

7.2.2 农户参与耕地质量保护意愿总体状况分析

农户作为耕地的直接利用者和参与耕地质量保护的重要主体，其参与耕地质量保护的行为具有多样性。主要包括：选择有利于耕地质量保持或提升的种植方式，采取有利于提高耕地质量、增加耕地数量的措施，监督他人利用耕地，或者制止他人或单位破坏耕地的行为。关于农户参与耕地质量保护意愿，调查结果显示（表7.3）：161户表示非常愿意参与耕地质量保护，所占比重为62.6%；比较愿意参与耕地质量保护的农户数量为51户，所占比重为19.8%；不太愿意参与耕地质量保护的农户数量为23户，所占比重为8.9%；不愿意参与耕地质量保护的农户有21户，所占比重为8.2%；不清楚是否要参与耕地质量保护的农户仅有1户，所占比重为0.4%。其中，选择非常愿意和比较愿意的农户所占比重达到了82.4%，不太愿意和不愿意的农户所占比重仅为17.1%。由此可以看出：调查区域绝大部分农户有强烈的参与耕地质量保护的意愿，不愿意参与耕地质量保护的农户所占比例较低。对于愿意积极地参与耕地质量保护的原因，大部分农户表示耕地产出是农户的重要生活来源，具有社会保障功能。但是耕地利用受外部因素的影响较大，自己很难在耕地质量保护中发挥作用。对于不愿意参与耕地质量保护的原因，综合农户的认知，主要包括3个方面：一是农业基础设施条件差，造成生产成本增大和农业产出降低，从而影响农户耕地质量保护意愿；二是对农业生产技术的需求较大，而相应的技术供给较少，无法满足需求，从而影响农业产出，降低了农户参与耕地质量保护的意愿；三是农户在生产决策中是理性的，是追求利润最大化的，而参与耕地质量保护对收入的提高效应不明显。

表 7.3　农户耕地质量保护意愿总体分布表

内容	户数	比重/%
非常愿意	161	62.6
比较愿意	51	19.8
不太愿意	23	8.9
不愿意	21	8.2
不清楚	1	0.4

农户对耕地利用中违法行为的认知。《土地管理法》和《基本农田保护条例》对农户土地利用和保护行为进行了明确规定，禁止在耕地内建窑、建房、建坟、挖砂、采石、采矿、取土、堆放固体废弃物，禁止占用耕地发展林果业和挖塘养鱼，禁止闲置、荒芜耕地。在询问农户对以上明令禁止行为的看法和认知时，2.94%的农户认为可以在耕地上挖沙取土，11.76%的农户认为可以在耕地上随意建房子居住，26.47%的农户认为可以在耕地上开工厂，2.94%的农户认为可以在耕地上建窑，32.35%的被调查者认为可以在耕地上发展林果业，70.59%的被调查者认为可以在耕地上挖塘养鱼，8.82%的农户认为可以随意闲置、荒芜耕地。总体来说，大部分农户已经意识到上述行为会对耕地质量和环境造成破坏，应当禁止，这仅仅是农户自己在耕作过程中的经验意识，还未上升到法律意识，但尚有一部分农户对耕地利用中的这些违法行为的认识不足。造成这种状况的主要原因是：随着农民生活水平提高、农村改革进程加快和农村市场化水平提高，农户对于进一步提高经济收入的愿望日益强烈，对居住条件有了更高的要求。在这样的背景下，一些农民开始在承包的耕地上建房子，建简易工厂，发展林果业，挖塘养鱼。另外，当地土管部门监管不严，或者只进行简单的罚款，周围的邻居也开始效仿，这就造成了在耕地上建房子、建工厂、发展林果业、挖塘养鱼等行为是合法的错觉，因此，应该加强耕地质量保护政策的宣传。

农户对参与耕地质量保护方式的认识较为一致。调查结果显示，91.89%的农户选择合理施肥，54.05%的农户认为合理使用农药是有效的，67.67%的农户选择合理灌溉，54.05%的农户选择合理的耕作方式，67.57%的农户选择利用新的生产技术，59.46%的农户选择施用有机肥料。但对于农业公共基础设施建设、农田水利、土壤改良投入等方面的长期投资超出单个农户的自有资金和劳力，单个农户无力进行，需要众多农户的共同行动或外部资金的援助才能完成投资项。调查中发现很少有农户愿意涉及此类投资。也就是说，农户更多地倾向于选择自身力所能及、收益回报较高的耕地质量保护方式，主要是对耕地的合理耕作和利用，这也是微观层面有效的耕地质量保护方式。对于收益回报周期较长的耕地质量保护方式，很少有农户选择愿意，因此，国家应该加大此方面的投资。

7.2.3　不同类型农户参与耕地质量保护意愿差异分析

本小节采用分组比较方法和方差分析方法分析不同类型农户参与耕地质量保护意愿的差异。首先，从农户家庭特征、区位因素及地块特征、产权认知、耕地多功能性认知、农户兼业程度等方面分别对农户进行分类。然后通过方差分析方法分析不同类型农户参与耕地质量保护意愿的差异。研究中的数据由于受各种因素的影响，往往呈现波动状，造成这种状况的原因包括两个方面：一是不可控制的随机因素，二是对结果形成影响的可控因素。方差分析从观测变量的方差入手，通过显著性检验分析诸多控制变量中哪些变量是对观测变量有显著影响的变量，据此区分造成数据波动的原因。本章采用单因素方差分析方法分析不同类型农户参与耕地意愿的差异。单因素方差分析用来研究控制变量（不同类型农户的分类指标）的不同水平是否对观测变量（农户参与耕地质量保护意愿）产生显著影响，其基本原理是：如果观测变量在某控制变量的不同水平下出现了明显变化，则表示该控制变量对观测变量产生了重要影响，反之，则表示该控制变量对观测变量的影响不大，其数据的波动主要是由抽样误差引起的。本章用 SPSS13.0 软件包进行单因素方差分析，F 检验结果显示各因素均在 1%、5%或 10%的显著水平下通过检验，这说明农户类型对农户参与耕地质量保护意愿有显著性差异。

1. 农户自身特征与农户参与耕地质量保护意愿差异

从农户年龄和文化水平两方面反映农户自身特征的指标对农户进行分类，并据此分析不同类型农户参与耕地质量保护意愿的差异（表 7.4）。

表 7.4　不同类型农户参与耕地质量保护意愿　　（%）

项目		非常愿意	比较愿意	不太愿意	不愿意	不清楚
年龄	青年	60.34	24.14	5.17	8.62	1.72
	中年	65.78	18.42	11.84	3.94	0
	老年	48.71	25.64	12.82	7.69	0
农户文化水平	小学	58.07	19.35	9.68	12.9	0
	初中	61.52	18.33	8.71	9.35	2.09
	高中	63.91	21.43	7.59	7.07	0
	大专及本科以上	65.21	23.15	8.51	3.13	0
地块方便程度	非常方便	59.63	24.77	11.01	4.59	0
	比较方便	63.70	21.21	9.43	4.75	0.91
	不方便	78.46	16.92	4.62	0	0
细碎化程度	高度细碎化	58.06	16.13	9.68	12.9	3.23
	中度细碎化	62.58	23.81	9.52	7.08	0
	轻度细碎化	67.07	19.51	8.54	6.09	0
农户兼业程度	纯农户	71.78	15.95	7.36	4.29	0.61
	一兼农户	67.86	14.29	10.71	7.14	0
	二兼农户	60.61	18.18	12.12	9.09	0
耕地多功能认识	高认知农户	70.83	18.33	7.50	3.33	0
	较高认知农户	65.38	17.31	11.54	5.77	0
	低认知农户	51.11	18.89	16.67	12.22	1.11
产权归属认知	国家	50.55	28.57	13.19	7.69	0
	集体	68.42	18.42	10.53	1.32	1.32
	农民	83.33	9.72	4.17	2.78	0

不同年龄农户参与耕地质量保护意愿的差异。如前所述，被调查者平均年龄为49.8岁。结合联合国世界卫生组织提出的最新年龄分段标准对调查区域农户进行分类，具体分类标准为：30～40岁为青年，40～60岁为中年，60岁以上为老年。调查区域3种类型农户所占比例为22.3%、61.5%和16.2%。年龄的差异在一定程度上可以用来解释行为动机和目标的多样性，也就是说，不同年龄阶段农户行为动机和目标的不同有可能导致农户参与耕地质量保护意愿的差异。在河南省传统农区的调查结果印证了这一点，不同年龄层次农户耕地质量保护意愿差别较大，青年、中年和老年3种类型农户非常愿意参与耕地质量保护的农户所占比例分别为60.34%、65.78%和48.71%。可见，随着年龄层次的增加，农户参与耕地质量保护的意愿呈现“低—高—低”的变化趋势，这与陈美球等（2005）在江西的农户调查结果有所差异。青年农户参与耕地质量保护的意愿低于中年农户，主要原因是青年对耕地的依赖性较低，其收入来源主要依靠非农兼业，与之相反，中年农户对耕地的依赖性较高，因此，青年农户参与耕地质量保护的意愿低于中年农户。老年农户参与耕地质量保护的比例低于青年农户和中年农户，主要原因是老年农户文化素质总体偏低，对耕地质量保护重要性的认识有限。

不同受教育程度参与耕地质量保护意愿的差异。根据传统农区实际，按照农户受教育程度将农户分为“小学以下（含小学）”“初中文化程度”“高中文化程度”“大专及以上”4类。调查数据显示，4类农户所占比例分别为12.45%、44.75%、30.74%、12.16%，可见，河南省传统农区文化水平普遍较低，超过一半的农户是初中以下文化程度。不同受教育程度农户参与耕地质量保护意愿的差异较大，研究区域小学文化的农户非常愿意参与耕地质量保护的农户所占的比例为67.4%，不愿意参与耕地质量保护的农户所占的比例为 12.9%；“初中文化程度”农户中非常愿意参与耕地质量保护的农户所占的比例为61.52%，不愿意参与耕地质量保护的农户所占的比例为9.35%；“高中文化程度”中非常愿意参与耕地质量保护的农户所占的比例为 63.91%，不愿意参与耕地质量保护的农户所占的比例为 5.81%；“大专及以上”农户中非常愿意参与耕地质量保护的农户所占的比例为65.21%，不愿意参与耕地质量保护的农户所占的比例为3.13%；可见，随着受教育程度的提高，农户参与耕地质量保护的意愿逐步提高，而不愿意参与耕地质量保护的意愿下降。这说明受教育程度的提高有助于增加农户对于耕地质量保护重要性的认识，其参与耕地质量保护的意愿也会增加。受教育程度较低的农户则由于知识面和自身认知水平的限制，对于耕地质量保护重要性的认知程度普遍不高，会降低其参与耕地质量保护的意愿。

2. 农户耕地特征与农户参与耕地质量保护意愿差异

从耕地区位、细碎化等反映地块特征的指标对农户进行分类，并据此分析不同类型农户参与耕地质量保护意愿的差异。

不同耕地区位农户参与耕地质量保护意愿的差异。耕地所处的区位直接关系到农户耕作和销售的便利程度。在杜能的农业区位论中，主要指土地距离消费市场的远近。另外，交通状况和耕作距离也是农民判断方便与否的重要条件。根据这些指标将农户分为3类：地理位置方便、地理位置较为方便和地理位置不方便。结果显示，调查区域28.51%

的农户的耕地的地理位置方便，47.81%的农户的耕地的地理位置较为方便，23.68%的农户的耕地的地理位置不方便。不同区位农户的耕地质量保护意愿差异较大，3 类农户参与耕地质量保护意愿所占的比例分别为 59.63%、63.70%和 78.46%。也就是说，地理位置方便的农户，其参与耕地质量保护意愿较低，耕地位置偏僻，农户参与耕地质量保护的意愿反而强烈。这正好与理论分析结果相反，一般来讲，地理位置优越，距离消费市场较近，能够节省运费成本，另外，也可以节约劳动时间，可以带来更多收益，能够在很大程度上激发农户参与耕地质量保护的意愿。事实上，这个调查结果是符合实际的，因为地理位置优越大多处在城乡接合部，社会经济活动较为剧烈，农民多从事非农产业或非农兼业行为的较多，农民对耕地的依赖性较弱，非农产业反而对他们的吸引力较大，因此，对耕地质量的保护意愿整体不强。反之，地理位置偏僻的大多地处边缘地带，或者偏远农村，耕地资源相对来说较为丰富，农民对耕地的依赖性更强，调查中发现，虽然农民在非农忙期间进行短期的非农兼业，但他们认为自己终究要回归于土地，因此，他们参与耕地质量保护的意愿要比前者强得多。另外，这也说明了河南省传统农区农户农业生产规模较小，生产成本较高，地理位置优越，节约的运输成本和劳动时间显得微不足道。

不同细碎化程度农户参与耕地质量保护意愿的差异。耕地细碎化是许多国家农业生产中存在的主要问题，这个问题在我国也比较突出。我国人多地少，耕地资源禀赋有限，家庭承包责任制加剧了农户经营的土地细碎化和分散化。土地细碎化最直观的表现是：农户拥有多块耕地且分布较为分散，农户拥有的地块数量能够在很大程度上反映土地的细碎化程度，是最常用的衡量指标。根据地块数量将农户分为 3 类：地块数量 1～2 块的农户为轻度细碎化农户，3～4 块的农户为中度细碎化农户，5 块以上的农户为重度细碎化农户。3 类农户所占的比例分别为 56.49%、31.68%和 11.83%。不同细碎化程度农户的耕地质量保护意愿差异较大，结果显示，调查区域 3 类农户非常愿意参与耕地质量保护的比例分别为 67.07%、62.58%和 58.06%，可见，细碎化程度越高的农户参与耕地质量保护的意愿越低。主要原因是：细碎化对耕地利用具有严重的负面影响，主要表现在两个方面：一是细碎化使不同农户的众多地块杂乱地交错在一起，需要专门拿出来一部分土地以田埂的形式划分不同农户地块之间的界线，另外，还需要修建连接不同地块的道路，这就造成耕地资源大量浪费，大大降低了耕地的有效利用率。第二，不利于农业生产要素的有效配置。耕地细碎化和分散化会对农田管理和机械作业造成很大的不利影响，农户在进行农业生产时，劳动力和农业机械需要在不同地块间进行转移，造成了劳动时间的浪费，对人力资本来说是一种浪费，同时也会降低农业机械的使用效率。总之，耕地过于细碎化，降低了耕地的有效利用率，增加了农业的生产成本，农业投入的规模效益得不到充分发挥，这会在很大程度上削弱农户参与耕地质量保护的积极性。

3. 农户兼业类型与农户参与耕地质量保护意愿差异

根据非农收入占家庭总收入的比例，将农户分为 3 类：纯农户、一兼农户和二兼农户。不同兼业类型农户的特征及行为方式差异导致其参与耕地质量保护意愿的差异较大。调查结果显示，研究区域 3 类农户非常愿意参与耕地质量保护的比例分别为 71.78%、

67.86%和 60.61%。可见，纯农户参与耕地质量保护的意愿最高，随着兼业程度的提高，其参与耕地质量保护的意愿逐步降低。对于纯农户来说，其收入主要来源于农业生产，对耕地的依赖性较强，在土地利用决策中必然以农业产出的最大化为目标，为了实现此目标，需要加大对土地的投入，土地利用程度高，具有较高的耕地质量保护意愿。对于兼业农户来说，存在非农兼业活动和农业生产活动之间的权衡，在耕地利用决策中追求整体理性，即总收入的最大化。一兼农户虽然进行非农兼业活动，但其仍然是以农业收入为主，农户生产决策会倾向于农业，对耕地还具有较强的依赖性，为了获得更多的农业收益，会将相对较多的资源投入到农业生产中。因此，一兼农户参与耕地质量保护的意愿也会很高。二兼农户收入以非农收入为主，非农兼业的收入效应更加明显，农户在资源配置的决策中会倾向于非农产业，而只是将农地作为生活保障，农业生产中对耕地的劳动力投入、资本投入、技术投入等方面会明显减少（梁流涛等，2008b；2008c），耕地产出也会减少。在这样的背景下，二兼农户参与耕地质量保护的意愿也会减小。

4. 产权认知状况与农户参与耕地质量保护意愿差异

按照新制度经济学理论，土地产权具有正向的激励作用，不同的土地产权制度对农户耕地质量保护行为的激励作用是不同的。一般来讲，完整和稳定的土地产权能够有效抑制农户在耕地质量保护中的机会主义行为倾向，并能激励农民合理、高效地利用耕地。但这建立在农户对土地产权正确认知的基础上。如果对土地产权不能正确认知，在错误认知的作用下，可能导致耕地利用行为偏离和机会主义行为的产生，其相应的激励作用可能会减弱甚至消失，最终也会影响到农户的耕地质量保护意愿。

我国农村土地归农民集体所有，传统农区农户对此的认知状况如下。调查数据显示：30.65%的农户认为耕地权属归国家所有，36.69%的农户认为耕地权属归集体所有，29.03%的农户认为耕地权属归农户个人所有。另外，还有 3.63%的农户不知道耕地权属的归属。可见，农户对土地产权归属的认知差异较大，只有 1/3 的农户对土地所有权归属有正确的认识。农民土地产权认知上的差异直接影响农户参与耕地质量保护的意愿。通过比较不同认知水平农户的耕地质量保护意愿，可以总结出这样的规律：当土地产权归属更多地指向农民时，农户参与耕地质量保护的意愿就高，即相对于认为土地所有权属于国家和村集体的农民而言，认为土地所有权属于自己的农户更愿意参与耕地质量保护。这一调查结果有着极强的政策含义：随着农民土地产权意识的日益增强，迫切需要根据农民的土地产权认知状况改革现行的以行政手段为主的耕地质量保护制度，逐步发挥土地产权的激励作用，以提高农户参与耕地质量保护的积极性。

5. 耕地多功能认知程度与农户参与耕地质量保护意愿差异

耕地具有多功能性，耕地的价值不仅表现为农业产品的市场价值，还体现在耕地具有的公共产品属性和外部性上，即耕地具有社会效益和生态效益。耕地的社会效益主要表现为保障国家粮食安全、保障社会稳定和农民的社会保障功能等方面；耕地的生态效益主要表现在涵养水源、保持水土、改善小气候、改善大气质量、维护生物多样性和净化土壤等方面。那么，农户对耕地的多功能性认知程度如何？不同认知程度农户的耕地质量保护意愿有何差异？

根据多尺度量表（liken scale）将农户对耕地的多功能性认知度分为 5 个层次：非常重要、比较重要、一般重要、不重要和不清楚。农户根据自己的认知进行选择，通过 8 个核心项目的调查，显示农户对耕地多功能性的认知程度。大部分农户认为耕地在涵养水源、保持水土、土壤净化、粮食安全等生态效益和社会效益方面非常重要和比较重要，其中，认为耕地具有维护国家粮食安全作用的农户所占的比例达到 72%，认为耕地具有社会保障功能的农户占到了 66%，44%的农户认为耕地在改善小气候和维护生物多样性方面非常重要和比较重要。另外，农户对影响耕地多功能性的因素和耕地多功能性下降的负面影响都有较高的认知，80.32%的农户认为耕地面积建设和质量下降会影响耕地生态效益、社会效益的发挥，92.7%的农户认为生态效益和社会效益下降会对家庭生活及后代产生较为严重的负面影响。

根据农户对耕地多功能性的认知状况对农户进行分类，具体思路是：通过农户对耕地多功能性核心项目的认知状况进行选择，非常重要、比较重要、一般重要、不重要和不清楚分别打分 5 分、4 分、3 分、0 分和 0 分，然后将每个农户每个项目的得分加总，并计算出农户多功能认知的综合指数，最后根据综合指数大小将农户分为高认知度、较高认知度和低认知度。统计结果显示，3 类农户所占的比例分别为 45.80%、19.85%和 34.35%。同时，3 类农户参与耕地质量保护的意愿也有很大的差异（表 7.4）。高认知度农户、较高认知度农户和低认知度农户非常愿意参加的比例分别为 70.83%、65.38%和 51.11%，也就是说，随着农户对耕地多功能性认知的提高，对耕地价值的认识更加全面，也能够认识到耕地的重要性，其参与耕地质量保护的意愿也会提高。现实中农户并没有得到耕地生态效益和社会效益价值，耕地质量保护意愿的提高仅仅是农户潜意识里的反映。要真正将农户的耕地质量保护意愿转为行动，最重要的是将耕地价值转为农户收益，通过经济激励提高农户耕地质量保护积极性。

7.3 农户参与其他环境保护意愿分析

7.3.1 农户环境保护意识和行为意愿

对于农户环境保护意识，设计了如下问题“请问您是否同意这种说法：保护农业环境是政府的责任，与我无关”。统计结果显示，十分同意的农户所占的比例为 10.4%，较为同意的农户所占的比例为 14.2%。不太同意的农户所占的比例为 43.7%，完全不同意的农户所占的比例为 31.6%。可见总体来说，大部分农户意识到环境保护不仅是政府的责任，自己也在其中发挥着重要作用。农户的环保意识较强，就会具有较强的意愿参与环境保护。

对于是否有增加农家肥投入的愿意，74.1%的农户愿意；11.6%的农户不愿意，14.3%的农户保持不变。可见大部分农户有强烈的增加农家肥的意愿。

7.3.2 农户对不同类型环境政策的响应

1. 农业环境管理的政策工具分类

国内外学者对农业环境管理的政策工具进行了大量理论和实践的探索，提出了一系列政策工具（Randall and Taylor，2000；Rousseau，2005），归纳概括起来主要包括命令-控制工具、税收/补贴政策工具、市场机制工具、教育与技术推广工具4个方面。

1）命令-控制工具

命令-控制工具是一类传统的政策工具，主要包括法规/标准，是一种非自愿参与的、强制性的、政府实施直接管制的政策工具，不遵守法规/标准的人将受到处罚。在传统的农业环境政策中，法规/标准运用得很少（Shortle and Abler，2001）。“标准”主要使用规章制度，要求生产者将致污投入限制在某个指定的水平，或者强制他们采取某种指定的技术。标准分为设计标准和执行标准，设计标准正被广泛用于农业污染的控制上，包括要求在耕地上使用最佳管理实践，土地休耕，河岸缓冲带的建设标准，以及农业化肥、农药的用途、用量标准等（OECD，1986；Dinham，1993；Horan and Ribaudo，1999）。而执行标准具有更大的灵活性，污染者可以自己选择达到强制性目标的减排方法，可以通过增加减污投资，或者减少产量来削减污染。命令-控制工具的主要优点是政策效果具有相对确定性，而且对是否遵从容易监督（Rousseau，2005），正是基于这一优点，在各种政策组合中具有难以替代的作用（Opschoor and Pearce，1991）。当然，这种方法也存在不足，例如，缺乏弹性，它强制生产者达到某个环境目标，或者采纳指定的实践活动，生产者不能自由地根据他们的成本核算来决定参与的程度，而政策制定者对生产者的成本了解得非常有限，这在一定程度上会使法规/标准管理失去灵活性和有效性（Shortle and Abler，2001）。Horan 等（2001）认为，标准管理可以与经济激励结合使用，促使农民形成有利于环境的决策，主要包括通过税收或损害责任赔偿来阻止损害环境的行为。

2）税收/补贴政策工具

税收/补贴政策工具主要通过调整相对价格，消除由污染损害造成的私人成本与社会成本之间的差别。Segerson（1988）首次提出了农业面源污染税/补贴机制，当农业污染浓度低于目标水平时就对该地区的农业污染个体进行补贴，而当超过目标水平时就需对污染个体征收环境税。后来 Cabe 和 Herriges（1992）、Xepapadeas（1991，1992，1994）对面源税/补贴机制进行了改进和扩展，对由信息不对称而导致的“道德风险”“逆向选择”等问题做了深入的理论分析。Xepapadeas（1994）认为，农业污染源不易监测，管理者无法以合理的成本对排污者的个人排放量进行监测，基于此，将面源污染分割为可观测部分和不可观测部分来制定两种税费，即基于可测量到的排放部分征收排污税和对与社会期望的最优路径出现的偏离部分征收环境浓度税两部分组成，并认为这两种税费的组合可使污染者选择其利益最大化的污染水平，同时又可达到排污标准。也有学者指出，征收环境浓度费或税的方法的优点是不需要对单个污染个体进行连续监测，缺点是难以获得制定合适的税费水平的信息。因此，采用统一的税费或补贴标准受到许多经济学家的认可（Dosi and Moretto，1994）。随着对各种面源污染政策工具的进一步分析，逐步扩大了政策工具的设计边界，根据庇古税/补贴理论设计的“最优”税率在实际中并不能导致社会福利最大化的情况，学者开始考虑政策的执行成本和环境政策与现有政策的相互作用（Horan et al.，2002），“次优”的概念引入了面源污染控制政策设计中。税收/补贴政策工具在农业环境管理中的应用主要包括两个方面：一是对生产者的行为结果进行激励，如减少农田污染径流量、降低周围环境的污染浓度；二是对生产者的决策行为进行激励，如减少致污投入品、采纳减污技术等（Scheierling，1996）。

3）市场机制工具

市场机制在农业环境管理中应用的研究较少，但是近年来，在保护水质方面，可交易许可证等交易制度日益得到重视（Netusil and Braden，1995；USEPA，1996；Stavins，1997）。Horan 等（2001）认为当工业点源污染和农业污染拥有共同的污染物（例如氮和磷），并且二者都对总污染负荷有明显贡献的时候，市场机制在农业环境交易是最切实可行的。其运行机制如下：首先，先由管理部门确定一定区域的环境质量目标，据此评估该地区的环境容量，然后推算出污染物的最大允许排放量，并向点源污染排放者发放污染排放许可证，使之成为污染排放许可的权益人；当该权益人自己的排放额度不足时，可以选择从面源购排放额度；通过交易把点源排污者的一部分污染控制责任转移到面源排污者（农业生产者）身上，并获得经济补偿（Shortle and Abler，2001）。在点源-面源的交易设计方面需要考虑两个问题：一是农民交易什么。主要包括两个方面：点源通过购买面源的预期农业污染负荷的削减量来增加点源的污染排放量。另外，作为负荷量交易的替代，与污染径流量相关的致污投入（如化肥）也可以作为点源-面源交易之物。可见，点源-面源的交易主要有两种形式：排放量-估算负荷量（E-EL）交易和排放量-投入物（E-I）交易（Horan 等，2001；Hanley et al.，1997））。二是交换率是多少，即面源对点源的交易比率是多少，由于面源的投入品和估算的负荷量都不是完全意义上的点源排放量的置换物，交易比例的确定是一个难题，但是研究者都认为，在交易机制计划的设计中，风险和对环境的相对影响是应该考虑的重要因素（Shortle，1987；Malik et al.，1993）。

4）教育与技术推广工具

教育与技术推广及研究与开发主要是把说服教育和技术推广结合起来，鼓励和促进环境友好型技术的采纳，是一类带有自愿参与和自愿服从特征的间接治理工具。政府在其中的作用主要是向生产者提供如何应用现有技术或新技术更有效地耕作的信息，以推动生产者采纳或采用对环境更友好的生产实践工具。当农民对于那些保护性生产实践的效果不清楚，或者对于是否应该及如何采纳他们还不确定的时候，教育与技术推广政策就可以通过公共信息的收集和发送发挥作用，来促进农民的采纳，这也正是教育与技术推广的优势所在。但是，此种工具并不能单独发挥作用，通常要与信息传播、技术推广、标准管理，尤其是与经济激励结合起来才会有效。教育计划的效果在很大程度上取决于一个特定的实践工具，为农民提供的收益是否可以抵消其采纳该措施所支付的费用（Ribaudo，1998）。

综合以上分析可知，农业环境政策工具的类型较多，结合河南省传统农区实际，主要分析农户对法规禁令、补贴政策、处罚类政策、奖励类政策的响应状况。

2. 农户对不同政策的响应状况

为了反映农户对法规禁令的响应状况，本章设计了这样的问题“如果国家通过法律的形式，严禁农户过量施肥和使用高毒农药，您会偷偷地进行这种禁止的行为吗”。统计结果显示，选择会偷偷地进行这些禁止行为的农户所占的比例为19.2%；选择可能会的农户所占的比例为34.2%，其中，看是否有惩罚措施的农户占18.3%，看国家或政府监管力度的农户占15.9%；选择不会的农户所占的比例为46.6%。可见，从农户意愿来看，禁令的效果并不佳，认为有绝对效果的农户还不足50%。这类政策的效果主要取决于与禁令配套的惩罚措施，以及对农户监管的力度和强度。

为了反映农户对补贴政策的响应情况，本章设计了这样的问题“如果国家提供了适当的农业保护补贴后，要求您农户不要过量施肥和不能使用高毒农药，您会偷偷地进行这种禁止的行为吗”。统计结果显示，选择会偷偷地进行这些禁止行为的农户所占的比例为11.9%；选择可能会的农户所占的比例为52.2%，其中，看国家或政府补贴额度的农户占31.9%，看国家或政府监管力度的农户占20.3%；选择不会的农户所占的比例为35.9%。可见，从农户意愿来看，补贴政策的效果也不理想，认为绝对有效果的农户仅为35%左右。但偷偷采用这些禁止行为的农户数量变少，可能会的农户数量增多。这类政策的效果主要取决于补贴的额度，以及对农户监管的力度和强度。

为了反映处罚类政策的效果和农户的响应情况，本章设计了如下问题“若政府对浪费水资源者、施高毒农药者、乱扔垃圾者等实施罚款，以改善和保护农村资源环境，您认为能否起到作用”。统计结果显示，79.0%的农户认为能达到效果，大部分农户认为在处罚额度较大，或者监管力度加大的情况下才能达到相应的效果。但必须看到，处罚措施虽然能达到政策效果，但政策的负面效应也是显而易见的，这不利于农户的增收，不利于农业的持续发展，从长远来看是不可取的。

为了反映奖励类政策农户的响应情况，本章设计了如下问题“若政府对节约水资源、施低毒、生物农药者等实行奖励，以改善和保护农村资源环境，您认为能否起到作用”。统计结果显示，83.9%的农户认为能达到效果，大部分农户认为在奖励额度较大，或者监管力度加大的情况下才能达到相应的效果。

3. 农户施肥行为对农业环境政策的响应

以上是农户对某个政策的总体响应状况，为了进一步反映农户行为对哪些政策的响应程度较高，下面以农户施肥行为为例，说明农户施肥行为对不同政策的响应程度。

如前所述，化肥在农户增产增收中发挥了重要作用，但由于农户过量施肥普遍存在及利用效率低下，对农业环境造成了严重的负面影响，主要造成土壤质量下降和农业面源污染。在现阶段，提高化肥利用效率和减量施肥是治理农业化肥污染的有效途径。因此，在实践中应通过一定的政策措施诱导农户采取减量施肥行为。对于农户减量施肥行为，农户对哪些政策的响应较为积极？调查结果显示，19.5%的农户在化肥价格上涨时进行减量施肥；17.6%的农户在农产品价格下降时进行减量施肥；10.1%的农户会因自然地理条件限制时进行减量施肥；10.5%的农户因农田基本设施限制而进行减量施肥；12.9%的农户在国家通过法律禁止过量施肥时进行减量施肥；9.6%的农户在国家对过量施肥行为进行罚款时进行减量施肥；19.7%的农户在国家对减量施肥行为进行奖励时进行奖励施肥。可见农户对奖励类政策，或者价格波动较为敏感。

对于增加农家肥投入的行为，农户对哪些政策响应较为积极？调查结果显示，22.0%的农户在化肥价格大幅上升时增加农家肥投入。13.1%的农户在家畜家禽价格大幅上升时增加农家肥投入；21.8%的农户在农家肥可获得性增强时增加农家肥投入；11.8%的农户在土壤板结十分严重、施化肥效果差时增加农家肥投入；20.8%的农户在农产品质量监测严格、绿色食品好卖，且价格高时增加农家肥投入；2.5%的农户在收入减少、没有足够的钱买化肥时增加农家肥投入；1.5%的农户在种植面积减少时增加农家肥投入；6.4%的农户在国家禁止过量施肥时增加农家肥投入。可见，农户对农产品价格波动较为敏感，对此响应最为强烈。这是因为农户作为经济人，在决策中主要考虑的是经济收益。在实践中应该将提高农户收入水平作为农业环境保护政策的基本出发点。

4. 农户对不同农业环境政策的响应门槛

任何政策都是到一定程度才发挥作用。因此，本章通过农户调研探讨各项政策在何种情况下才开始发挥作用，即农户对环境政策的响应门槛。

关于农户期望的补贴额度：本章设计了这样的问题“如果要农户实行有利于环境保护的方式进行农业生产，采用环境友好型生产技术，使农业生态环境免遭破坏、地力明显提高，同时对生态环境的污染也较少，但可能会造成农作物减产，您觉得每亩耕地每年至少应该得到多少钱的补贴”，并提供相应的选项让农户选择（表 7.5）。结果显示，选择 0～100 元、101～200 元、201～200 元、301～400 元、401～500 元、501～600 元、601～700 元、701～800 元、801～900 元、901～1000 元和 1000～1500 元和 1500 元以上农户的比例分别为 2.34%、4.17%、5.47%、11.46%、5.99%、17.19%、7.81%、4.95%、0.78%、9.38%、29.17%、1.30%。可见，农户期望的补贴额度分布较为平均，农户在此问题上存在一定分歧，总体来说，选择 300～600 元和 900～1500 元的农户比较多，这类农户之和接近 75%。同时也可以看出农户比较理智，并没有补贴额度越高，选择越多的情况。为了更进一步反映农户对补贴额度的意愿，采用加权平均的方法计算出了农户期望的补贴额度的范围，计算结果为 636～855 元。大多数农户衡量补贴额度是以使用新技术的成本和可能造成的损失为参考，这也在某种程度上反映出农民对于补贴额度要求并不是太高，通过与农民进行实地访谈接触，也发现大多数农民认为进行农业环境保护是十分重要和有意义的，国家强调严格农业环境保护，其实也就是在保护农民的切身利益，所以在国家的环境保护补贴方面并没有太高的要求。

关于农户认为有效的罚款额度：本章设计了这样的问题“若政府对浪费水资源者、施高毒农药者、乱扔垃圾者等实施罚款，以改善和保护农村资源环境，您认为政府对这些行为罚款多少才能使他们主动地节约用水、不施高毒农药、不随便倒垃圾等”，并提供相应的选项供农户选择。统计结果显示（表 7.6），选择 0～100 元、101～200 元、201～

表 7.5　农户对环境保护补贴政策额度意愿分布状况

组别区间	频数	频率/%
0～100	9	2.34
101～200	16	4.17
201～300	21	5.47
301～400	44	11.46
401～500	23	5.99
501～600	66	17.19
601～700	30	7.81
701～800	19	4.95
801～900	3	0.78
901～1000	36	9.38
1001～1500	112	29.17
1500 以上	9	1.30
合计	388	100

200 元、301～400 元、401～500 元、501～600 元、601～700 元、701～800 元、801～900 元、901～1000 元和 1000～1500 元和 1500 元以上农户的比例分别 14.84%、5.47%、15.10%、8.33%、9.38%、10.42%、2.60%、3.13% 、0.52%、4.69%、24.74% 和 0.78%。可见，农户认为的有效处罚额度分布较为平均，农户在此问题上也存在一定分歧，总体来说，选择 0～600 元和 1000～1500 元的农户比较多，这类农户之和接近 90%。同时也可以看出农户对此的看法是合理和理智，并没有处罚额度越小，选择越多的情况。为了更进一步反映农户对合理处罚额度的意愿，采用加权平均的方法计算出了农户期望的处罚额度的范围，计算结果为 495～697 元。要低于补贴和奖励的额度，符合农民理性的基本要求。

表 7.6　农户对环境保护处罚政策额度意愿分布状况

组别区间	频数	频率/%
0～100	57	14.84
101～200	21	5.47
201～300	58	15.10
301～400	32	8.33
401～500	36	9.38
501～600	40	10.42
601～700	10	2.60
701～800	12	3.13
801～900	2	0.52
901～1000	18	4.69
1001～1500	95	24.74
1500 以上	3	0.78
合计	384	100

关于农户认为有效的奖励额度：本章设计了这样的问题“若政府对节约水资源、施低毒、生物农药者等实行奖励，以改善和保护农村资源环境，您认为能否起到作用”，并提供相应的选项供农户选择。统计结果显示（表7.7），选择0～100元、101～200元、201～200元、301～400元、401～500元、501～600元、601～700元、701～800元、801～900元、901～1000元、1000～1500元和1500元以上农户的比例分别为4%、9.2%、12%、10.8%、10.4%、7.6%、2.8%、6.4%、0.4%、6.4%、27.3%和2.7%。可见，农户期望的奖励额度分布较为平均，农户在此问题上也存在一定分歧，总体来说，农户主要集中在200～500元和1000～1500元，这类农户之和接近70%。同时也可以看出，农户对农业环境保护激励的期望是理智的，并没有处罚额度越小，选择越多的情况，结果较为真实和可信。为了更进一步反映农户对合理激励额度的意愿，采用加权平均的方法计算出了农户期望的激励额度的范围，计算结果为582～801元。大多数农户衡量激励额度是以使用新技术的成本和可能造成的损失为参考，这也在某种程度上反映出农民对于激励额度的要求并不是太高。

表7.7 农户对环境保护处罚政策额度意愿分布状况

组别区间	频数	频率/%
0～100	15	3.91
101～200	35	9.11
201～300	46	11.98
301～400	41	10.68
401～500	40	10.42
501～600	29	7.55
601～700	11	2.86
701～800	25	6.51
801～900	2	0.52
901～1000	25	6.51
1001～1500	105	27.34
1500以上	10	2.60
合计	384	100

7.4 农户环境保护行为响应机制

本节主要是在对农户进行分类的基础上，以耕地质量保护为例探讨不同类型农户的环境保护行为响应机制。

7.4.1 农户类型划分

有学者从区位差异上来划分农户类型（张改清，2011），也有学者从农户生产目的和与市场的联系来划分（谭淑豪等，2001），更有从兼业程度、收入状况方面来进行划分（杨明楠等，2001）。目前，以非农收入占比的划分最具代表性（Hao et al.，2013；

柴春娇等，2014），但却忽视了政府补贴、社会福利性收入等的影响。有些农户既没有农业收入，也没有非农收入，如某些独居老人、生活特困户，主要靠政府补贴或子女赡养，学界对此类农户并未进行明确划分。预调查时发现，随着老龄化加剧和年轻劳动力不断涌入城市，农村地区出现了越来越多的独居老人和生活特困户。为全面展现出研究区内农户的特点，本节借鉴相关成果（李赞红等，2014；阎建忠等，2009），依据生计方式、主要收入来源、粮食商品化率 3 项最能代表当前农户分异差异的指标，将农户划分为缺失型（Ⅰ）、基本型（Ⅱ）、自然资产型（Ⅲ）和人力资产型（Ⅳ）（何威风等，2014），具体见表 7.8。

表 7.8　农户类型划分标准

农户类型	生计方式	主要收入来源	粮食商品化率/%	说明	比重/%
缺失型（Ⅰ型）	少量种植、养殖用于自给	政府补贴、子女及亲戚赡养	小于 30%	独居老人、“五保户”、特困户等	14.35
基本型（Ⅱ型）	种植、养殖、短期零工	农业收入、零星非农收入	30%～60%	农业收入占家庭总收入 50%以上	27.04
自然资产型（Ⅲ型）	种植、养殖、短期临工	农业收入、非农收入	60%～90%	农业收入占家庭总收入 50%以下	38.22
人力资产型（Ⅳ型）	耕地转包、长期务工、自营工商业	非农收入、耕地租金	>90%	长期居住在城镇，较少参与农业生产	20.39

在 662 个被调查农户中，Ⅰ型农户有 95 户，占比为 14.35%，Ⅱ型农户有 179 户，占比为 27.04%，Ⅲ型农户有 253 户，占比为 38.22%，Ⅳ型农户有 135 户，占比为 20.39%。从表 7.9 中看出，不同类型农户特征如下：①Ⅰ、Ⅱ、Ⅲ、Ⅳ 4 类农户的户均人口和户均劳动力依次增加，趋于较为完整的“两代型”家庭结构。但生计方式具有多元化，户均农业劳动力呈现先增加后减少态势。②Ⅰ、Ⅱ、Ⅲ、Ⅳ 4 类农户的年龄层次逐渐降低，且Ⅰ、Ⅱ型农户的户均年龄都超过了 50 岁。③作为传统农业区，农户受教育水平整体偏低，受教育程度从Ⅰ型农户到Ⅳ型农户逐渐上升。④Ⅰ、Ⅱ、Ⅲ、Ⅳ 4 类农户的总收入依次增加，除Ⅰ型农户外，非农收入也逐渐增加。由于Ⅰ型农户主要依靠政府补贴，或者子女及亲戚赡养，其非农收入高于Ⅱ型农户，其余各类农户的非农收入随着兼业程度的加深逐渐提高。

表 7.9　不同农户类型特征

农户类型	人口结构				教育结构/%			收入结构/万元	
	户均人口/人	户均劳动力/人	户均农业劳动/人	户均年龄/岁	小学及以下	初中	高中及以上	总收入	非农收入
Ⅰ型	1.87	1.12	1.12	63.21	87.41	11.23	1.36	0.83	0.73
Ⅱ型	3.63	2.83	2.35	52.32	60.24	32.14	7.62	3.25	0.68
Ⅲ型	4.12	3.63	2.76	49.25	46.45	41.23	12.32	4.51	3.87
Ⅳ型	5.38	4.85	0.87	43.52	24.25	56.32	19.23	5.63	4.67

注：从事农业活动和非农业活动人数计算方法：只务农的劳动力，只农业人数计为 1；只在农忙时务农，农业人数计为 0.2，非农业人数计为 0.8；边工作边务农的劳动力，农业和非农业人数各计为 0.5；不务农的劳动力，只非农业人数计为 1。

7.4.2　变量说明及模型选择

农户的耕地质量保护认知最终要体现在行动上，探索不同类型农户耕地质量保护行为的影响因素，并依据农户类型对影响因素进行差异化分析，可以为更有针对性的政策制定提供依据。研究中的变量是离散的二值变量，探寻对农户的耕地质量保护行为造成影响的因素，结果只有参与和未参与两种情况。参考有关研究（周婧等，2010a；2010b；杨志海等，2015；殷小菲和刘友兆，2015），并结合河南省传统农区的实际情况，本章将各类农户是否参与耕地质量保护设定为以下几个因素的函数，即农户是否参与耕地质量保护=*f*（农户个体及家庭特征，耕地资源禀赋，经济因素，效用认知，补偿机制，外部性因素）+随机扰动项，有关变量的说明与描述性统计结果见表 7.10。

表 7.10　变量说明与赋值

类别	变量名称	变量含义及取值	均值	标准差
农户个体及家庭特征	户主年龄 X_1/岁	20～40=1，40～60=2，≥60=3	1.87	0.33
	家庭总人口 X_2 /人	≤2=1，3=2，4=3，≥5=4	3.26	0.15
	务农劳动力人数 X_3/人	1=1，2=2，3=3，≥4=4	2.14	0.18
	户主文化程度 X_4	小学及以下=1，初中=2，高中及以上=3	2.32	0.31
	家庭毛收入 X_5/万元	≤1=1，1～3=2，3～5=3，≥5=4	3.44	0.22
	非农收入比例 X_6/%	≤10=1，10～30=2，30～50=3，50～70=4，≥70=5	2.65	0.31
耕地资源禀赋	家庭经营土地面积 X_7/ha	≤0.067=1，0.067～0.2=2，0.2～0.33=3，0.33～0.67=4，≥0.67=5	0.24	0.06
	耕地破碎程度 X_8	家庭单位地块面积的平均值	2.13	0.35
	耕地质量状况 X_9	差=1，中=2，优=3	2.41	0.12
	耕地经济区位 X_{10}	比较差=1，一般=2，比较好=3	2.14	0.26
	农业基础设施条件 X_{11}	不好=1，一般=2，较好=3，极好=4	3.12	0.17
经济因素	粮食种植的经济效益 X_{12}	很不划算=1，一般=2，划算=3，很划算=4	1.89	0.31
	当前粮食价格水平 X_{13}	偏低=1，一般=2，偏高=3，无所谓=4	1.42	0.11
	耕地质量保护投入偏好 X_{14}	无投入=1，短期投入=2，长期投入=3	2.42	0.21
	农户兼业程度 X_{15}	纯农户=1，零星兼业=2，长期兼业=3，非农业型农户=4	2.13	0.15
耕地效用认知	对耕地多功能性的认知 X_{16}	很了解=1，了解=2，不了解=3	2.52	0.22
	耕地面积减少或质量下降影响 X_{17}	很影响=1，影响=2，不影响=3，不了解=4	2.15	0.18
	目前耕地质量保护政策满意度 X_{18}	不满意=1，一般=2，满意=3，很满意=4	1.52	0.21
耕地质量保护补偿机制	最希望的耕地质量保护补偿的方式 X_{19}	资金补偿=1，技术补偿=2，政策性补偿=3	1.79	0.13
	若给予补偿，耕地质量保护参与意愿 X_{20}	很愿意=1，较愿意=2，一般=3，不愿意=4	1.12	0.23
	按贡献度划分农户所得比例 X_{21}/%	≤20=1，20～40=2，40～60=3，≥60=4	3.65	0.21
	最理想的政策性补偿方式 X_{22}	提供保险=1，城镇购房补贴=2，提供就业=3，发放农资=4	2.12	0.13
外部性因素	对耕地质量保护政策认知程度 X_{23}	不了解=1，一般了解=2，很了解=3	1.21	0.17
	对耕地权属的认知程度 X_{24}	不了解=1，一般了解=2，很了解=3	1.68	0.36
	家庭内是否有人参加社会保险 X_{25}	有=1，没有=2，不知道=3	1.12	0.14
	接触耕地质量保护信息次数 X_{26}/（次/a）	≤2=1，3～5=2，≥5=3	1.25	0.13

本章拟采用 Logistic 回归模型来分析各影响因素与各类型农户参与耕地质量保护行为之间的关系，并分析出不同类型农户参与耕地质量保护的主要影响因素。模型具体形式如下：

$$P=\left(y=\frac{1}{x}\right)=\frac{1}{1+e^{-(\alpha+\beta_i x_i)}} \tag{7.1}$$

式中，y 为不同类型农户是否参与耕地质量保护，若愿意参与 $y=1$，否则 $y=0$；P 为农户参与耕地质量保护的概率；x 为自变量；i 为影响因素编号；α 为常数；β 为影响因素回归系数。

7.4.3　结果分析

应用 Stata 12.0 软件对调查得到的 662 份关于各类型农户参与耕地质量保护的行为影响因素进行了二元 Logistic 回归处理，具体分析结果见表 7.11。模型的整体拟合效果好，

表 7.11　不同类型农户模型回归显著影响因素结果

变量	系数	Z 值	Pseudo R^2/卡方值
缺失型（Ⅰ型）			0.471/33.545***
X_1 户主年龄	−0.0187**	−1.327	
X_3 务农劳动力人数	0.0081***	2.025	
X_4 户主文化程度	0.0783*	1.753 6	
X_{14} 耕地质量保护投入偏好	0.0373**	1.523	
X_{19} 最希望的耕地质量保护补偿方式	0.0712*	1.845	
X_{20} 若给予补偿，耕地质量保护参与意愿	0.0075***	1.985	
基本型（Ⅱ型）			0.321/29.254***
X_4 户主文化程度	0.0423**	1.635	
X_5 家庭毛收入	0.0635*	1.056	
X_7 家庭经营土地面积	0.0074***	2.103	
X_8 耕地破碎程度	−0.1253***	−1.692	
X_{14} 耕地质量保护投入偏好	0.0365**	2.025	
X_{20} 若给予补偿，耕地质量保护参与意愿	0.0054***	2.863	
自然资产型（Ⅲ型）			0.396/35.256***
X_4 户主文化程度	−0.0458*	−0.152	
X_6 非农收入比例	−0.0925***	−1.178	
X_{12} 粮食种植的经济效益	0.0056***	1.658	
X_{14} 耕地质量保护投入时间偏好	0.0452**	1.896	
X_{15} 农户兼业程度	−0.0175**	−0.132	
X_{20} 若给予补偿，耕地质量保护参与意愿	0.0052***	2.032	
人力资产型（Ⅳ型）			0.489/28.256***
X_4 户主文化程度	−0.0148**	−1.652	
X_{10} 耕地经济区位	−0.0365*	−1.165	
X_{13} 当前粮食价格水平	0.0854*	1.273	
X_{14} 耕地质量保护投入偏好	0.0405**	2.213	
X_{20} 若给予补偿，耕地质量保护参与意愿	0.0065***	1.869	
X_{22} 最理想的政策性补偿方式	0.0065***	2.065	

***、**、*分别表示解释变量在 1%、5%、10%的显著水平下显著。

回归结果可信度高。可以看到，各类型农户参与耕地质量保护行为的显著影响因素既存在相同之处，也存在各自的差异。

1. 不同类型农户共有影响因素

（1）X_{20}是影响各类型农户参与意愿的最显著因素，一致通过了1%的显著性检验，其作用方向始终为正。市场经济条件下，农户行为更多以效益最大化为目标，在决策前都会进行成本效益分析，只有农户认为参与耕地质量保护会得到一定收益时，农户才愿意参与。尤其对于收入相对较低的Ⅰ、Ⅱ型农户来说，耕地质量保护补偿对他们来说是一笔可观收入，对其参与有重要的激励作用。总的来说，耕地质量保护补偿投入越多，各类农户参与保护的意愿就越强烈。X_{14}在回归模型中一致通过了5%的显著性检验，作用方向都为正。本章所指的投入偏好主要是指投入时间的长短。耕地质量保护，如土壤改良、生态修复等需要长期投入，农户在选择是否参与保护时，更多地考虑了自身的时间禀赋。在实际调查时发现，时间禀赋充裕的Ⅰ、Ⅱ型农户偏向于长期投入，而兼业程度深、时间紧迫的Ⅲ、Ⅳ型农户更偏向于短期投入。

（2）X_4作为另一共同影响因素，作用方向存在差异。X_4在各类型农户回归模型中分别通过了10%、5%、10%，5%的显著性检验。户主在家庭内部决策中起主导作用，其受教育程度越高，对耕地质量保护重要性的认知程度就越深刻（何威风等，2014），进而越有可能采取保护措施。这对于Ⅰ、Ⅱ型农户尤为明显，但对于Ⅲ、Ⅳ型农户，本章却得到了相反的结果，即户主文化程度呈现出明显的反作用。可能的解释是Ⅲ、Ⅳ型农户的生计方式较多元，受教育程度越高，非农收入就越高，在耕地质量保护投入过程中丧失的机会成本认识也就越深刻，参与耕地质量保护的意愿也就越低。

2. 不同类型农户差异影响因素

除上述共同影响因素外，还存在着一些差异因素影响着不同类型农户的耕地质量保护行为，即使是同一影响因素，其作用方向也存在一定的差异性。

（1）影响缺失型农户的因素还包括X_1、X_3和X_{19}，分别通过了5%、1%和10%的显著性检验，除X_1外，其他两项的作用方向均为正，说明家庭务农劳动人数越多、耕地质量保护补偿方式越理想，农户越愿意参与保护，而随着户主年龄增大，农户的参与意愿会逐渐降低。缺失型农户大多属于农村中的独居老人或特困户，户均年龄较大、务农劳动人数较少，年龄和劳动人数成了其考虑是否参与的重要影响因素。对于补偿方式的选择，从调查结果看，84.5%的缺失型农户选择了政策性补偿，对于平均年龄较高的该类农户来说，更希望通过政策补偿在一定程度上免除他们的养老之患。

（2）影响基本型农户的因素还包括X_5、X_7和X_8，分别通过了10%、1%和1%的显著性检验，除X_8外，其他两项的作用方向均为正。作为专门从事农业生产的农户，基本型农户对耕地的资源禀赋尤为关注，家庭毛收入越高、经营的土地面积越多，耕地的相对重要性就越强，其参与耕地质量保护的积极性就越高。与之相反，耕地破碎化程度越高，农户越不愿意参与保护。一方面，耕地的破碎化造成了人力资本和农业机械在耕作上的浪费，尤其是不利于农业规模化经营；另一方面，由于需要专门拿出来一部分耕地用作地块的界线（田埂）和修建田间道路，无疑造成了耕地资源大量浪费。

（3）影响自然资产型农户的因素还包括 X_6、X_{12} 和 X_{15}，分别通过了1%、1%和5%的显著性检验，除 X_{12} 外，其他两项作用方向都为负。自然型农户占总调查农户的38.22%，既从事农业生产，又有短期兼业，粮食商品化率超过了70%，在投入决策时存在着非农业投入和农业投入之间的权衡，以追求收益最大化为最终目标。非农收入越高、兼业程度越深，农户越不愿意参与耕地质量保护，而当粮食种植的经济效益提高时，其参与意愿会得到相应的增强。

（4）影响人力资产型农户的因素还包括 X_{10}、X_{13} 和 X_{22}，分别通过了10%、10%和1%的显著性检验，除 X_{10} 外，其他两项作用方向都为正。人力资产型农户大多长期务工，或者自营工商业，主要依靠非农收入及耕地转包金，农业收入仅占家庭总收入的30%以下。由于耕地的相对重要性较弱，他们把耕地更多地当成了一种资产，偏向于从经济效益或政策收益来考虑是否参与耕地质量保护。经济区位好的耕地一般位于城乡交界地带，农户兼业机会多，大多不愿放弃较高的非农收入来增加对耕地的投入，加上某些耕地即将被开发商收购，农户更不愿意过多投入；经济区位不好的耕地多位于偏远乡村，农户对耕地的依赖性强、乡土观念深，参与耕地质量保护的意愿较强烈。随着市场化程度的提高，人力资产型农户会更关注市场环境的变化，农产品的价格越高，其参与耕地质量保护的意愿也就越强烈。由于长期在城市工作或已定居城市，出于对自身保障的考虑，人力资产型农户更关心耕地的政策性补偿。调查显示，84.3%的农户倾向于选择城市保险或购房补贴，所提供的政策性补偿越理想，其越愿意参与耕地质量保护。

7.5　小　　结

（1）调查区域绝大部分农户有强烈的参与农业环境保护的意愿，非常愿意和比较愿意参与的农户所占比重达到了80%以上。对于参与农业环境保护的方式，农户更多地倾向于选择自身力所能及、收益回报较高的耕地质量保护方式。但农户对于不利于环境保护行为的认知度还有待于提高。因此，应综合应用经济激励、文化影响、制度规范等多种方式进行宣传，以使农户了解农业环境保护的重要性、农业环境保护中的违法行为、参与农业保护的有效方式及农民的获益等，从而提高其参与农业环境保护的积极性。

（2）不同类型农户参与耕地质量保护的意愿差别较大，并呈现一定的规律性。①耕地区位条件较好的农户大多处在城乡接合部，对耕地的依赖性较弱，其参与耕地质量保护的意愿较低。而耕地区位条件较差的农户正好相反，其参与耕地质量保护的意愿较强。②随着年龄层次的增加，农户参与耕地质量保护的意愿呈现“低—高—低”的变化趋势。③随着受教育程度的提高，农户参与耕地质量保护的意愿逐步提高，而不愿意参与耕地质量保护的意愿下降，这表明受教育程度的提高有助于增加农户对于耕地质量保护重要性的认知能力。④细碎化程度越高的农户，参与耕地质量保护的意愿越低。⑤纯农户参与耕地质量保护的意愿最高，随着兼业程度的提高，其参与耕地质量保护的意愿逐步降低。因此，需要通过建立健全农村社会保障体系、提高覆盖率的方式免除农户的后顾之忧，促进耕地的社会保障功能向资本功能转变。⑥对耕地多功能性认知较高的农户，能够认识到耕地的重要性，其参与耕地质量保护的意愿也会较高。

（3）各类农户参与耕地质量保护的影响因素存在显著差异。缺失型农户多属于独居老人或贫困户，收入偏低、社会保障能力偏弱，对耕地有浓厚的感情。其影响因素包括户主年龄、务农劳动力人数、户主文化程度、投入偏好、耕地质量保护补偿及方式等因素。对于这类农户，若条件许可，鼓励他们把耕地转包给其他种粮大户，在补偿方式上尽量满足他们的医疗、社保、住房需求，引导他们间接参与耕地质量保护；作为专门从事农业生产的基本型农户，其耕地质量保护影响因素主要包括户主文化程度、家庭毛收入、经营土地面积、耕地破碎程度、投入偏好、耕地质量保护补偿。对该农户来说，应加强农技教育和耕地质量保护宣传，完善承包政策，鼓励规模经营，降低耕地破碎程度，增加耕地补偿，提高他们参与耕地质量保护的积极性；作为从事短期兼业的自然资产型农户，其影响因素包括户主文化程度、非农业收入比例、粮食种植经济效益、耕地质量保护投入偏好、农户兼业程度和耕地质量保护补偿。针对该类农户，一是通过采取措施提高粮食价格、降低农业生产成本来提高农业生产比较收益；二是通过适当补偿来提高农户从事耕地质量保护的积极性；作为长期居住于城镇的农户，较少参与农业生产的人力资产型农户，其影响因素包括户主文化程度、耕地经济区位、粮食价格水平、耕地质量保护投入偏好、耕地质量保护补偿及政策性补偿方式。针对该类农户，一是通过宣传增强其耕地质量保护意识；二是通过相应政策性补偿方式引导农户流转出土地，为耕地规模化经营提供条件；三是通过耕地股份合作制，使农户成为股东，减轻对土地保障功能的依赖，间接参与到耕地质量保护中去。

第 8 章　基于农户行为的农业环境质量评价及政策情景模拟

农村发展和生态环境的作用是相互的，农村发展通过直接驱动因子影响生态环境的同时，也受到生态环境变化的反作用。以上主要分析了农户行为对农业环境的影响，没有考虑农户对生态环境变化和国家环保政策的行为响应，即缺乏农户行为、政策调控与生态环境演变互动机制的研究。本章主要是在“压力-状态-效应-响应”（PSER）的逻辑框架下构建基于农户行为的农业环境质量评价模型，并设置不同的政策情境，将不同的农户响应结果纳入到“环境质量评价模型”中，评价和模拟不同政策情境和农户行为方式对农业环境质量的影响。

8.1　农户行为、政策调控与农业环境质量变化的理论关系

农户行为是指在特定的社会经济条件下，农户为了实现自身的经济利益而对外部环境变化做出的反应。如前所述，农户行为的内容涵盖了从生产到消费的一系列行为，主要包括经营投入行为、种植选择行为、资源利用行为、消费行为、储蓄行为和技术应用行为等。其中，种植选择、经营投入、技术选择与资源利用是对农业环境质量影响最直接的行为，其影响主要体现在农业面源污染、空气污染、土壤质量变化等方面。在农业种植业生产中，对农业环境质量的影响主要通过种植行为选择、经营投入行为（包括施肥、农药施用、秸秆还田、灌溉等方面）和技术选择等行为产生。因此，本章所研究的农户行为也主要是指种植行为、经营投入行为和技术选择 3 个方面。

西方经济理论认为，农户是农业生产的基本单位，是一个独特的经济主体，从总体上说，农户行为是理性的，农户在农业生产中的总目标是实现效用最大化，并且在这种效用最大化目标的驱动下，优化各种生产要素组合，安排所有农业生产活动。随着城市化和工业化进程的加快，城市规模扩大占用了大量耕地，农户拥有的耕地资源数量逐步减少，农户在这种外部压力的影响下，其行为也在不断发生变化，主要表现为调整农业生产结构、生产技术，选用新品种，改变农业生产物质、劳动力的投入量，以实现自身效用最大化的目标。这些调整也会对农业环境质量产生不同影响。

处于不同经济发展阶段的农户具有不同的生产目标，这会导致农户农业生产行为方式和特点也会产生差异，并对农业环境质量产生不同的影响。因此，研究不同经济发展阶段下的农业环境质量变化规律和不同农户行为目标下的农户行为特征。根据农户农业生产目标的 4 个阶段性变化，总结得到各个阶段农户农业生产行为的特点。

1）以粮食需求为主的阶段

从总体来说，这一阶段的主要特征是：经济发展水平较低，生产技术水平不高，劳动力市场还没有形成，农户生产行为的首要目标是最大限度地满足家庭自身对粮食的需求，粮食主要用于满足家庭食物消费需求，是典型的物质和能量小循环，作物生产的秸秆等物质作为能源进行消费，属于典型的自给自足的小农经济。农户农业生产中的投入主要是土地（固定投入）和家庭劳动力（唯一的可变投入），农户生产过程中可选择的余地很少，没有经济学上利润的概念，不是以追求利润最大化为目标，此阶段的主要特征是家庭生物需求与劳动力劳动量之间的均衡。但是由于经济发展水平低，农业生产基础设施条件差，生产技术水平也很落后，实际的粮食产量很低。农户的产出必须和家庭消费相平衡。如果家庭消费不能完全得到满足，在技术水平不能迅速提高的情况下，只能依靠开发边际土地扩大耕地数量，依靠开发草地和林地作为农地来源，以保障家庭粮食需求。在此阶段下，农户农业生产以农地生态系统的自然生态系统为主要特征，对生态系统的人为干预强度较低，虽然会在一定程度上对农业环境质量产生负面影响，但总体来说，对农业环境的影响较小，处于原始的均衡状态。

2）粮食需求与利润优化的混合阶段

随着经济发展水平和生产技术水平的提高，单位面积的粮食产量开始增加，生物需求已经不再是制约农户生产的首要因素，此阶段农户农业生产处于一种复杂状态，徘徊在满足家庭消费需要和利润增加的过程中。这个阶段，农户的行为方式具有双重性，在投入方面既要考虑劳动力的充分利用，又要考虑资金的充分利用；在农产品利用方面既要满足家庭成员消费需要，又要考虑利润增加。事实上，这两个阶段是可以相互转化的。此阶段农户的土地利用行为方式具有新的特点，主要表现为二重性：既要考虑劳动力的充分利用，又要考虑资金的充分利用；既要保障家庭成员的基本消费品的满足，又要在此基础上追求农产品价值增值的最大化。农户要在权衡土地规模、技术、劳动力和资金的边际变化的基础上完成生产要素替代过程。可能会出现 3 种情况：如果劳动力成为限制因素，劳动力机会成本增加，可能就会用农药、化肥等致污性生产要素替代劳动力；如果土地规模受到限制，则农户就会提高土地的利用强度，增加土地的投入强度，而农药化肥等常规的生产要素就成为投入增加的首选；如果技术选择受到限制，农户倾向于选择传统的且成本较低的生产技术。

在此阶段，由于受土地规模和后备资源的限制，农户在农业生产中关注最多的是产量的提高，农业生产用地的集约度化程度处于最高状态，土地资源生产功能被强化，最直接的表现是，未按照经济上最佳投入和产出进行生产，导致农地中的农药、化肥、农膜等致污性投入用量不断增加，导致区域的面源污染和温室气体排放量增加，而其他功能被弱化。在这样的背景下，政府开始对农业环境进行调控。

3）总体利润最大化阶段

随着经济发展水平的进一步提高，此阶段农户寻求的是利润最大化阶段，对土地的利用突出表现为获取利润的最大化。市场机制开始在资源配置中发挥重要作用。对于土地的投入量，主要考虑获利的能力，对于土地、资金、技术和劳动力的投入，主要考虑它们的机会成本，即影子价格，所采取的土地利用方式就是资金、土地、劳动力组合的影子价格最高的利用方式。此时，如果各种土地利用类型的边际投入与边际收益均衡，处于一种协调状态，农户的粮食生产就能够达到技术进步所能带来的生产能力，有利于农业环境的改善。但如果失去这种均衡，在农业最大化利润的引导下，农户土地利用表现为粮食生产降低投入，导致实际产量与可达技术生产能力差距加大。而对于其他种植方式，如经济作物和蔬菜的投入强度在不断提高，也会倾向于向经济作物方面发展，进行种植结构的转换。由于效益具有差异，在不同的利用方式上，集约化程度存在显著差异。从整体上说，农用地的生产功能得到最大化。此阶段对农业环境的负面影响是最大的，针对日益恶化的状况，政府的调控力度也逐步加大。

4）追求“三生”协调阶段

随着宏观经济发展水平的进一步提高，农户的物质和经济需求能够得到良好地满足，此时是农户农业生产的第 4 个阶段，农户农业生产目标转向了以满足精神需求为主，更加重视生活的舒适度，以及农地资源的生态功能、景观功能和文化传承功能的发挥，同时也注重农业生产方式、生活及景观和周围环境的协调，即追求“三生”协调。

在此阶段，农户将生态需求放在重要地位，农户土地利用预期倾向于生产、生活和生态的协调，土地的投入集约度不断降低，农地资源的多功能得到显现。这是一种高级的均衡状态，农业环境状况得到明显改善，并且农户生产行为对农业环境的负面影响也逐步减小。

8.2 “压力-状态-效应-响应”的表现形式指标体系构建

国内外学者关于农户土地利用行为对农业环境质量影响的研究，主要集中在农户对农业环境和环境保护认识方面，从农户的决策行为、农户的投资行为等方面分析农户生产行为对农业环境质量的影响，但是缺乏根据农户农业生产行为、政策调控与农业环境质量的互动机制关系进行农业环境质量评价。

8.2.1 农户农业生产行为的压力及表现形式

农户在农业生产中的压力主要来自于自然资本、社会经济和农户家庭等方面。

1. 自然资本压力

自然资本是人们在生产中能够利用和用来维持生计的土地、水和生物资源。20 世纪 80 年代初的家庭联产承包责任制开始在我国全面推行，在这样的背景下，土地成为农户拥有的重要自然资本。因此，这里主要分析土地压力。

1）土地资源禀赋

土地资源禀赋是农户农业生产行为决策的重要约束条件之一。在我国人多地少的背景下，现阶段农户农业生产目标具有多重性，既要考虑家庭劳动力的充分利用，又要考虑拥有资本、土地的充分利用；既要保障家庭成员的粮食消费，又要在此基础上追求经济效益的最大化。也就是说，农户要在权衡土地规模、技术、劳动力和资本的边际投入产出的基础上进行生产要素之间的相互替代。生产要素替代的最终结果是：对于土地资源禀赋较少的农户来说，为了获得最大效用，农户会增加土地利用强度和投入强度，从而造成单位土地面积的负荷增大。也就是说，在其他因素不变的条件下，人地关系越紧张，对应的土地压力越大，农业环境遭受破坏的可能性也越大。对于土地资源禀赋指标的衡量，本章用人均耕地面积来衡量。

2）土地细碎化程度

我国农村土地实行家庭承包责任制，其实质是土地平均分配，这不仅体现在数量上的平均，还根据土地的质量、地块离家的远近、距离灌溉源的远近、交通方便程度对土地进行平均分配，导致农户经营的土地细碎化和分散化。从某种程度上说，这既不利于农业机械化和农业新科技的推广，又难以抵御自然灾害，增加农户生产成本，降低农户生产效率。同时由于地块分散，农户不是按照土地质量状况和作物生产状况有针对性地施用化肥和农药，而是在实际操作中主要依据自身经验，采用统一的管理模式，其结果往往造成化肥和农药的过量投入和土壤养分比例的失调，对农业环境造成潜在威胁。

3）土地区位条件

杜能的农业区位论认为，最重要的农业区位条件是距离消费市场的远近。但随着交通方式的改变和运输条件的大幅度改进，农产品可以在短时间内以相对较低的成本运输到远距离区域的消费市场，因此，耕地与中心市场的相对位置不再是唯一的区位条件，耕地所在区域的交通状况也成为重要的区位要素。基于这一点，土地区位条件主要考虑耕地距离家的远近、距离市场的远近、距离最近公路的远近、距离中心镇的远近、距离县城的远近等方面。

2. 社会经济压力

1）劳动力机会成本

按照西方经济学理论，农户进行农业生产时存在机会成本，并且伴随着工业化和城市化进程的加快，机会成本对农户的就业方式选择影响越来越明显。随着市场经济的发展和日趋完善，农户进行农业生产的比较利益日益降低，而从事非农产业的比较利益日益提高，这意味着农户进行农业生产的机会成本越来越大，非农兼业对农户的诱惑更大。这会导致两种情况产生：一是造成非农就业与农业生产对资源竞争的不断加剧，再加上二者机会成本的差异，农户在农业生产方面尽可能少地占用较为珍贵的资源，例如，减少劳动力投入及对土地的保护性投资（如农家肥、水土保持和土壤改良等），农业环境保护被忽视；二是在农业生产中尽可能多地使用不适合非农兼业或者价格相对低的资源，例如，在农业活动中大量投入对农业生产增产明显的化肥、杀虫剂等化学品。总之，农业劳动力机会成本的提高不仅会造成农业粗放经营，耕地不能得到充分合理利用，是一种隐性的耕地减少；而且，由于土地利用中保护性投入、施用有机肥等环境友好型生产方式大幅度减少，加大致污性投入，同时缺乏必要的环境保护措施，会对农业环境造成不利的影响。所以，劳动力机会成本也是影响农户行为和农业环境的重要因素。

2）土地产权制度

产权是制约农户土地利用行为的重要因素，稳定的土地使用权有助于改善土壤肥力和提升农业环境质量。如果产权稳定性差，农户的收益预期会大大降低，农业生产中进行保护性投资的可能性也会降低，不利于农业环境质量的提高。我国的农村土地属于集体所有，在经营方式上实行家庭承包责任制，并允许农地流转。但必须看到，无论是集体土地产权，还是承包经营权及农户间的土地流转，土地产权关系稳定性都较差，主要表现为3个方面：一是土地行政调整过于频繁，二是土地征收行为，三是流转的土地面临随时被收回的风险。这在一定程度上弱化了农户对土地利用的长期预期，会造成两个方面的后果：一是追求短期效用最大化，对土地进行掠夺式的经营，使农业环境恶化。二是采取粗放的经营管理方式，或转移到其他行业部门，造成土地的撂荒与资源的浪费。现实中，农户耕作土地主要存在3种产权形式：承包地、自留地和流转地，从稳定性来说，自留地大于承包地，承包地大于流转地。这3种形式的产权对农业环境质量的影响是有差别的。

3）农产品价格

农产品价格是影响农户生产行为决策的重要社会经济因素之一。农产品价格由市场供给和需求决定，由于当年的预期价格无法确定，在现实中农户农业生产决策往往根据上年农作物的价格情况进行生产决策。当农产品价格较低时，农户进行农业生产的比较利益低下，导致农户农业生产的积极性不高，对农业环境保护的意愿也会降低，不利于农业环境质量的改善。而当农产品价格较高时，农户从事农业生产的比较利益也相对较高，这能够提升农户生产的积极性和农业环境保护意愿，农户越倾向于增加土地长期投入、培肥地力，这有利于土地质量提高和农业环境改善。

4）农产品商品化率

随着新型城镇化和工业化的快速推进，以及农业生产技术水平的提高，目前家庭成员的粮食需求已经不再是制约农户经营的首要因素，农户农业生产的目标逐步由粮食产量最大化逐渐向利润最大化过渡。在这样的背景下，农户农产品商品化水平不断提高。在农户农业生产规模普遍较小和农户兼业化生产的双重压力下，为了实现利润最大化的目标，就会利用其他要素来替代土地和劳动力，加大农药化肥的投入，不利于农业环境质量的提升。

3. 农户家庭方面的压力

1）家庭农业收入比例

对于家庭农业收入比例较高的农户，家庭收入主要来源于农业，对土地的依赖性较大，因此，土地收益预期较高。在农业生产中对增加土地投入的积极性较高，对农业环境保护的意愿较高，会对有限的土地实行精耕细作和增加保护性投入，以期获得较高的效益和持久性的收益，这种行为有利于土地地力的提高和农业环境的改善。与之相对应，农业收入所占比例较低的农户，家庭收入主要来源于非农产业，这类农户进行农业生产的目的仅仅是为了满足家庭成员基本的粮食消费，从总体上说，他们对农业生产的依赖性比较低，对农业环境保护的意愿也不高。随着农收入在家庭收入比例中不断下降，他们可能会不断减少对土地的保护性投资，精耕细作的传统农业生产方式会消失殆尽，对农业环境的负面影响也会逐步加剧。

2）劳动力占家庭总人口的比例

虽然我国的农业发展取得了巨大成就，但总体上来说农业生产技术水平较低，农业机械化水平也不高，并且这种状况在短期内很难改变。在这样的背景下，劳动力的数量和质量直接决定着农户的农业收入状况。对于劳动力较多的农户来说，可以有更多的劳动时间和更大的劳动强度投入到农业生产中，更易于采用精耕细作的农业生产方式，也有利于费时费力的土地保护性投资的增加。随着城市化和工业进程的进一步发展，农业机械化程度也逐步提高，替代了部分农业生产中的人工劳动，农业生产所需的劳动力相对减少，部分劳动力可能会向其他比较利益较高的非农产业转移，能够为家庭带来更高的资金积累，在一定程度上也会为农户增加土地保护性投资提供便利。但当劳动力转移增加到一定程度时，可能会对农业生产和农业环境质量产生不利影响。综合以上分析可知，在以农业经营为主的家庭中，劳动力所占的比例越大，越有利于土地质量提高和农业环境改善，而对于以非农经营为主的农业家庭来说，劳动力数量不是影响农户进行土地投入和管理的主要因素，但从事非农产业的劳动力增加到一定程度可能会对农业环境质量产生不利影响。

3）农户文化

农户文化水平等也是影响农户生产方式选择的重要因素。文化素质的高低能够在一定程度上反映出农户对新事物的接受能力。对于文化素质低的农户来说，其由于受自身认知水平的限制，综合运用新技术的能力有限，对环境友好型农业生产技术的接受程度较低。再加上其环保意识也不强，极易采用不合理的农业生产方式，并对农业环境造成较为严重的负面影响。对于受教育程度较高的农户来说，其对环境友好型农业生产技术和生产方式的把握适应能力也比较强，能够迅速将其应用到生产中，进行科学施肥和合理化的生产管理，对农业环境产生正面影响。相关研究也印证了这一点，文化水平较高（高中及以上）农户的科技投资量和农业生产的合理性都高于文化水平较低（初中、小学和文盲）的农户。

4）农户年龄

不同年龄阶段的农户，其行为动机和目标是不同的，这可能会导致农户生产行为及环境影响的差异。主要表现在两个方面：一是年龄较大的农户，为了弥补体力不足和获得高产出，可能会施用更多的化肥和农药进行替代。过量施用农药和化肥会破坏土壤的理化性状，会在一定程度上加大农户生产行为对农业环境产生的负面影响。二是年龄较大的农户从事非农产业的限制因素也较多，家庭收入主要来源于农业生产，因此，这类农户对农业的依赖性较大，其参与农业环境保护的意愿也较高，这在一定程度上会引导农户采取环境友好型的农业生产方式和生产技术，有利于农业环境质量的改善。

8.2.2 农户农业生产行为的状态及表现形式

如前所述，农户在农业生产中面临着多方面的压力，在这些压力的综合作用下，农户不断调整农业生产目标和农业生产行为。农户作为“理性经济人”，在农业生产中追求综合效用的最大化，农户会倾向于选择有利于自己目标实现的农业生产方式和行为。本小节主要从农业生产投入、土地利用程度和种植结构 3 个方面分析农户农业生产行为的状态。

1. 农户农业生产投入

农户农业生产投入主要包括物质投入和劳动力投入，不同经济发展阶段农户农业生产投入结构和投入数量的差别也较大。在经济发展水平初级阶段，农户农业生产目标是最大限度地满足家庭粮食需求，即追求粮食产量的最大化。在这种状况下，农户为了获得较高的粮食产出，往往具有强烈的加大农业生产投入的意愿。但由于受社会经济条件的限制，农业生产中的投入明显不足，并且以农户自有资源为主（例如，用自家劳动力代替机械供给不足，肥料投入主要是自家生产的农家肥）。随着经济发展水平的逐步提高，农户开始出现分化，农户生产兼业化开始出现，并成为普遍现象。此时农户生产的目标也发生变化，开始追求产量最大化基础上的利润最大化。在这个目标的作用下，对于纯农业户来讲，增加投入是他们提高产量、增加收入的主要途径，是其必然选择；而对于兼业农业户来讲，对土地投入的增加数量或是否增加主要考虑资金状况、劳动力数量和机会成本等因素。不同的投入类型和投入数量都会对农业环境产生不同的影响。结合农户行为特征，本章主要考虑农家肥投入量、化肥投入量、农药使用量、机械投入量、灌溉次数和劳动力投入量等。

2. 农户种植结构

农户农业生产决策中存在种植作物选择问题，最终的决策结果表现为种植结构。近年来，随着国民经济对农产品需求的变化，农户主动进行了多轮大幅度的农业种植结构调整，主要变化特征可以概括为：从以粮食作物为主逐步向粮食作物和经济作物协调共存转化，直观的表现是粮食作物播种面积所占比重不断减小，而经济作物播种面积增长迅速。种植结构在很大程度上决定着农业景观结构和农业生产要素的投入状况，因此，种植结构的调整将导致农业景观结构和农业生产要素投入的变化，从而对农业环境质量产生不同的影响。在改变农业景观方面，例如，调整某土地斑块的种植作物，最终导致土地利用方式改变，此过程对农业环境的影响主要表现在两个方面：一是不同土地利用类型下农业污染物输移方式和程度差别较大，对水体水质的影响程度也有差别；二是不同的土地利用方式对土壤的理化性质影响很大，并造成土壤抗侵蚀能力和土壤质量具有差别。在改变农业投入要素方面，例如，调节农药化肥的施用量和农业生产的规模，从而影响农业环境质量。由于不同类型农作物对化肥的需求量是不同的，种植结构大幅度调整必然导致农户施肥总量和施肥结构的变动。在此过程中，农户施肥总量的变化趋势可以概括为：粮食作物施肥量和经济作物化肥施用量都明显增加。农业结构调整虽然能够在很大程度上增加农民收入，但却增加了农业污染和土壤退化产生的潜在危险，对农业生态环境的影响是负面的，并且具有持久性。本章用经济作物所占的比例和粮食作物所占的比例表示。

3. 土地利用程度

土地利用强度不仅反映了土地本身具有的自然属性，同时也反映了社会经济因素与自然环境因素的综合效应。它能够在一定程度上反映农户农业生产行为对农业环境系统的干扰程度和对农业环境质量的影响程度。一般来说，土地利用程度增强则表示农户农业生产行为对农业环境系统的干扰增强，此时需要采取相应的保护和防护措施，否则可能会导致农业环境退化。本章用复种指数、撂荒面积比例等指标来反映土地利用程度。

8.2.3 农户农业生产行为产生的效应及表现形式

农户农业生产行为的改变必然导致农业环境发生变化，主要表现为土壤养分、农业生产力水平、农业面源污染等的变化。

1. 土壤肥力

土壤肥力是土壤的基本属性和本质特征，是土壤为植物生长供应和协调养分、水分、空气和热量的能力，是土壤物理、化学和生物学性质的综合反应，包括自然肥力和人工肥力。农业生产活动是创造人工肥力、充分发挥自然肥力作用的动力。土壤肥力经常处于动态变化中，土壤肥力变好变坏既受自然气候等条件的影响，也受农户生产行为（栽培作物、耕作管理、灌溉施肥等农业技术措施），以及社会经济制度和科学技术水平的制约。

科学选取土壤指标是建立农业环境质量评价指标的重要方法。本章主要分析的是农户农业生产行为对土壤质量和土壤肥力的影响。在选取相应的指标时，应选取受农户生产行为影响较大，同时又能准确反映土壤质量状况的指标。应避免选择一些相对稳定的指标，例如，表层质地、土体构型等。综合以上几点分析，最终选择有机质含量、全氮、有效磷、速效钾等指标。

2. 农业生产力水平

农业生产力水平是土地质量和农户生产行为（例如，各项农业生产管理措施和农业生产投入）相互作用的结果。从某种程度上说，农业产量是农业生产力水平最直接的表现。在社会经济和自然条件相同的区域，如果农户采用相同的管理措施，那么单位土地面积产量与耕地质量状况呈正相关性；同样，如果耕地质量相当，单位土地面积产量则与农户农业生产行为密切相关。基于此，单位土地面积产量既是土地本身质量高低的反映，又是农户农业生产管理措施好坏的表现。因此，本章选取单位面积农作物产量作为耕地生产力水平评价指标。

3. 农业面源污染

现代农业的专业化、区域化、集约化打破了传统的种植业和养殖业之间的物质和能量循环，导致大量废物产生，它们和过量投入一起成为水环境污染的主要来源，即农业面源污染，主要指农业生产活动中，氮素和磷素等营养物质、农药，以及其他有机或无机污染物质，通过农田的地表径流、农田排水和地下渗漏形成水环境污染。目前，农业面源污染已经超过了工业点源污染，成为我国流域污染和富营养化的主要因素。第一次污染源普查数据第一次全国污染源调查公报显示，通过农业面源污染排放的 TN、TP 分别占全国污染排放总量的 57.19%和 67.27%。对于农业面源污染的核算，可以采用清单分析的思路对农户生产行为引起的农业面源进行核算，污染物主要是 TN、TP 两类，具体核算思路、公式和过程见梁流涛等（2010a，2010b，2010c）的相关研究。

8.2.4　政府政策和农户行为响应及表现形式

如前所述，农户生产行为会引致农业环境的变化，主要表现为农业面源污染、土壤污染、土壤肥力的退化和生产能力的降低等方面。为了实现农业环境质量的良性循环和提高，需要采取两方面的响应措施：一是从管理的角度来看，农户与政府的行为目标常常出现差异，甚至发生冲突。农户在农业生产中只关注土地利用的直接经济效益；政府管理部门更加注重农业环境系统在区域层次上表现出来的社会、经济及资源环境效应，但这些效应对于农户来说，属于外部效应。因此，农业环境的保护与管理离不开政府的决策与管理。当农户微观目标与政府宏观目标不相一致时，就需要通过政府的宏观调控措施或者响应的农业环境政策，可以采用禁令（法律、规制）、新技术推广及激励性政策（价格补贴等）等资源和环境管理手段调整农业环境系统，积极引导农户采用环境友好型的农业生产方式和生产技术。二是农户也会对环境保护措施政策予以响应。任何农户农业生产行为都或多或少地对农业环境产生影响。同时，农业环境演变也会反作用于农户行为，并进一步导致农业环境质量恶化。农户也需要针对农业环境质量和政策的变化而调整生产行为，即适应策略调整。

8.2.5　评价指标体系构建

设计一个良好的农业环境质量评价模型，最关键的是构建相应的指标体系。农户农业生产系统是一个多因素多层次的复杂系统，要对这样一个复杂庞大的系统进行评价，仅仅靠单因素或有限的几个因素是不现实的，评价结果也是不可信的。为此，必须根据农户土地利用系统的特征，建立一个多层次、多角度的指标体系，以达到准确反映农业环境质量的目的。影响农业生产的自然因子主要是地形、气候、土壤和生物，这些因子的变化一般来说是一种内在的变化，是一种长期的积累。而随着人类活动对土地质量的影响越来越显著，社会、经济、人文因素也成为耕地质量评价的重要环节，而这些因子显然要比自然因子的影响更直接、更强烈。通过农户行为与农业环境质量变化关系的分析，农户行为已经成为短时间内农业环境质量变化的决定性因素。因此，本章拟在"压力-状态-效应-响应"框架模型下，结合传统农区农户农业生产行为的特征，构建农业环境质量评价模型的指标体系，具体见表8.1。

表8.1 基于农户行为的农业环境质量评价指标体系

压力指标（0.17）	土地压力（0.32）	户均土地规模（0.27）
		人均耕地面积（0.19）
		土地区位（0.33）
		土地细碎化程度（0.21）
	社会经济压力（0.29）	劳动力机会成本（0.26）
		土地产权状况（0.23）
		农产品价格（0.38）
		农产品商品化率（0.13）
	农户家庭特征（0.39）	非农业收入比例（0.31）
		劳动力所占的比重（0.18）
		家庭总收入（0.27）
		户主文化水平（0.24）
状态指标（0.21）	农业投入强度（0.41）	农家肥投入量（0.13）
		化肥投入量（0.21）
		农药使用量（0.17）
		机械投入量（0.11）
		灌溉次数（0.15）
		劳动力投入量（0.23）
	土地利用程度（0.24）	复种指数（0.58）
		撂荒面积比例（0.42）
	农户种植结构（0.35）	经济作物面积比例（0.66）
		粮食作物面积比例（0.34）
效应指标（0.33）	农业面源污染状况（0.15）	TN（0.50）
		TP（0.50）
	土壤肥力水平（0.34）	有机质含量（0.25）
		TN 含量（0.25）
		有效磷含量（0.25）
		速效钾含量（0.25）
	农业生产力水平（0.52）	单位耕地面积产量（1.00）
响应指标（0.29）	政府政策响应（0.17）	新技术支持政策（0.41）
		价格补贴（0.36）
		禁令（0.23）
	农户行为响应（0.17）	土地利用方式（0.56）
		投入状况（0.44）

8.3　基于农户行为的农业环境质量评价

8.3.1　指 标 处 理

为了便于分析，本小节采用总分值越大，农业环境质量越优的正相关分值体系。对于不同类型的指标，本小节采用不同的处理方式。一般包括 3 种类型：一是扩散型的指标，如城镇影响度、道路通达度等，随着距离的增加，其作用分值按照一定的规律衰减，在计算时采用直线衰减或者指数衰减的方式进行求取；二是非扩散性指标，根据调查结果的分布特征，采用直接赋值的方法确定其作用分值；三是对于指标没有指标值，只有定性说明，本小节对这类指标主要采用专家打分法。分值体系采用（0，100]的半封闭区间。

1）压力指标

（1）非扩散型指标。该类指标最明显的特征是在空间上不具有扩散性，也就是只对本区域内的农业环境质量产生影响。压力指标中属于这类指标的有家庭总收入、人均耕地面积、劳动力机会成本、种植业收入比例、土地规模、耕地细碎化程度等（表 8.2）。机会成本用农户非农业收入表示。

表 8.2　非扩散型压力指标的分级与赋分标准

指标名称	指标单位	指标分级与评分			
		40	60	80	100
户均土地规模	亩	（0，4]	[5，7]	[8，15]	（15，+∞）
人均耕地面积	亩	（0，1）	[1，2）	[2，3]	（3，+∞）
地块距离家的距离	km	[2，+∞）	[1，2）	[0.5，1）	（0，0.5）
地块数量	块	[8，+∞）	[5，7]	[3，4]	[1，2]
劳动力机会成本	元	[2000，+∞）	[2000，3000）	[1000，2000）	（0，1000）
产权状况	描述性指标	流转地	承包地	自留地	—
兼业程度		[0.8，1]	[0.5，0.8）	[0.2，0.5）	[0，0.2）
文化程度	描述性指标	小学	初中	高中	高中以上

（2）散型指标。耕地区位主要考虑地块到中心城镇和交通道路的距离两方面的因素，中心城镇影响度和对外交通通达度均属于扩散型指标。综合分析调查区域交通道路的分布状况，主要将对外交通通达度影响因素分为国道、省道、县级公路、乡级公路 4 种。本章参照《农用地定级规程》的赋值方法，二者均采用直线衰减法进行赋值（表 8.3）。

表 8.3　扩散型压力指标的分级与赋分标准

项目	级别	作用分值	影响半径/km	分值权重
城镇影响度	县城	100	30	0.68
	一般城镇	60	10	0.32
交通通达度	国道、省道	100	15	0.5
	县级公路	80	8	0.3
	乡级公路	50	4	0.2

2）状态指标

状态指标主要包括农业投入强度、土地利用程度和土地利用方式3类。其中，农业投入强度和土地利用程度大多属于非扩散性指标，采用分级赋值方法，具体见表 8.4。而土地利用方式属于描述性指标，按其性质进行赋值，菜地赋值100，水浇地赋值90，旱地赋值50。

表 8.4　状态指标的赋值标准

指标名称	单位	指标分级与评分			
		40	60	80	100
农家肥施用状况	是/否	否	—	—	是
机械投入	元	（0，100]	（100，150]	（150，200]	（200，+∞）
灌溉次数	次	[1，2] 和[7，+∞）	[3，4]	[5，6]	—
地均劳动力投入	人/亩	（0，0.3]和（1.5，+∞]	（0.3，0.5]	（0.5，0.8]和（1.2，1.5]	（0.8，1.2]
种植结构	比值	（0，0.5）和（3，+∞）	[0.5，0.8）和（1.2，3]	[0.8，1]和[1，1.2]	—

3）效应指标

效应指标主要包括农业面源污染、耕地肥力和土地生产力指标。对不同的效应指标采用不用的赋值方法。①耕地肥力的指标。选取有机质含量、TN、有效 P、速效 K 等指标进行衡量，其数值是在农户调研时现场取样、实验室化验所得，并根据这些指标对土壤结构或者农作物生产的影响方式，确定最优值（所对应的分值为100），再确定较高水平的指标（所对应的分值为80），并据此确定各指标的赋值函数。②农业面源污染指标包括TN和TP，采用综合调查评价方法，利用清单分析的思路对农业面源污染进行核算，具体核算思路、公式和过程见梁流涛等（2010a；2010b）的相关研究。农业面源污染指标属于逆向指标，采用SPSS软件对各个农户的农业面源污染排放指标进行聚类分析，确定农业面源污染分级赋分标准，并据此确定其影响分值。③土地生产力指标用单位面积粮食产量代替，相应的数据通过农户调查获得，采用分级赋值方法确定影响分值。

4）响应指标

如前所述，农户生产行为是农业生产系统的重要影响因素，影响结果主要表现为农业面源污染、土壤污染、土壤肥力的退化和生产能力的降低等方面。为了实现农业环境质量的良性循环，政府和农户需要分别采取相应的响应措施。对于政府来说，其更加注重农业生产系统在区域层次上表现出来的社会、经济及资源环境效应，但这些效应对于农户来讲，因其外部效应的存在具有明显的公共物品特性，这就导致了农户行为有时与政府的管理目标的不一致，甚至还会发生冲突。因此，农业环境质量的实现离不开政府的决策与管理，需要通过政府的调控措施，或者响应的农业环境政策，采用禁令（法律、规制）、新技术推广及激励性政策（价格补贴等）等资源和环境管理手段调整农业生产系统，积极引导农户采用环境友好型的农业生产方式和生产技术。对于农户来说，其更加关注农业生产中的直接经济效益。其任何农业生产行为都或多或少地会对农业生产系统产生负面影响。同时，农业环境变化也会反作用于农户行为，并进一步对农业环境质量产生影响。农户也需要针对政府政策的变化而调整生产行为，即适应性策略调整。在农户行为响应方面，主要考虑土地利用方式和投入状况的变化，在实际操作中主要是通过 PRA 获取农户对政策和环境变化的行为响应，考虑土地利用方式和投入状况两个方面，并根据农户是否响应和响应程度的大小进行打分，通过加权平均的方法计算出农户响应的综合分值。

8.3.2 数据来源

2013 年 12 月～2014 年 7 月对河南省传统农区进行实地调查。调查农户的抽取遵循平均分布和具有代表性的原则、采用分层随机抽样的方法进行。具体过程和步骤如下：首先，按区域经济发展水平、农村居民人均年纯收入等指标将河南省各地市分为好、中、差 3 个层次，在每个层次选择 2～3 个地市作为调查区域，最终选择了郑州市、开封市、焦作市、商丘市、南阳市、平顶山和周口市等地区；其次，在抽样框内每个地市选择 1～2 个县（市），每个县（市）随机选择 2～3 个乡镇，在每个乡镇随机选择 2～5 个村庄进行调研；最后，在每个村庄随机选择 10～15 个农户进行入户调查。问卷设计采取“问卷初步设计—预调查—问卷修改”的步骤。共调查了 737 个农户，剔除无效问卷，有效问卷的数量为 702 份，有效问卷的比例达到了 95.3%。

8.3.3 权重的确定

根据数据情况和评价的需要，本章采用 AHP 计算各指标的权重。该方法主要是在体现令家主观认识的基础上，采用数学统计方法进行约束，能够为多目标、多准则或无结构特性的复杂决策问题提供简便的决策方法。由于该方法有效地结合了定性和定量分析的方法，这在很大程度上增加了指标赋权结果的客观性和科学性，减少主观随意性。具体见表 8.3。

8.3.4 结果分析

1. 基于农户行为的农业环境质量综合指数的总体状况

利用农户调研数据和上述方法，计算出河南省传统农区农户的农业环境质量综合指数，并通过汇总得到表 8.5。结果显示，河南省传统农区农业环境质量综合指数平均值为 69.66。不同农户的农业环境质量综合指数差异较大，最大值为 76.69，最小值为 47.52，二者相差很大。为了进一步反映农业环境质量综合指数的分布状况，按照其数值大小进行归类，将被调查农户分为 5 个层次：①高环境质量指数（取值在（80，100]）的农户个数为 29 户，所占的比例为 4.13%；②较高环境质量指数（取值在（70，80]）的农户个数为 356 户，所占的比例为 50.71%；③中等环境质量指数（取值在（60，70]）的农户个数为 241 户，所占的比例为 34.33%；④较低环境质量指数（取值在（50，60]）的农户个数为69户，所占的比例为9.83%；⑤低环境质量指数（ETE取值在（0，50]）的农户个数为7户，所占的比例为1.00%。由以上分析可知，农业环境质量综合指数中等和较低的农户所占的比例较大，这表明调查区域农户的环境质量总体不高，农户生产行为对农业环境的负面影响和压力较大，农户生产行为具有较大的优化空间。

表8.5 农户生产行为的农业环境质量指数分布状况

农户类型	指数值区间	农户个数	所占比例/%
低环境质量指数农户	0～50	7	1.00
较低环境质量指数农户	50～65	69	9.83
中等环境质量指数农户	65～70	241	34.33
可持续发展指数较高农户	70～75	356	50.71
高环境质量指数农户	75～100	29	4.13

2. 基于农户行为的农业环境质量指数的空间分异特征

从区域间差异和区域内差异两方面分析基于农户行为的农业环境质量综合指数的空间分异特征。①在区域间差异方面，首先计算出不同区域农户平均农业环境质量指数，并与区域经济发展水平进行对比，探讨二者之间的关系。结果表明，基于农户行为的环境质量指数和区域经济发展水平之间存在空间正向对应关系，即经济发展水平较高、农业资源和农业生产条件较好的地区，农业环境质量指数也较高；而经济发展水平较低、农业资源和农业生产条件较差的地区，农业环境质量指数也较低。可能的解释是，在经济发展水平较高的地区有足够的经济实力加大环境设施和农业生产基础设施建设的投资力度，能够有效减少农业生产对农业生态系统的负面影响，另外，农户环境保护意识也相对较高，在农业生产中采用环境友好型生产方式的倾向较高。②在同一区域内部，采用单因素方差分析方法分析农业环境质量综合指数区域内部空间差异的影响因素，结果显示，区位条件是影响农业环境质量指数空间分布的重要因素。在杜能的农业区位论中，主要指土地距离消费市场的远近。另外，交通状况及耕作距离也是农户判断生产方便与否的重要条件。对这些指标进行专家打分，通过加权求和的方法得到区位状况综合分值，据此可以将农户分为3类：区位条件优越的农户、区位条件中等的农户和区位条件差的农户。结果显示，3类农户所占的比例分别为26.5%、38.2%和35.3%。不同区位条件农户的农业环境质量影响指数差异较大。调查数据显示，3类农户的农业环境质量综合指数分别为66.71、68.28和73.37，也就是说，区位条件越优越的农户，其农业环境质量指数越低；区位条件较差的农户，其农业环境质量指数反而偏高，这正好与理论分析结果相反，一般来讲，区位条件优越的农户距离消费市场较近，能够节省运费成本和劳动时间，农业收益相对较高，能够激励农户采取措施进行农业环境保护，从而使农业环境质量能力增加。事实上，这个调查结果更符合河南省传统农区实际，因为区位条件优越大多处在城乡接合部，社会经济活动较剧烈，农户大多进行非农兼业活动，其对农业的依赖性较弱，因此，在农业生产中可能采取不可持续性的短期行为。反之，区位条件较差的大多地处边缘地带，耕地资源禀赋较多，调查中发现，虽然农民外出打工较为普遍，但大多是农闲时的短期行为，他们认为自己终究要回归于土地，其对农业的依赖性还较强，因此，他们在农业生产中采用环境友好型生产方式的倾向更强，这有利于农业环境质量的提升。

3. 不同兼业类型农户的环境质量指数的差异

随着经济发展水平的提高和市场化进程的加快，农户开始从事非农兼业活动，农户内部逐步发生了分化，不同类型农户的农业生产行为差异也较大。对于兼业程度的衡量，本章按照非农业收入占家庭总收入的比重来度量本章采用非农收入占家庭总收入的比重这个指标。具体标准为：非农业收入占家庭总收入的比重少于 10%的农户为纯农户，介于 10%～50% 的为一兼农户，50%以上的为二兼农户。调查结果显示，河南省传统农区纯农户的比例仅为 19.34%，兼业农户的比例超过了 80%。其中，一兼农户和二兼农户的比例分别为 32.59%和 48.07%。可见，河南省传统农区农户兼业现象非常普遍。纯农户、一兼农户和二兼农户的环境质量指数差别较大，3 种类型农户的农业环境质量综合指数分别为 69.51、72.89 和 67.46。可见，适当的农户兼业能够提升农户的农业环境质量指数，但其提升到一定程度，农业环境质量指数就会降低。造成这种状况的原因是：农户农业生产中各类要素投入之间存在着替代关系，当农户经营规模较小时，农户倾向于用劳动投入替代其他生产要素投入，即采用精耕细作的方式，这一方面有利于土地产出的增加，另一方面也有利于农业环境状况的改善，有利于农业环境质量指数的提升。而随着农户经营规模的逐步扩大，小规模经营时的精耕细作和劳动密集方面表现出来的优势逐步丧失，这在一定程度上降低了农业环境质量指数，并达到最低点。随着土地经营规模的进一步扩大，规模效应、机械化耕作、专业化分工等方面的优势开始得到充分发挥，同时也有利于农户对现代农业技术和环境友好型生产技术的采纳，这导致农业环境质量指数又开始回升。

4. 不同规模农户的环境质量指数差异

参考相关研究成果，并结合河南省传统农区的实际，确定农户经营规模分类标准，可以分为 5 类：超小规、小规模、中等规模、大规模和超大规模；在此基础上，将农户农业环境质量指数按土地经营规模组进行分组统计（表 8.6），并对分组统计结果进行对比分析。结果显示：农业环境质量指数在超小经营规模阶段的平均值为 75.29，是 5 个阶段中的最大值；随着农户土地经营规模的逐步扩大，农业环境质量指数在逐步降低，在小经营规模阶段，平均值下降到 70.66；在中等经营规模阶段达到最低点，平均值为 58.98；但随着土地经营规模的进一步扩大，农业环境质量指数开始呈现逐步提高的趋势，在大规模阶段，平均值增加到了 66.01，在超大经营规模阶段，效率值又大幅度提高，平均值达到了 71.89。可见，农户生产规模与农业环境质量指数呈“U”形变化趋势。可能的解释是：不同类型农户的土地利用行为差异主要表现在劳动、资本和技术投入，以及经营规模的差异，这些又通过改变或影响生态环境直接因子对农业环境产生不同的影响。对于纯农户来说，其收入主要来自于农业生产，必然追求农业产出的最大化，为实现此目标，必然会加大对农业的投入。其对农业收入的依赖性较强，具有较高的农业环境保护意愿，其农业环境质量指数也相对较高。对于一兼农户来说，农户仍然是以农业收入为主，农业的收入效应对其更加明显，农户生产行为会倾向于农业，适当的非农兼业能够推迟边际报酬递减规律的出现，有利于农业产出的增加。同时，为了获得更大的农业收益，会增加土地的保护性投入，这有利于农户的农业环境质量指数的进一步提升。随着农户兼业程度的进一步提高，此时农户收入以非农收入为主，非农兼业的收入效应更加明显，农户在资源配置决策中会倾向于非农产业，而只是将土地作为生活保障，这样会导致农业生产中出现两种情况：一是由于不断增长的非农兼业与农业生产的竞争，对土地的保护性投资就会减少，造成土壤侵蚀增加和土地退化加剧；二是非农兼业活动增加了农户的总收入，有更大的可能性去增加化肥、杀虫剂等致污性投入，这会对土壤肥力、土壤质量等产生负面影响。这两个方面都会导致农业环境质量指数减小。

表 8.6　不同规模农户的农业环境质量指数差异

农户类型	规模区间	农户个数/个	平均指数
超小规模	[0，0.1]	29	75.29
小规模	（0.1，0.201]	171	70.66
中等规模	（0.201，0.335]	312	58.98
大规模	（0.335，0.667]	167	66.01
超大规模	（0.667，+∞]	23	71.89

5. 环境质量指数障碍因素

从分项指标来看，农户农业行为的压力指数、状态指数、效应指数和响应指数的平均值分别为 67.80、72.52、77.29 和 60.01，压力指数和响应指数相对较低，这在很大程度上阻碍了农业环境质量水平的提升。为更好地促进农业可持续发展，有必要找出阻碍农业环境质量的主要障碍因素，从而可以有的放矢地针对各障碍因素进行农户农业生产行为与策略调整。采用因子贡献度（factor contribution degree）、指标偏离度（index deviation degree）、障碍度（obstacle degree）3 个指标进行诊断。测度结果显示，基于农户行为的农业环境质量的障碍因素主要包括土地资源禀赋、土地经营规模、土地产权制度、非农业收入比例、农户文化程度、农户农业生产投入和农户种植结构、土壤肥力、农业面源污染、农户行为在投入和土地利用方面的响应等，障碍度较高的指标主要集中在农户生产行为压力和农户行为响应方面。在实践中应将这几方面作为提升农业环境质量的着力点。例如，针对传统农区农户文化普遍较低的现实，应通过技术培训提高农户的农业生产技术水平、提高农户的综合素质；转变农业发展模式，加大环境友好型生产技术的推广力度，建立农户生产行为的约束和激励机制。

8.4　政策情景模拟

8.4.1　政策情景模拟思路与模型

以上分析了农户行为、政策调控与环境质量变化的互动关系。另外，在第 2 章中沿着农户行为压力—农户行为状态—农户行为的生态环境效应—政府政策和农户行为响应的逻辑主线，构建了基于农户行为的“压力-状态-效应-响应”框架模型。这为农业环境政策情景模拟提供了新的思路。在基于农户行为的“压力-状态-效应-响应”框架模型下构建农业环境政策情景模拟模型。农业环境政策情景模拟模型包括两个紧密联系的模块：一是农业环境质量评价模型模块。前文已经在“压力-状态-效应-响应”的框架模型下构建了基于农户行为的农业环境质量评价模型，这为农业环境政策情景模拟做了准备。二是政策情景输入模块。根据农户行为、环境管理政策和农业环境质量变化之间的互动关系，设置不同的政策情境，通过 PRA 获取农户对政策和环境变化的行为响应，并将不同农户行为响应的结果输入农业环境质量评价模型模块中，评价和模拟出不同政策情境对农业环境质量的影响，并比较不同政策情景对农业环境质量的影响程度，筛选出对农业环境产生正效应的政策集。

8.4.2　政策情景的设置

如前所述，农业环境质量的实现离不开政府的决策与管理，需要通过政府的调控措施或者响应的农业环境政策，可以采用禁令（法律、规制）、新技术推广及激励性政策（价格补贴等）等资源和环境管理手段调整农业生产系统，积极引导农户采用环境友好型的农业生产方式和生产技术。对于农户来说，其更加关注农业生产中的直接经济效益，其任何农业生产行为都或多或少地会对农业生产系统产生负面影响。同时，农业环境变化也会反作用于农户行为，并进一步对农业环境质量产生影响。农户也需要针对政府政策的变化而调整生产行为，即适应性策略调整。结合河南省传统农区实际，进行农业环境政策情景的设置。政策设计的目的是引导农户经济行为向政策所希望的方向改变。根据环境经济学理论，环境问题是外部不经济的产物，必须通过一系列环境经济政策和措施将其内部化。相比于传统行政手段的“外部约束”，环境经济政策是一种“内在约束”力量，能够有效降低环境治理成本与行政监控成本（OECD，1986）。常用的环境经济政策主要包括环境税费、排污交易、对环保技术开发和使用给予财政补贴等（潘岳，2007；王金南等，2008），以及类似绿色产品等生态标记手段（任勇和俞海，2008），此外，教育和培训是保护环境非常重要的辅助手段（Forson，1999；李秉祥和黄泉川，2005；张耀钢，2007）。由于市场机制中的交易许可制度建立首先需要全面掌握农业污染源的状况，在普遍实行以农户为基本生产单位的背景下，完成此项工作的成本非常高。可见，此项政策在现阶段不具有可执行性。因此，本章也没有对市场机制进行政策设计。主要考虑 4 种政策情景：政策情景 1：初始状态（BAY），即保持现在的农业环境政策不变。政策情景 2：补贴政策情景（Sub），对农户的环境友好型生产方式进行补贴。评价补贴政策的绩效。政策情景 3：禁令政策情景（Inj），禁止对农业环境影响较大的生产行为，如过量施肥、使用剧毒农药等。禁令的政策绩效。政策情景 4：技术教育和培训政策情景（Train），进行技术培训和技术指导等。在实际操作中可以通过 PRA 获取农户对政策和环境变化的行为响应，考虑土地利用方式和投入状况两个方面，并根据农户是否响应和响应程度大小进行专家打分，通过加权平均求和的方法计算出农户响应的综合分值。

8.4.3　不同政策情景的模拟结果总体分析

在引入新的政策情景下，农户的农业环境质量指数发生了较大变化，不同的政策情景也表现出一定的差异性。结果显示，政策情景 2（补贴）、政策情景 3（禁令）、政策情景 4（技术支持）的农业环境质量指数平均值分别为 76.83、81.02 和 74.71。并将之与初始状态（现状条件）进行对比发现，政策情景 2（补贴）、政策情景 3（禁令）、政策情景 4（技术支持）的农业环境质量指数比初始状态（现状条件）都有提高，这表明这些政策的执行能够在一定程度上提升农户的农业环境质量指数。但不同政策情景对于农业环境质量指数的提升效果是有差别的，总体来说，政策情景 3（禁令）>政策情景 2（补贴）>政策情景 4（技术支持），这个结论是可信的。为了解释这个问题，我们做如下假设：农户的具体生产目标函数行为包括一般的农业生产行为（即现状条件下的农户生产行为）A 和对新的政策情景的响应行为 B 两种。在这种情况下，则农户总生产目标函数 G 可以写成：$G=F(A, B)$。将行为 A 和行为 B 对农户总生产目标函数的贡献称为增收效应，行为 A 的增收效应表示为 $\frac{\partial G}{\partial F(A)}$，行为 B 的增收效应表示为 $\frac{\partial G}{\partial F(B)}$。农户生产行为会在行为 A 和行为 B 之间进行权衡，可以根据行为 A 的增收效应 $\frac{\partial G}{\partial F(A)}$ 与行为 B 的增收效应 $\frac{\partial G}{\partial F(B)}$ 之间的数量对比关系，判断农户的具体生产目标函数的行为偏好及其替代关系。如果 $\frac{\partial G}{\partial F(A)}>\frac{\partial G}{\partial F(B)}$，表示农户生产行为偏好行为 A，并会逐步对行为 B 产生部分替代；如果 $\frac{\partial G}{\partial F(A)}<\frac{\partial G}{\partial F(B)}$，表示农户的生产目标函数行为偏好行为 B，并形成对于行为 A 的逐步替代；当 $\frac{\partial G}{\partial F(A)}=\frac{\partial G}{\partial F(B)}$ 时，农户的具体生产函数行为对行为 A 和对兼业活动就具有相同的偏好。在以上农户行为分析框架下分析农户对不同政策的响应状况。对于政策情景 2（补贴）来说，能够带来直接的收入增加，即 $\frac{\partial G}{\partial F(B)}>\frac{\partial G}{\partial F(A)}$，因此，农户对这类政策的响应程度较高，也有利于农业环境质量指数的提升。对于政策情景 4（技术支持）来说，能够降低农户采用环境友好型技术的成本，同时也能带来一定的增收增加，即 $\frac{\partial G}{\partial F(B)}>\frac{\partial G}{\partial F(A)}$。因此，农户对这类政策的响应程度也会有较高的响应，也有利于农业环境质量指数的提升。对于政策情景 3（禁令），一般来讲，由于政府推行新的政策，这会造成一定的收入减少，即 $\frac{\partial G}{\partial F(A)}>\frac{\partial G}{\partial F(B)}$，因此，农户的响应程度有时不高。但现实情况却正好相反：广大农村地区受封建思想的影响较为深远，在政策情景 3（禁令）面前更多的是无条件服从，这一点在河南省传统农区表现得尤为明显，造成的直接后果是农户对这类政策的响应程度较高，因此，相应的农业环境质量指数较高。

通过以上分析可知，虽然禁令政策对农业环境质量指数的提升最为明显，但考虑到该政策情景的增收效应不明显和农户的接受意愿不高，在实际中农户可能会出现消极怠工的现象，不能达到预期效果。而补贴政策和技术支持政策对农户具有较高的增收效应，同时农户对补贴政策和技术支持政策的意愿和响应程度较大。因此，补贴政策和技术支持政策在政策执行的过程中可能会达到预期的效果，这个结论为农业环境政策的制定提供了理论支撑。不能简单地判断哪种政策工具对农业环境管理最有效，也不能仅仅依靠一种政策工具，应综合应用多种政策工具，如税收-补贴政策工具、命令-控制政策工具、教育与技术推广工具等，以此建立农户农业生产行为的约束和激励机制。

8.4.4　不同类型农户的政策情景模拟结果

在农户日益分化的背景下，不同类型农户的行为方式差别较大，其对不同政策情景的响应状况也有所差异，进而导致不同类型农户的农业环境质量指数差别很大。主要从农户经营规模和农户兼业类型两个方面进行考虑。

1. 不同生产规模农户的政策情景模拟结果分析

在新的政策情景下，不同生产规模的农户对其的响应程度有所差别，政策情景模拟结果也呈现出一定的差异性（表 8.7）。在政策情景 2（补贴）下，不同规模农户的农业环境质量指数的大小为 83.42、78.38、67.76、74.62、77.91，总体来说对大规模农户的作用效果明显，对小规模农户的作用效果较明显，对中等规模农户的作用效果最差。其主要原因是，不同政策情景的收入增加效应具有差异，导致农户响应程度具有差异，带来效应的差别。对于小规模农户来说，收入增加带来的效用增加最明显，因此，这类农户响应最积极，导致效用增加最明显，其次是中等农户，收入增加对于大规模农户来说，收入增加具有累积效应，但边际效用较少，因此，农户响应程度不高，增加的农业环境质量指数有限。政策情景 3（禁令）对不同规模农户的模拟结果比较接近，也就是说作用效果差别不大，总体来说，小规模农户效果最差，其次是中等规模农户，最后是大规模农户。可能的解释是，对收入效应减少的承受能力差异较大。政策情景 4（技术支持政策）对大规模农户作用明显，因规模效应存在，可以减轻应用成本，因此，积极性较高，导致作用效果明显。可见，农户是理性的，在环境保护行为决策中首先考虑收入效应。小规模农户对各种管理政策情景的灵敏度非常高。在新的政策情景下，中等规模的“塌陷效应”仍然存在，但塌陷程度有所减少。弥补“塌陷效应”最多的是技术支持政策。

表 8.7　不同政策情景下不同规模农户的农业环境质量指数差异

农户类型	规模区间	农户个数	情景 1	情景 2	情景 3	情景 4
超小规模	[0，0.1]	29	75.29	86.42	82.67	80.28
小规模	(0.1，0.201]	171	70.66	78.38	78.91	76.67
中等规模	(0.201，0.335]	312	58.98	65.76	68.18	65.83
大规模	(0.335，0.667]	167	66.01	74.62	83.59	72.11
超大规模	(0.667，+∞]	23	71.89	78.91	88.06	78.42

2. 不同兼业类型农户的政策情景模拟结果

在引入新的政策情景下（表 8.8），政策情景 2（补贴政策）对纯农户的作用效果明显，农业环境质量指数提升较多，其次是一兼农户，最少的是二兼农户，主要原因是，纯农户对农业的依赖性较大，增收效应明显，所以农业政策调整比较敏感。政策情景 3（禁令）对二兼农户的作用效果明显，因为不是收入的主要来源，收入的减少，相对来说响应程度是明显的。对纯农户的作用效果最小，因为会造成收入减少，所带来的效用损失是最大的，因此，与其他类型的农户相比，农户响应程度不高。虽然整体效果较好，但农户会在监督不严的时候悄悄地使用禁止的行为。政策情景 4（技术支持）的效果和补贴政策类似，对纯农户和一兼农户的作用效果较为明显，对二兼农户的作用效果不明显。综合以上分析可知，新的政策情景对二兼农户的作用效果都不明显，主要原因是这类农户对农业的依赖性较小，主要收入来源于非农产业，农业环境保护的意愿不高，对各类政策的响应程度不高，影响到了该类农户的农业环境质量指数。因此，对于这类农户，要积极地引导向非农产业转移，促进土地流转。

表 8.8　不同政策情景下不同兼业农户的农业环境质量指数差异

农户类型	农户个数	政策情景 1	政策情景 2	政策情景 3	政策情景 4
超小规模	136	69.51	79.36	73.61	76.89
小规模	229	72.89	81.53	80.13	79.01
中等规模	337	67.46	69.84	89.38	68.54

8.5　小　　结

（1）河南省传统农区农业环境质量指数平均值为 69.66，被调查农户的农业环境质量指数总体不高，其障碍因素主要包括土地资源禀赋、土地经营规模、土地产权制度、非农业收入比例、农户文化程度、农户农业生产投入和农户种植结构、土壤肥力、农业面源污染、农户行为在投入和土地利用方面的响应等。农户行为的农业环境质量影响指数在空间分布上也呈现出一定的规律性：在不同区域之间，基于农户行为的农业环境质量指数和区域经济发展水平存在正向的空间对应关系，即经济发展水平较高、农业资源和农业生产条件较好的地区，农业环境质量指数也较高。在区域内部，区位条件越优越的农户，其农业环境质量指数越低；区位条件较差的农户，其农业环境质量指数反而偏高。

（2）不同土地经营规模农户的农业环境质量指数的差异较大，并表现出一定的规律性，二者呈现“U”形趋势，即随着农户经营规模的扩大，农户的农业环境质量指数呈现先减小后增大的趋势。另外，还需要特别说明两点：一是虽然小规模农户的农业环境质量指数较大，但这是农户在小农意识作用下表现出来的原始生态行为，不具有可持续性。二是中等经营规模的农户数量最多，占总样本的比例达到了 58.98%，但该类农户对应的农业环境质量指数平均值最小，这说明河南省传统农区农户农业生产存在潜在的威胁。因此，实践中应在“三权”分置的框架下构建长期稳定的耕地产权制度，真正将占有、使用、收益和处分等权能赋予农户，通过农地流转将土地适度集中，推行土地适度规模经营。

（3）不同兼业类型农户的环境质量指数具有差异。不同类型农户的农业环境质量指数的差异规律是：随着农户兼业程度的提高，农业环境质量指数呈现先增大后减小的倒“U”形趋势，即适当的农户兼业能够提升农户的农业环境质量指数，但过度兼业会减小农业环境质量指数。因此，在实践中应大力促进兼业程度较高的农户真正向非农产业转移，加快其“市民化”转化速度，使其真正与土地脱钩。具体措施包括：继续深化户籍制度改革，消除城乡人口流动壁垒，建立“绿色通道”；扩大社会保障的范围，建立多层次、全方位、城乡一体化的社会保障体制；积极探索土地承包经营权和宅基地的自愿有偿退出机制。

（4）政策情景模拟结果显示，政策情景2（补贴）、政策情景3（禁令）、政策情景4（技术支持）的农业环境质量指数都高于初始状态（现状条件），这表明这些政策的执行能够在一定程度上提升农业环境质量能力。从提升效果来看，政策情景3（禁令）>政策情景2（补贴）>政策情景4（技术支持）。虽然禁令政策对农业环境质量指数的提升最为明显，但考虑到该政策情景的增收效应不明显，以及农户的接受意愿不高，在实际中农户可能会出现消极怠工的现象，不能达到预期效果。而补贴政策和技术支持政策对农户具有较高的增收效应，同时农户对其意愿和响应程度较大。因此，补贴政策和技术支持政策在政策执行过程中可能会达到预期的效果。因此，在实践中应综合应用多种政策工具，例如，建立农户农业生产行为的约束和激励机制。

第 9 章　农业环境政策创新研究

在以上研究的基础上评价国外农业环境管理的经济激励手段和政府管制手段的绩效，总结、借鉴国外农业环境管理制度建设和政策创新的经验教训，提出农户行为调控的政策框架和建议，以实现农业资源的合理、高效、可持续利用，以及保障经济社会生态持续发展。

9.1　国外农业环境管理经验及其借鉴

本章主要介绍美国、加拿大、新西兰和欧盟等国家的农业环境污染控制经验和实践，并在此基础上得出相应的启示。

9.1.1　美国农业环境管理政策

美国的农业环境问题主要是农业面源污染，其农业环境管理主要围绕农业面源污染展开。农业生产活动造成面源污染的活动包括动物饲养、牲畜放牧、农田耕作、喷洒农药、灌溉、施用化肥、作物播种、收获等，这些活动的结果是泥沙、营养物质、病原体、农药、化学盐等进入水体。美国对面源污染的认识始于 20 世纪 70 年代，真正开展污染治理和控制研究的时间则是 20 世纪 80 年代末，并开展了全国性的农业面源污染控制管理策略方面的专题研究，提出并实践了一系列的农业污染控制措施，其中，最著名的就是最佳管理实践（best management practices，BMPs），在美国的农业面源污染的控制中，BMPs 起到了不可替代的作用。经过十多年的有效治理控制，美国的农业面源污染已大幅减少。

1. 农业生产管理技术

1）耕作管理

耕作管理主要是耕作技术上的要求，这些耕作技术主要包括带状农作、作物轮作、保护性耕种和覆盖种植。

2）养分管理

养分管理是通过对作物施肥的种类、数量、比例、施肥时间和地点等进行综合管理措施，主要包括：①肥料的施用必须要符合作物的生长需要，例如，作物主要的生长期，以及所需肥料（氮、磷、钾）的数量；②可以在冬季种植二茬作物，以利用多余的肥料；③进行土壤测试，以确定需要哪些养分或土壤改良剂，同时对作物所需的肥料进行定量，使施用肥料的效果最大化；④校正施肥装置，保证正确和精确的施肥数量；⑤避免在冻结的土地上施用粪肥或化学肥料；⑥选用缓释性肥料，以避免渗漏到地下水和迁移到地表水。

3）农药管理

农药管理旨在对农田杂草、病虫害进行综合管理。其内容是，除了采用非化学性农药控制方法以外，还包括商业杀虫剂的正确使用，以及相关有毒物质，如除草剂、杀虫剂、灭鼠剂和杀菌剂的正确施用等（农田病虫害综合防治，简称IPM）。

4）灌溉水管理

为了维持农田或草地作物的生长，需要土壤保持一定的湿度条件，在对其进行灌溉的过程中，对灌溉水进行管理。其目的在于节约水资源，防止土壤侵蚀和最大限度地减少农药、化肥对地下水和地表水体的影响，即在大面积范围内，对在农作物和草坪区的灌溉水和养分（非强制性的）进行系统和有效的计划。该系统可以控制灌溉的时间、总量和速度。

5）最佳管理实践

1972 年美国联邦倡导以土地利用方式合理化为基础的 BMPs 来减少农业污染。BMPs 是一系列农业养分和农药管理措施的总称，美国国家环境保护局（USEPA）将其定义为：任何能够减少或预防水资源污染的方法、措施或操作程序，包括工程、非工程的方法和措施。现在提出的最佳管理实践措施有少耕法、免耕法、综合病虫防治、防护林、草地过滤带、畜禽粪肥的大田合理施用、人工水塘和湿地等。BMPs 的管理目标是不损害生产者的经济利益，同时又能将农田营养物质对环境的危害降至最低限度。其内容包括对区域氮素和磷素养分进行平衡管理、切断氮源和磷源及流失路径的联系，以及实现这些目标而实行的经济、教育、科技等具体措施。

2. 工程治理措施

1）暴雨蓄积塘和沉淀塘

在面源污染的控制研究中，应用得较多的 BMPs 措施为暴雨蓄积池和沉淀塘等。Matthens 等在这方面有较为突出的研究，他们对来自一个 5670m^2 的沉淀塘的流入量和流出量的监测结果表明，沉淀塘可以捕获来自城区地表径流污染物中大约 87%的总悬浮颗粒物。此外，暴雨蓄积池中的缓冲装置，能有效地缩短污水的循环时间，提高蓄积池的污水停留容量，从而有效地提高污染物的去除率。类似的研究表明，在暴雨沉淀塘一定的流量模式下，以及在高风速和低流量期间，塘中的短期循环会限制沉淀的有效性。但 Helfield 和 Diamond 指出，湿地不能永久性地去除径流污染物，而只是为暴雨径流污染物临时提供一定限度容量的储存，所以降雨径流中携带的颗粒状或可沉积性污染物质，在沉淀以后还需要进一步处理与处置。为此，Anderson 等指出，为了更有效地去除径流污染物，要重视配套设施的建设。他们通过实验发现，污泥好氧生物滤池处理系统在一定的操作条件下，可有效地处理来自暴雨蓄积池的污水。

2）滨岸缓冲带体系

农业面源污染控制中的滨岸缓冲带，是在农田的下坡方向濒临水体的地方，设立的由树木、灌木或其他植被组成的区域。它们通过捕获和过滤沉积物、养分和其他化学物质等，可大大降低径流水中的N、P含量，达到减小非点源污染的目的。当滨岸缓冲带位于农田的边缘时候，他们能够吸收径流水中的养分，捕获其中的沉积物，这些沉积物通常带有磷等营养元素。滨岸缓冲带给环境带来的直接效益大约有以下几个方面：过滤径流水；吸收养分；天然遮篷和阴凉地；提供食物；提供生境；减少土壤侵蚀；减少噪声和臭气。

3. 经济措施

1）经济保障措施

美国联邦政府、各州和地方政府，都从不同渠道为水体环境保护和农业面源污染控制提供了资金保障。提供资金的途径各不相同，可以采取直接资助、借贷等方式为面源污染提供全部或部分资金，其中，借贷又可以分为有息贷款和无息贷款两种形式。其中，国家净水滚动基金（The Clean Water State Revolving Fund）最为常用。

另外，USEPA 实施了一系列水质量保护计划，有些计划直接涉及农业面源污染，主要是综合运用税收-补贴、教育、研究与技术开发等政策工具，帮助农民自愿采用有助于实现农业面源污染减排目标的农业生产行为和技术。

2）自然资源保护技术补贴

自20世纪30年代以来，美国农业部就一直实行自然资源保护技术补贴（CTA）计划，以此鼓励农民采纳水土保持和水质量保护的生产实践活动。参加 CTA 的农民可以获得相应的技术补贴，还有些地方将参加CTA作为获得财政补贴的附加条件。

3）自然资源储备计划

自然资源储备计划（CRP）是 1985 年开始实施的一项自愿性长期休耕计划。CRP主要是应用补贴手段，激励农民对质量较差或者容易产生环境问题的土地实施休耕措施，以实现在高侵蚀度区域的或环境敏感区域的耕地休耕。美国农业部向 CRP 的参与者按土地面积提供租金（每英亩①土地签约的平均租金为51.24美元），并补贴种植永久性植被（一般是草或树）所需要费用的一半。并规定，只要参与这个计划，土地休耕多久，补贴就发放多久；只要休耕，就发放补贴。自 1985 年以来，农业部共签署了 73.6万份合约，登记了2960万英亩左右的土地。近年来其发展更为迅速，从2009年开始，农业部已经成功地将1200万英亩土地纳入到了CRP计划中，特别是2012年新加入了390万英亩，美国农业部向实现CRP的重大目标又迈进了一大步，这其中还包括高可蚀性土地、草地和湿地，同时也使该计划已经取得的成果和效益得到了再次提升。

4）自然保护服从条款

自然保护服从条款（CCP）是根据《食品安全法》制定的，其主要目的是减少土壤侵蚀。易侵蚀土地的土地利用者被要求参加土壤保护计划，并向农民提供财政补贴。而

① 1英亩≈4046.86m^2。

违反该计划农民将失去一些补贴或者优惠，例如，价格支持、贷款利率降低、CRP 和农民家庭管理计划（FHA）等。CCP 计划的实施，环境脆弱和生态敏感区耕地的土壤流失每年减少 9 亿 t。虽然自然保护服从条款并未将水污染治理作为核心目标，但是大幅度减少的土壤侵蚀却在客观上有利于保护水质量（Shortle and Abler，2001）。

5）水质量计划

美国农业部的水质量计划（WQP）始于 1990 年。该计划的主要目的是减少面源污染排放，并致力于解决两个方面的问题：第一，准确确定农业活动与面源污染排放之间的关系；第二，开发并引导农业生产者采纳经济上更有效的农业管理策略和农业生产技术，以保护水环境质量。自愿参与 WQP 计划的农民可以获得政府提供的教育、技术和金融等方面的支持。WQP 包括 3 个主要部分：①研究与开发；②教育、技术和财政资助；③数据库开发与评估。同时，WQP 有大量预算用于资助保护性耕作，该措施主要用于水环境质量改善。

6）湿地保护计划

湿地保护计划（WRP）是 1990 年《食品、农业、资源保护和贸易法》的重要部分，主要是通过耕地休耕并转化为湿地生态的栖息地。此计划不仅包括减少化学品使用和耕地侵蚀，而且可以充分利用湿地过滤的功能，减少输入河流的沉积物和农用化学物质，减少对水环境的污染。在该计划实施过程中，一方面向农户提供直接补贴，另一方面通过小流域计划向州机构和地方政府提供补助。另外，该计划还制定了减少侵蚀、沉积物和径流等方面的措施，以预防洪水和有效管理水资源。

7）环境质量激励计划

1996 年在《联邦农业促进与改革法案》（FAIRA）授权下开始启动环境质量激励计划（EQIP）。其目标是通过向符合条件的农场主和牧场主提供技术、教育和财政资助的方式，鼓励他们自愿采纳环境友好型生产方式和技术。EQIP 资助的对象主要是在优先保护区，区域之外重点或被指定的问题也可以获得资助。在该计划执行的过程中，环境管理部门与土地所有者（农场主或牧场主）签订 5～10 年的合同，内容包括向农场主或牧场主提供激励支付和成本分摊，其中，成本分摊可以达到采纳成本的 75%以上。大约一半的 EQIP 资金用于资助与畜禽养殖污染治理。

4. 法律法规措施

20 世纪 70 年代以来，美国联邦政府颁布了一系列与农业面源污染控制和管理相关的法律法规。例如，1972 年颁布了《联邦水污染控制法》（FWPCA），首次明确提出控制面源污染，并倡导 BMPs。《联邦环境杀虫剂控制法》明确规定禁止使用剧毒农药（如 DDT 等）。1977 年的《清洁水法》（CWA）是美国针对水质量问题制定的联邦成文法，此后该法案进行了 3 次增补修正，并确立了一系列农业面源污染管理计划，其中，最重要的是提出了“乡村清洁水计划”，规定对面源污染自愿采取防制措施者，由政府承担一部分费用，或者给予减免税费，同时，还在 1987 年的修正案中首次提出了对点源污染与面源污染实行统一管理的行动计划。1987 年的《水质法案》（WQA）则明确要求各州对面源污染进行系统的识别和管理，并给予资金支持。此后，美国又对农药和化肥相关的法律问题进行了规定。虽然美国联邦政府没有专门的化肥法律，但有 48 个州的议会都制定了化肥方面的专门法律，并且还有一些类似于实施细则的法规。2002 年美国正式颁布了《农业安全与农村投资法案》，加大了对生产和生活设施、生态环境建设和保护方面的投资，增加的投资主要用于农村科技、水利设施、通信设施、饮水设施等方面；采取了一系列的环境保护措施和计划，包括保存保障、保护储存、保护走廊示范计划、湿地保存计划、环境质量激励、草地保存计划等。

9.1.2　欧盟农业环境管理政策

欧洲联盟（EU）是由欧洲共同体发展而来的，集政治实体和经济实体于一身，在世界上具有重要影响的区域一体化组织。欧盟及其主要成员国在管理农业面源污染方面也有很多成功经验。

20 世纪五六十年代的首要任务是提高农业生产率，当时农业政策不仅没有保护环境的条款，还以不同的方式对环境造成了损害。随着对农村和农业环保的重要性认识的逐步加深，70 年代欧共体的农业政策中才开始关注环境保护问题。1975 年欧共体制定了第一个环境行动纲领，欧共体的环境政策主要通过一系列的环境行动纲领执行。1989 年欧盟委员会提出了一个关于农业污染的直接建议，指出水质问题主要是由农田硝酸盐流失引起的，并提出了相关的政策措施。此后，关于农村和农业环境保护的政策越来越明确和具体。欧共体第 5 个《环境行动计划》中指出，关于农村和农业环境保护的最根本目标是保持生态平衡，为实现此目标最主要的是保护水资源、土地资源和基因资源。1992 年共同农业政策（CAP）鼓励农民应用环境友好型的耕作方式，以便减少对农业环境的压力，并努力控制农业生产过剩。此外，还强调农业环保措施与植树造林措施相结合，并把环境保护作为农村地区发展政策的重要组成部分。1993 年欧盟出台了环境标准。1999 年批准的“2000 年议程”，把对农民的直接支付与环境保护标准挂钩，同时大幅度增加了用于环保措施的资金。

在立法方面[①]，欧盟层面与农业面源污染相关的几项法规是《农业环境条例》《饮用水指令》和《硝酸盐指令》。其中，《农业环境条例》主要针对野生动植物和景观保护，但其中的有些措施对水质保护有重要作用，例如，鼓励有机耕作和栖息地保护等措施。《饮用水指令》的重要内容是确定了饮用水供应中可允许的污染物浓度的最高水平。《硝酸盐指令》主要包括 3 项规定：①所有成员国必须通过水质监测来划定受到农业硝酸盐污染的地区，即硝酸盐脆弱区（NVZs）；②成员国必须针对 NVZs 制订相应的行动计划以消除硝酸盐污染威胁，所有行动计划都必须包括有机肥和无机肥的最大可允许应用量

① 依据欧盟条约，欧盟自身的立法主要分为条例（regulation）和指令（directive）两种。条例具有直接在成员国适用的效力，在条例生效后，就直接作为成员国国内法的一部分，不再需要成员国以国内立法的形式来赋予条例以执行效力。而指令的目的是实现和成员国在立法方面的协调，不具有直接适用的效力，需要由成员国以国内法的形式引进转化。欧盟条约把选择实施指令的形式和方法的权限留给了成员国。但成员国必须保证指令得到有效的实施。

和应用期限；③NVZs 以外的区域，成员国必须制订良好的农业实践的自愿准则，准则包括化肥储备率、施用率、施用时序等。在化肥等污染源的用量控制方面，欧盟一些国家建立了严格的使用登记制度。2000 年以来，控制杀虫剂最大使用量的杀虫剂法（91/414/EEC）、限制水中杀虫剂残留的措施等已成了治理农业面源污染的重要措施。

在技术支持方面，欧盟也鼓励农民采用新的替代技术，并在重要的水源保护区和流域制定和执行限定性农业生产技术标准，减少农田、畜禽养殖业和农村地区氮、磷径流和淋溶。

在税收方面，为控制农业面源污染，经济合作与发展组织（OECD）的许多成员国已经开始对农用化肥和杀虫剂征税。奥地利从 1986 年开始征收化肥税，尽管税收水平很低，但对化肥使用量有明显的影响；丹麦对杀虫剂按 20%的税率征收；芬兰于 1990 年、1992 年分别引入磷肥税和氮肥税，并实行杀虫剂登记和控制收费；瑞典对化肥生产和化肥进口进行征税。

在财政补贴和支持方面，1992 年欧盟修改了“Common Agriculture Policy”，减少政府对某些农产品（谷类和油脂类作物）的价格补贴，以引导农民减弱生产活动强度；相反，对那些减少家畜饲养密度、减少肥料使用和农药施用量或将生产方式转向有机耕种的农民发放补贴。补贴常与税费手段结合使用，其资金也常来源于税费收入。

在机构建设和管理方面，欧盟在原来的农业部的基础上，设立了农业与环境保护部，将减少污染、维护生态环境作为农业部门的职能之一，农业环境法规的监督和执行主要由各级政府部门委托地方农业科学院、地方农民协会（农协）等相应机构进行，赋予现代农业以新的内涵。从研究和政府推动两个层面双管齐下，加大对农业面源污染的治理力度。

9.1.3　日本农业环境管理政策

日本的农业环境污染控制和管理主要包括 3 个方面：实行政策支持、立法配套和部门管理的做法。

1. 政策支持

日本政府对环保型农户实行硬件补贴和无息贷款支持，以及税收减免等优惠政策。日本立法者深知：环境问题光靠政府提倡、惩处是不够的。关键是要通过环保补贴、能源价格等一系列经济政策，引导企业和公民形成自觉的环保意识，使他们认识到不重视环保，企业就没有出路，从而形成内在的环保机制与内生的环保动力。为促进环保型农业的发展，日本在部分地区采取环境直接补贴办法，即对“环境友好农产品”直接进行补贴，每 1000m^2（约合 1.5 亩）的补贴为：水稻面积以 3ha 为基准，在其面积以下补贴 5000 日元，超过 3ha 的部分补贴 2500 日元；设施蔬菜（主要指温室栽培的蔬菜）补贴 3 万日元，露天蔬菜补贴 5000 日元；果树（梨、桃、葡萄和无花果）补贴 3 万日元，其他果树补贴 1 万日元。此外，日本对“环保型农户”，即农业年收入超过 5 万日元的农民，可向农林水产省申请环保型农业种植，经审查合格后，银行可为其提供 15 年的无息贷款，政府每年给予 7%～35%的农业税费减免，农协提供 50%的农业设施补贴。至 2014 年底，日本从事环保型农业生产经营的农户达到了 48.9%，有效促进了绿色农业的发展，较好地控制了农业面源污染的范围。

鼓励农民采用新技术，减轻农业污染。日本政府制定了可持续农业的指导方针，在由国家到地方的各级行政体系中进行推广活动与制度建设，推广新型农耕方法，减少环境负荷，建立并推广养殖业废物再循环体系，努力获得公众的认同。同时，日本政府重视鼓励利用现代科学新技术，建立可持续发展的技术体系。

实施循环经济政策。日本对农业废弃物采用循环利用的模式，即积极利用当地有机资源能力减少环境压力。主要做法是：将污染物经处理后用于农田间的灌溉，畜禽粪便在堆积发酵后就地还田给土壤做肥料使用等，体现了再生资源循环利用的特点。

2. 立法配套

日本虽然不是最早关注面源污染防治的国家，但其后来居上，在防治面源污染方面制定了一系列行之有效的法律法规。自 1992 年日本农林水产省首次提出“环境保全型农业”概念以来，日本政府逐渐重视以农业污染为主的面源污染。日本针对各污染源分别出台了一系列的法律法规，针对农业环境保护的法律法规有《可持续农业法》《堆肥品质管理法》《食物、农业、农村基本法》《食品废弃物循环利用法》4 部，法律类型包括总法和具体单项法规，涉及农业生产投入、食品加工和饮食业等各个环节，尽可能减少法律法规的“盲区”。

3. 部门管理

日本农林水产省从农田水利基本建设到山林绿化，从农业生产必需的投入品到农产品质量安全和食品废弃物循环利用等，实行以部门为主，多部门配合的管理模式。例如，日本农林水产省主要负责农田水利基本建设、山林绿化、农业生产投入、农产品质量安全和食品废弃物循环利用等，实行以单部门管理为主，其他部门给予配合，责权明确，管理的效果好。

9.1.4　加拿大农业环境管理政策

1. 联邦层面的管理经验和实践

与农业污染相关的法律法规主要包括《加拿大环境保护法》《加拿大环境评估法》《加拿大野生动物法和候鸟公约法》《渔业法》《加拿大海运法》《航行水域保护法》等。其中，1999 年修订的《环境保护法》是包含现代理念的环境基本法，这部法律具有很强的科技性，也明确规定了政府的职责和公众参与等原则的贯彻。

联邦政府和省政府在水污染管理方面建立了良好的合作关系。加拿大成立了环境部长理事会，由联邦、各省和各领地政府中的环境部的长官组成。该理事会定期举行会议，主要讨论国家在环境方面的项目规划。为了更好地协调联邦和省政府在水污染管理方面的职责，加拿大联邦、省和地区各级政府、社区和其他的投资者已经合作制定了一系列的流域规划和行动计划，在防治污染和恢复被污染的生态系统等方面发挥了重要作用（刘曼明，2003）。

加拿大联邦政府在农业面源污染管理中不仅重视政府的作用，同时也非常重视非政府组织、私营企业和个人对于保护水资源的作用。在加拿大，除了政府推动的行动计划以外，还有众多非政府组织发起的活动和计划。

2. 加拿大地方政府的行动计划

本小节主要介绍不列颠哥伦比亚省对农业污染采取的行动计划。在法律控制方面，制定了完备的与农业污染管理相关的法规，例如，《水保护法》《水法》《水管理法》《环境管理法》《环境评估法》《渔业保护法》《农药控制法》《森林实施法规》《土壤保持法》《农场实施保护法》《增长策略法》。除此之外，还有众多的规则、规章、操作政策及指南共同构成了现行的面源污染管理体系。

从 1999 年开始，加拿大不列颠哥伦比亚省实施农业污染的行动计划，该计划包括六大战略、20 项关键行动，并且这些战略和行动之间互为补充，体现了农业污染管理的综合性、多方位性，所有战略的地位同等，没有主次之分。该行动计划的各项关键行动又可以分为若干个子行动，并分 3 个阶段执行，执行年限分别为 1.5 年、1.5～3 年和 3～5 年。

9.1.5　新西兰农业环境管理政策

1. 经济工具

在新西兰，经济政策是实施可持续发展的主要工具。经济政策工具主要包括两种类型：一是改变价格，二是限制环境资源的使用数量。

1）收费计划

对污染物进行收费，主要针对单位硝酸盐载荷或沉积物负荷收费，但这些污染物难以测度，在实践中更多的是采用替代物，包括 3 种方法：一是对比较容易测量的绩效的替代物收费，例如，每头牲畜；二是基于一些容易测算的生产实践（例如，砍伐面积）；三是一些容易观察到的与环境污染结果有直接关系的地点特征（例如，根据坡度和距离溪流的远近）。

2）经济补偿

对一些有利于环境的生产行为进行补偿，补偿行动要建立在一定的规则之上，即保证硝酸盐或沉积物的负载有“净”下降。主要包括：①设置各种限制以排除将来土地转化为牧场从而控制硝酸盐负荷，对削减存栏率或削减放牧面积的行为给予一些补偿；②对砍伐或城市开发设置各种限制从而控制沉积物载荷，对植树造林的行为给予补偿。

3）激励支付

激励支付可针对结果（例如，硝酸盐削减或沉积物负荷削减），也可以针对这些结果的代理物或与结果有关的生产实践。

4）可交易许可证

可交易许可证的主要内容是：①规定排放上限；②上限的设置对象可以是污染排放，也可以是允许使用的投入物；③将负荷或使用投入物的权利分到每一个农场主中，该权利以交易许可证的形式出现；④农场主通过削减负荷量、使用允许排污量或购买许可证的方式使污染排放负荷符合上限目标，排污低于上限的农场主可以出售其许可证。

5）标准

标准在实施过程中主要有几种方法：①基于产出的标准可用作限制硝酸盐排放或沉积物负荷；②基于实践的标准可用作限制影响硝酸盐排放的实践活动。例如，通过限制畜禽存栏率来控制硝酸盐载荷，再如，通过限制土石方水平来控制沉积物载荷。

2. 重视法律在面源控制中的作用

还需要其他政策工具的，例如，标准、规制。新西兰在面源污染管理中也非常重视规制的作用，最主要的表现是制定了完备的法规。

《资源管理法》（RMA）是 1991 年由新西兰国会通过的国家法案，并在 1993 年进行了修正。该法案最大的作用是为区域政府和地方政府在统一的环境政策指导下进行资源管理提供了平台。统一的环境管理政策的目标是保持生态环境可持续能力。《资源管理法》实质上是把可持续发展原则提升到国家环境政策的立法层面，新西兰由此在资源管理方面走在了世界各国的前列。

9.1.6　对我国农业环境污染控制和管理的启示

在以上对美国、加拿大、新西兰和欧盟等国家的农业环境污染控制和管理的经验与实践介绍的基础上，并结合我国农业环境状况的实际，可以得到以下若干启示。

（1）适时对农业环境管理进行战略定位，并对其进行科学评估。在全世界范围内，农业污染已经成为一个世界性的问题，并日益成为影响区域和国家农业及社会经济可持续发展的重大问题。因此，必须重视农业环境管理。由以上各国的介绍可知，各国都非常重视农业污染的控制和管理，例如，美国早在 1972 年的《清洁水法》中就明确提出要发展降低农业污染的计划，指令各州开展适当的土地管理实践，在此基础上又实施了一系列农业污染计划。因此，中国在农业污染控制的实践中必须吸收国外农业环境管理的经验，适时地对农业环境污染进行战略定位，把农业环境管理放在重要生态环境管理的首要位置。

（2）致力于完善的法律法规体系建设。逐步完善的法律法规是上述各国进行农业环境管理的重要依据。美国实施的每一个国家计划背后都有法律法规支撑，例如，乡村清洁水计划是根据“农业、农村开发及相关机构拨款法”制定的，最佳管理实践是在 1972 年的美国联邦水污染控制法中提出的；又如，日本制定了 4 部与农业环境管理相关的法规，既包括总法，又包括具体单项法规，涉及农业生产投入、食品加工和饮食业等各个环节；加拿大从联邦一级到省一级完善的法规体系几乎覆盖了与农业环境污染相关联的每个方面，真正体现了法制化管理的理念；欧盟及其成员国都制定了完备的、可执行的农业环境管理法律法规。同时，各国都十分重视法律法规的及时完善，不断通过颁布新的法规或修改原有的法律法规来及时纠正管理中存在的问题。

（3）建构高效的管控机构。由各国经验可以看出专门的管控部门、高效的协调机制是管控农业面源污染的基础。例如，美国不仅在环保署设立了专门的管理机构，还在相关部门设立了相应的管理机构，通过国会建构了协调机制，这种机制也被引入到欧盟等其他发达国家，包括确定不同区域主要作物的施肥区划，采用平衡施肥、深施和水肥综合管理措施；恰当应用长效缓释肥，鼓励使用有机肥，并采用改良的施肥方法；采用免耕和其他农田保护技术（缓冲带和生态沟渠），减少由土壤侵蚀导致的磷酸盐和农药损失。

（4）多方位综合管理。各国都非常重视对农业环境进行多方位综合管理，例如，加拿大不列颠哥伦比亚省对农业环境管理实施的六大战略、20 项关键行动和 49 项子行动计划还充分体现了多方位综合管理的特点。USEPA 实施了一系列农业环境污染控制和管理计划，主要是综合运用税收-补贴、教育、研究与技术开发等政策工具。农业环境问题来源广、随机性强，无论是源头管理，还是污染后的治理，难度都很大。因此，从事前预防到事中指导再到事后治理，要考虑方方面面的因素，否则很可能功亏一篑。

（5）综合应用多种政策工具。农业环境是难以规制和控制的，因为它来自于数量众多的地理差异极大的污染源，这些污染源每一个都排放少量的污染物。有效的农业环境政策必须影响许多行为者，以减少相对小的、不能观察到的污染量。这就需要构建完整的政策体系，这个政策体系由各种各样的政策工具，如市场交易机制、补贴、教育、激励和行为标准构成，并通过一种“连锁”机制来激励农民实现周围环境改善目标。上述各国的经验性研究表明，现在还不能说哪种政策工具对农业环境治理最有效。在实践中要因地制宜地综合利用税收-补贴政策工具、命令-控制政策工具（主要是法规/标准）、教育与技术推广工具等。

9.2　农业环境管理政策体系架构

9.2.1　农业环境管理政策体系构建的目标与原则

1. 目标

根据本章的研究结论，农业环境管理的目标设定为：①将环境管理与农业发展、农户增收结合起来，试图从农业生产过程和农业经济增长本身寻求全程治理的农业环境管理途径，提出基于农业增长方式转变和农户增收的农业环境管理模式，以期实现农业经济增长与生态环境保护的协调发展。②矫正农业环境问题引起的外部性，通过一定的手段将外溢到社会上的成本或收益复归原行为主体，实现社会福利的最大化。③根据生态规律和经济规律，综合应用管制和经济激励措施，影响、改变农户或者农业生产经营组织的不利于农业环境管理的生产或生活方式，创建有利于“两型农业生产体系”（资源节约型和环境友好型）的制度环境。

2. 原则

1）符合经济规律

农业环境管理政策的制定应符合价值规律、市场供求规律、环境经济规律、利益驱动规律等，不能人为扭曲和违背这些规律，否则制定的农业环境管理政策就不能发挥应有的作用，这就要求环境的使用者和环境污染者付费，进行农业环境问题的全成本定价，并根据贡献大小对环境有益者进行补偿。

2）弹性原则

农业环境管理面临着众多不确定性因素。为应对这些不确定性，环境管理政策需要具有一定的弹性，这就要求采用合适的政策工具和设定科学合理的污染控制目标，使之具有针对性和可测性。农业环境管理政策的弹性包括两个方面：一是农业生产者能够在经济条件（例如，投入和产出市场价格变化、技术创新）、环境因素（例如，降水量、植被、坡度和土壤质量）改变时，通过生产、技术采纳和污染控制决策来减少污染控制成本、提高污染控制效率。二是环境管理部门能够在经济条件和环境因素改变时，继续对生产者提供适当的激励或约束，从而有利于农业环境问题的控制。

3）效率最优原则

发达国家环境管理的实践证明，某一种政策工具只对特定的污染类型产生效果。为了达到农业环境管理政策效率最优，应根据农业环境问题类型和形态的差异选择合适的政策工具。具体来说，环境经济手段能够很好地刺激污染排放者自觉地减少污染物的排放量，同时促进生产者改良生产方式和采纳环境友好型技术。

4）成本合理化原则

农业环境政策的执行成本受污染类型、立法体系、信息不对称等因素的影响。由于农户生产造成的农业环境问题具有随机性、分散性、监测困难性等特点，这可能会造成监测成本较高。农业污染者就可能采取机会主义行为，不执行或者降低执行强度。因此，在制定农业环境管理政策时，必须将环境政策的执行成本与潜在收益进行比较（张蔚文和黄祖辉，2006），以达到在成本效益一定的情况下的成本最小。

9.2.2　农业环境政策体系的构建

在前文的研究结论和对发达国家经验借鉴的基础上，确定农业环境管理政策体系构建的基本思路：①农业增长—环境污染治理一体化政策。现代农业的专业化、区域化、集约化打破了传统的种植业和养殖业之间的物质和能量循环，农业系统“高投入、高产出、高废物”的“三高”生产模式导致大量废物产生，它们和过量投入一起进入水体，造成对环境的污染。因此，解决农业增长中的环境问题的关键是建立和恢复中断的农业系统内部物质和能量循环流动的链条，减少农业生产中物质和能量的流失。将农业增长与环境保护结合起来，在农业生产过程中解决环境污染问题，建立农业增长-环境污染治理的一体化政策，实现农业发展与环境保护的双赢。②以经济激励为主，综合应用多种政策工具。我国农村土地实行家庭承包责任制，农户是最基本的生产单位，农业生产日益细化和分散化，这在很大程度上造成了农业面源污染问题的产生。面对众多的污染源，利用行政手段进行监督、管制，不仅很难达到预期的控制效果，还会加大政府的环境管理行政成本。因此，应该采用补贴、税费等经济手段调整农户生产行为和生产方式，并综合采用多种政策工具。③以源头治理为主，以末端治理为辅。农业环境问题的特征和我国小农户分散经营的形态决定了末端治理难以达到预期，而且成本较高。加强源头控制，推行农业清洁生产和全程管控是农业面源污染防控的必然要求和趋势，即建立有利于清洁型农业生产方式的激励机制，推广环境友好型的生产技术，设置致污性农资进入壁垒，以从源头上减少农业污染的产生。同时，应将末端治理方式作为农业环境治理的重要补充，与源头治理有机结合起来，主要用于大范围和严重性污染之后的生态恢复。④共同负担，以政府为主导。农业环境问题控制费用的负担方式是构建农业环境管理和控制体系的核心问题。农户农业生产是农业环境问题产生的直接原因。但必须看到，我国的经济发展是以工业化优先为基础的，工业对农业的长期掠夺使农业生态系统退化日益严重。当前我国已经进入了工业化中期阶段，工业有能力也有义务反哺农业。另外，我国是以小农户生产为主的产业，小农户的弱质性是长期城乡二元化战略发展造成的，实行污染者负担原则必然进一步削弱农户经济发展，危害农户生产安全。因此，农业环境问题的控制应采取共同负担、以政府负担为主的方式。

按照以上基本思路和原则，构建我国农业面源污染控制与管理体系架构（图9.1）。

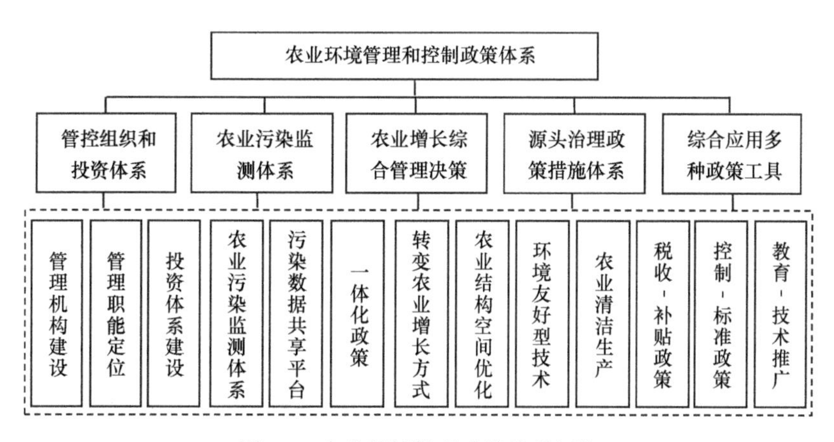

图9.1　农业环境管理政策体系架构

9.3　农业环境管理政策调控建议

在农业环境管理政策体系架构的基础上，结合本书的主要结论，将宏观政策与执行的微观基础结合起来，提出如下政策调控建议。

9.3.1　适时对农业环境状况进行评估和战略定位

农业环境问题已经成为影响区域和农村社会经济可持续发展的重要因素，加强农业环境管理就显得非常必要。发达国家成功的农业环境管理经验是值得我们借鉴的，其共同点是：各国都对农业环境进行合适的战略定位，将其视为环境管理的重要部分，并非常重视对农业环境质量的评估。美国早在 1972 年的《清洁水法》中就明确提出要发展降低面源污染的计划，例如，指令各州开展适当的土地管理实践，并将对农业污染的评估作为管理的重要内容，在此基础上又实施了一系列农业污染计划，这些措施有力地保证了农业环境管理的有效性。荷兰也非常重视对农业环境的评估，开发了农场水平的无机物核算系统和总量平衡方法，估算每个农场每一年的硝酸盐流失量，在此基础上制定相应的管理政策。因此，在农业环境管理实践中必须结合我国实际，并借鉴国外相关经验，首先对重点区域农业环境状况进行科学评估，逐步建立完善的农业环境问题监测监控体系，合理、有效地利用监测数据，建立监测数据共享平台，提高管理信息化水平，将环境检测结果作为制定农业环境管理政策的前提和基础，保证相关管理政策的可执行和有效性。其次，对农业环境问题管理重新进行战略定位，强化农业环境管理职能，重视农业环境管理，将其作为生态环境管理的重要和核心部分，并纳入新农村建设和农业发展规划中。

加强应用小流域农业污染监测技术手段，采用“3S”技术获得满足数学监测模型因子的数据。需要采用先进的检测技术、手段和方法，建立农业面源污染的监测和评价体系，提高监测水平。具体做法包括：首先，理顺农业环境监测体制，完善检测机制。国家在农业污染严重的地区建立全国性的农业环境监测站、点，县级以上地方人民政府也要在本行政区内建立农业环境的监测站、点，加快农业环境监测；整合农业环境监测资源，组建农业污染监测网络，实行条块结合的农业污染监测模式。其次，配备农业环境监测的仪器和设备，组建高素质的监测队伍。再次，提高监测质量，保证检测数据的准确、可靠，为农业面源污染治理提供有效参考。最后，及时通报环境监测的各种信息，把农业环境检测结果通过广播、电视、报纸等多种方式定期向公众通报，接受公众监督。

同时要加强对农民进行宣传教育，使其认识到农业环境污染的严重性和危害程度，增强农民的环境保护危机意识，有利于农业环境政策的实施和执行。我们在调查中发现，不仅是农民，还包括农业的技术人员和研究人员，并没有把农业的环境污染放到很重要的位置。所以，我们才看到人们淡薄的环境保护意识。对“减少化肥农药使用是一个必然的趋势”的评价对于农户参与农业环境政策显著，而且是正向的影响。我们可以看到，农户对未来环境的预期会直接影响到其对于参与农业环境政策的意愿。这与欧盟国家的研究结论是一致的。因此，我们应多方面、多渠道地增加对农业污染及其危害的宣传，使人们从意识形态里认识到这一行为的重要性，才能从根本上杜绝农业环境污染。

9.3.2　转变农业经济增长模式，构建环境友好型生产方式

当前农村经济增长的特征是生产要素的产出率和利用率低下，科技进步对农业增长的贡献率小，资源浪费严重，污染物产量大，主要表现为粗放的经济增长方式，这也是

造成我国农业环境问题的主要原因。因此，在经济增长过程中解决农业面源污染问题就成为必然，建立农业发展与环境污染控制的一体化政策体系。

目前，我国农业正面临着农业资源紧缺与农产品需求急剧增长的矛盾，同时，农业发展对生态环境的压力日趋明显。在这双重压力之下，农业的根本出路在于转变传统的农业发展模式，优化农业产业结构，应用现代生产与经营管理技术，提高资源利用率。首先，转变粗放的农业增长方式，通过优化农业结构和提高技术进步水平来实现农业增长。优化农业结构的立足点是因地制宜，统一布局，着重提高资源利用率，在源头上对不同类型的污染实行减排，从而实现农业经济运行质量和效益的提高。集约化农区农业生产中的生态环境问题尤为突出，在引导农业结构调整时，应适度控制花卉苗圃的种植面积，大力推广有机、绿色、无公害产业。加大对农业基础设施建设、科技进步的投入力度，重点发展环境友好型农业生产技术，一些典型国家的“科技兴农”之路值得借鉴，如阿根廷的农业机械化、良种化和耕作方法科学化；伊朗的农业机械化，以及西亚各国的节水灌溉技术，美国、加拿大、日本、荷兰、英国、法国等国非常重视发展生物技术和机械技术。因此，发展农业科技，必须根据本国的经济社会条件选择合适的发展道路，同时考虑到农业生产对生态环境的压力，并注重环境友好型生产技术的推广和应用。其次，农业生产的优化布局。农业环境问题控制的难度在于其分散性，如果能在一定程度上使农业环境问题“点源化”，可以大大降低农业环境问题控制的难度。在以农户为主的农业经营体制，小块土地种植、散养和小规模养殖仍然是农业经营主体的背景下，实现农业的规模化、产业化经营，既是农业环境管理的需要，也是现代化农业大生产的必然方向。另外，要加强对生态功能区内生态敏感区域的布局调整，大力推行退耕还林、还草政策，或鼓励农户种植化肥、农药需求量较少的作物。最后，在农业经济增长方式转变的基础上大力发展循环农业。经验和大量研究表明，种植业和养殖业是农业污染的主要来源，Blackburn 认为，种养结合和种养平衡可以通过土壤原始的循环，更好地利用各种畜禽废物和作物残留，在促进农业发展的同时保持土壤肥力和生物多样性，保护水资源和生境，维持生态系统的功能和健康。可见，解决农业发展中的环境问题的关键是转变农业经济增长模式，建立和恢复中断的农业内部物质能量循环流动的链条，减少农业生产中物质和能量的流失。以循环经济理论为基础的循环型农业的发展思路正好与之相吻合，能够形成物质、能量梯次和闭路循环使用系统，为解决农业发展与环境保护之间的矛盾提供了很好的思路。东亚发展中国家的混合农作系统（mixed farming system）被视为是对环境友好的农业生产方式，同时，联合国粮食及农业组织（FAO）针对发展中国家提出了种养平衡区域一体化（area-wide integration of crop and livestock production，AWI）的概念，并在泰国、墨西哥和越南进行试点和推广，这些为构建符合我国实际的循环农业发展提供了可资借鉴的经验。因此，在借鉴其他国家和地区先进经验的基础上，以循环经济和可持续发展理论为基础，按照循环农业的“减量化、再利用、资源化利用”的要求，从投入端、中间过程、输出端3个有机的过程构建农业发展模式，并通过新的组织安排和政策、适当的产业链、产业结构的调整、技术创新把专业化的种植活动和养殖活动结合起来，实现种植和养殖两部门之间的物质和能量的循环利用，使种植业和养殖业实现区域性的种养平衡，减少环境污染。

9.3.3　构建完善的公共政策体系，综合运用多种政策工具

各国都非常重视对农业环境进行多方位综合管理，并取得了良好效果，这为我国农业环境管理提供了可资借鉴的经验，在实践中从事前预防到事中指导再到事后治理，要考虑各方面因素，综合应用多种管理手段。要不断完善农业环境管理基础体系建设，逐步实现城乡环境保护监督管理一体化。由于农业环境污染复杂，来源广泛、分散，种类繁多，表现为复合型污染，因此，有效的生态环境管理政策必须影响众多行为者，以减少相对小的、不能观察到的污染量。这就需要构建完整的政策体系，并应用各种各样的政策工具，通过“连锁”机制来激励相关行为主体减少污染排放。结合我国实际，农业环境管理的公共政策体系重点包括农业环境管理中的产权制度、价格政策、税费政策、财政政策、政府农村生态环境管理体制、环境准入门槛制度、生态补偿机制。环境管理的政策工具是多样的，包括市场交易机制、补贴、教育、激励和行为标准等，经验研究表明，不能简单地判断哪种政策工具对农业生态环境管理最有效。农业环境管理政策的选择取决于环境质量问题的性质、管理机构获得有关农村生产活动与环境质量之间关联关系的信息的可得性，以及由谁承担治理成本的社会决策。因此，在农业环境管理中，不能仅仅依靠一种政策工具，需因地制宜地综合利用税收-补贴政策工具、命令-控制政策工具（主要是法规/标准）、教育与技术推广工具等，才能建立起有效的农业环境管理机制。

9.3.4　源头治理政策措施体系

以粮食作物的种植大户为政策改革的试点，结合中国 2013 年的一号文件精神，新增补贴要向专业大户、家庭农场、农民合作社等新型经营主体倾斜。转变“撒芝麻盐”的补贴办法，更好地发挥补贴对激励粮食生产的引领和导向作用。而且，粮食生产大户更加关注农业生产环境及农业的长远和可持续发展，也是未来农业真正的经营者，因此，农业的环境政策也应更多地关注粮食的生产大户，或者以此为试点开展测土配方施肥和低毒农药的采用。在畜牧业养殖中，规模化的养殖户在政策的激励下，部分采用沼气处理畜牧公害，利用废弃的沼渣和动物粪便生产有机肥，较好地处理了可能产生污染的畜禽粪便，保护了周围的生态环境。在某种程度上，环境友好型的农业组织具有一定的示范和宣传作用，较好地带动周围小农户的环保意识和环保生产方式。

在生态建设与生态补偿机制方面，生态耕作模式与生态建设对农业环境风险控制具有很好的效果，例如，生态沟渠、生态缓冲带、人工湿地等，经过配置与相互配合，全面提升了水环境质量，但是这些生态工程属于公益性建设，需要大量的资金投入，并且需要持续的资金进行后期的维护与管理，建议政府可以稳步地增加农业基础设施投入，逐步地扩大建设范围。

生态补偿机制是为了保护生态环境对受益地区与受损地区的经济利益进行调整分配的制度安排，是重要的环境经济政策之一。生态补偿机制在我国取得了良好的效果，尤其是退耕还林生态补偿机制，大量的耕地条件差的耕地转变为林地或者草地，使生态

环境得到恢复与重建，我国退耕还林政策的实施取得了良好的效果，丘陵区的旱地逐渐转变为林地。生态补偿机制的实施需要明确补偿资金的来源、标准、形式与被补偿者，属于公益性事业，因此，资金来源是能否顺利进行的保障因素。建议政府适当增加农业投入，鼓励农户采取新的耕作模式，不断地完善农业生态工程，提供多样的生态补偿政策，根据各个地区的实际情况，也可与企业公司进行合作，采取“谁利用土地，谁保护生态环境”的方法，政府进行监督，企业负责出资建设农业基础设施和生态工程设施，提供生态补偿款金，农民、政府与企业共同保护生态环境。

参 考 文 献

蔡基宏. 2005. 关于农地规模与兼业程度对土地产出率影响争议的一个解答. 数量经济与技术经济研究, 22(3): 28-37.

蔡银莺, 李晓云, 张安录. 2007. 武汉居民参与耕地保护的认知及响应意愿. 地域研究与开发, 26(5): 105-110.

曹东, 王金南. 1999. 中国工业污染经济学. 北京: 中国环境科学出版社.

曹执令. 2012. 区域农业可持续发展指标体系的构建与评价——以衡阳市为例. 经济地理, 32(8): 113-116.

柴春娇, 吕杰, 韩晓燕. 2014. 不同类型农户土地投入特征差异分析: 以辽宁省阜新地区为例. 农业经济, (11): 15-17.

陈海磊, 史清华, 顾海英. 2014. 农户土地流转是有效率的吗——以山西为例. 中国农村经济, (7): 61-72.

陈华宁. 2006. 农民素质的内涵探讨及实证研究. 中国农业大学学报(社会科学版), (2): 49-55.

陈利顶, 马岩. 2007. 农户经营行为及其对生态环境的影响. 生态环境, 16(2): 691-697.

陈美球, 邓爱珍, 周丙娟, 等. 2005. 不同群体农民耕地保护心态的实证研究. 中国软科学, (9): 70-76.

陈美球, 邓爱珍, 周丙娟, 等. 2007a. 资源禀赋对农户耕地保护意愿的实证分析. 农村经济, (6): 28-31.

陈美球, 冯黎妮, 周丙娟, 等. 2007b. 农户耕地保护性投入意愿的实证分析. 中国农村观察, (5): 23-29.

陈美球, 周丙娟, 邓爱珍, 等. 2007c. 当前农户耕地保护积极性的现状分析与思考. 中国人口 • 资源与环境, 17(1): 114-118.

陈敏鹏, 陈吉宁. 2007. 中国种养系统的氮流动及其环境影响. 环境科学, 28(10): 3342-3349.

陈敏鹏, 陈吉宁, 赖斯芸. 2006. 中国农业和农村污染的清单分析与空间特征识别. 中国环境科学, 26(6): 751-755.

陈其霆. 2001. 理性的农户与农村经济的可持续发展. 兰州大学学报(社会科学版), 29(4): 164-167.

陈锡文. 2002. 环境问题与中国农村发展. 管理世界, (1): 5-8.

陈晓华, 张小林. 2007. 城乡统筹下农村空间整合研究——以南京市郊县为例. 池州学院学报, 21(3): 53-56.

陈佑启, 唐华俊. 1998. 我国土地利用行为可持续性的影响因素分析. 中国软科学, (9): 93-96.

陈玉成, 杨志敏, 陈庆华, 等. 2008. 基于“压力-响应”态势的重庆市农业面源污染的源解析. 中国农业科学, 41(8): 2362-2369.

成卫民. 2007. 基于 Multi-Agent 的农户生产决策行为对环境的影响分析. 农业环境科学学报, 26(S1): 324-328.

褚彩虹, 冯淑怡, 张蔚文. 2012. 农户采用环境友好型农业技术行为的实证分析——以有机肥与测土配方施肥技术为例. 中国农村经济, (3): 68-77.

崔晓, 张屹山. 2014. 中国农业环境效率与环境全要素生产率分析. 中国农村经济, (8): 4-16.

邓南圣, 王小兵. 2003. 生命周期评价. 北京: 化学工业出版社.

丁洪建, 吴次芳, 梁留科. 2002. 耕地保护理念的创新研究. 中国土地科学, 16(4): 14-19.

董明辉, 魏晓. 2008. 区域农业可持续发展度评价——以环洞庭湖区为例. 经济地理, 28(3): 479-482.

杜官印, 蔡运龙. 2010. 1997—2007 年中国建设用地在经济增长中的利用效率. 地理科学进展, 29(6): 693-700.

段妍磊. 2016. 河北省农业可持续发展指标体系分析. 中国农业资源与区划, 37(6): 169-173.

樊胜岳, 周立华, 马永欢. 2006. 宁夏盐池县生态保护政策对农户的影响. 中国人口 •资源与环境, 15(3):

124-128.
冯孝杰, 魏朝富, 谢德体, 等. 2005. 农户经营行为的农业面源污染效应及模型分析. 中国农学通报, 21(12): 354-358.
付静尘, 韩烈保. 2010. 丹江口库区农户对面源污染的认知度及生产行为分析. 中国人口·资源与环境, 20(5): 70-74.
盖美, 连冬, 田成诗, 等. 2014. 辽宁省环境效率及其时空分异. 地理研究, 33(12): 2345-2357.
高云宪. 1999. 世纪之交关于加强土壤肥料科技工作的几点思考. 中国软科学, (05): 96-99.
葛继红, 周曙东, 朱红根, 等. 2010. 农户采用环境友好型技术行为研究——以配方施肥技术为例. 农业技术经济, (9): 57-63.
葛霖, 高明, 胡正峰, 等. 2012. 基于农户视角的山区耕地撂荒原因分析. 中国农业资源与区划, 33(4): 42-46.
巩前文, 张俊飚, 李瑾. 2008. 农户施肥量决策的影响因素实证分析. 农业经济问题, (10): 63-68.
郭利京, 赵瑾. 2014. 农户亲环境行为的影响机制及政策干预——以秸秆处理行为为例. 农业经济问题, (12): 78-85.
韩洪云, 杨增旭. 2010. 农户农业面源污染治理政策接受意愿的实证分析——以陕西眉县为例. 中国农村经济, (1): 45-52.
韩俊. 2006. 综合生态系统管理在防治土地退化和扶贫方面所起的作用. 见: 陈晓华, 张红宇. 中国环境、资源与农业政策. 北京: 中国农业出版社.
韩鹏, 黄河清, 甄霖, 等. 2012. 基于农户意愿的脆弱生态区补偿模式研究. 自然资源学报, 625-632.
郝仕龙, 柯俊. 2005. 基于人工神经网络的农户经济收入预测研究. 水土保持研究, (3): 117-119.
何浩然, 张林秀, 李强. 2006. 农民施肥行为及农业面源污染研究. 农业技术问题, (6): 2-10.
何蒲明, 魏君英. 2003. 试论农户经营行为对农业可持续发展的影响. 农业技术经济, (2): 24-27.
何威风, 阎建忠, 花晓波. 2014. 不同类型农户家庭能源消费差异及其影响因素——以重庆市“两翼”地区为例. 地理研究, 33(11): 2043-2055.
侯俊东, 吕军, 尹伟峰. 2012. 农户经营行为对农村生态环境影响研究. 中国人口·资源与环境, 22(3): 23-31.
胡鞍钢, 郑京海, 高宇宁, 等. 2008. 考虑环境因素的省级技术效率排名. 经济学(季刊), 7(3): 934-960.
胡雪涛, 陈吉宁, 张天柱. 2002. 非点源污染模型研究. 环境科学, 23(3): 124-128.
胡志远, 谭丕强, 楼狄明, 等. 2006. 不同原料制备生物柴油生命周期能耗和排放评价. 农业工程学报, 22(11): 141-146.
黄德林, 包菲. 2008. 农业环境污染减排及其政策导向. 北京: 中国农业科学技术出版社.
黄宗智. 1992. 长江三角洲小农家庭与乡村发展. 北京: 中华书局.
李克强, 侯超惠. 2007. 中国民族地区经济社会发展与公共管理调查报告 2: 人口资源与环境经济问题研究. 北京: 中央民族大学出版社.
姜百臣, 李周. 1994. 农村工业化的环境影响与对策研究. 管理世界, (5): 192-197.
靳乐山, 王金南. 2004. 中国农业发展对环境的影响分析. 中国环境政策(第一卷). 北京: 中国环境科学出版社.
孔祥斌, 刘灵伟, 秦静, 等. 2007. 基于农户行为的耕地质量评价指标体系构建的理论与方法. 地理科学进展, 26(4): 75-85.
孔祥斌, 刘灵伟, 秦静. 2008. 基于农户土地利用行为的北京大兴区耕地质量评价. 地理学报, 63(8): 856-868.
匡远凤, 彭代彦. 2012. 中国环境生产效率与环境全要素生产率分析. 经济研究, (7): 62-74.
赖斯芸. 2003. 非点源调查评估方法及其应用研究. 北京: 清华大学博士学位论文.
赖斯芸, 杜鹏飞, 陈吉宁. 2004. 基于单元分析的非点源污染调查评估方法. 清华大学学报(自然科学版), 44(9): 1184-1187.

李秉祥, 黄泉川. 2005. 基于可持续发展的环境资源价值与定价策略研究. 社会科学, (7): 5-10.
李功奎, 钟甫宁. 2006. 农地细碎化、劳动力利用与农民收入. 中国农村经济, (4): 42-48.
李谷成, 冯中朝, 占邵文. 2008. 家庭禀赋对农户家庭经营技术效率的影响冲击. 统计研究, 25(1): 35-42.
李海鹏. 2007. 中国农业面源污染的经济分析与政策研究. 武汉: 华中农业大学博士学位论文.
李虹, 章政, 田亚平. 2005. 南方丘陵区水土保持中的农户行为分析——以湖南省衡南县为例. 农业经济问题, (2): 62-65.
李俊然, 陈利顶. 2000. 土地利用结构对非点源污染的影响. 中国环境科学, 20(6): 506-510.
李小建. 2010. 还原论与农户地理研究. 地理研究, 29(5): 767-777.
李小建, 乔家君. 2003. 欠发达地区农户的兼业演变及农户经济发展研究. 中州学刊, (5): 58-61.
李赞红, 阎建忠, 花晓波, 等. 2014. 不同类型农户撂荒及其影响因素研究——以重庆市 12 个典型村为例. 地理研究, 33(04): 721-734.
连纲, 郭旭东, 傅伯杰, 等. 2005. 基于参与性调查的农户对退耕政策及生态环境的认知与响应. 生态学报, 25(7): 1741-1747.
连纲, 虎陈霞, 刘卫东. 2008. 公众对耕地保护及多功能价值的认知与参与意愿研究. 生态环境, 17(5): 1908-1913.
梁流涛. 2009. 农村发展中生态环境演变规律及其管理研究. 南京: 南京农业大学博士学位论文.
梁流涛. 2012. 考虑“非意欲”产出的农业土地生产效率评价及其时空特征分析. 资源科学, 34(12): 2249-2255.
梁流涛, 冯淑怡, 曲福田. 2010a. 农业面源污染形成机制: 理论与实证. 中国人口·资源与环境, 20(4): 74-80.
梁流涛, 曲福田, 冯淑怡. 2010b. 农村发展中生态环境问题及其管理创新探讨. 软科学, 24(8): 53-57.
梁流涛, 曲福田, 冯淑怡. 2010c. 农业面源污染形成机制: 理论与实证研究. 中国人口·资源与环境, 20(4): 74-80.
梁流涛, 曲福田, 冯淑怡. 2013. 经济发展与农业而源污染: 分解模型与实证研究. 长江流域资源与环境, 22(10): 1369-1374.
梁流涛, 曲福田, 王春华. 2008a. 基于 DEA 方法的耕地利用效率分析. 长江流域资源与环境, 17(2): 242-246.
梁流涛, 曲福田, 诸培新, 等. 2008b. 不同兼业类型农户的土地利用行为和效率分析: 基于经济发达地区的实证研究. 资源科学, 30(10): 1525-1532.
梁流涛, 王岩松, 刘桂英. 2011. 农村发展中的环境问题及其形成机制研究——以山东省王景河村为例. 地域研究与开发, 30(6): 89-93.
梁流涛, 许立民. 2013. 生计资本与农户的土地利用效率. 中国人口·资源与环境, 23(3): 63-69.
梁流涛, 翟彬. 2015. 基于PRA 和LCA 方法的农户土地利用行为环境效应评价——以河南省传统农区为例. 中国土地科学, 29(5): 84-92.
梁龙, 陈源泉, 高旺盛. 2009. 我国农业生命周期评价框架探索及其应用——以河北梁城冬小麦为例. 中国人口·资源与环境, 19(5): 154-160.
廖玉静, 宋长春, 郭跃东, 等. 2009. 基于 PRA 方法的社区居民对湿地生态系统稳定性及退耕政策的认知分析. 自然资源学报, 24(6): 1041-1048.
林毅夫. 2002. 解决农村贫困新战略. 经济工作导刊, (18): 24-24.
林毅夫. 2010. 发展战略与经济制度选择. 管理世界, (3): 5-13+187.
刘洪仁. 2006. 我国农民分化问题研究. 泰安: 山东农业大学博士学位论文.
刘曼明. 2003. 美国环保署环境法规和政策的经济分析导则. 海河水利, (3): 67-69.
刘涛, 曲福田, 金晶, 等. 2008. 土地细碎化、土地流转对农户土地利用效率的影响. 资源科学, 30(10): 1511-1516.

刘胤汉, 管海晏, 李厚地, 等. 2002. 西北五省(区)生态环境综合分区及其建设对策. 地理科学进展, 21(5): 403-409.
卢冲, 李虹轩, 刘佳, 等. 2012. 耕保基金制度对农户耕地保护意愿的影响. 江苏农业科学, 41(7): 409-411.
卢松, 陆林, 凌善金, 等. 2003. 湖区农户对湿地资源和环境的感知研究——以安徽省安庆沿江湖群为例. 地理科学, 23(6): 762-768.
鲁如坤, 刘鸿翔, 闻大中, 等. 1996. 我国典型地区农业生态系统养分循环和平衡研究Ⅱ. 农田养分收入参数. 土壤通报, 27(4): 151-154.
罗必良, 温思美. 1996. 山地资源与环境保护的产权经济学分析. 中国农村观察, (3): 13-17.
罗小娟, 冯淑怡, Reidsma P, 等. 2013. 基于农户生物-经济模型的农业与环境政策响应模拟——以太湖流域为例. 中国农村经济, (11): 72-85.
马骥, 蔡晓羽. 2007. 农户降低氮肥施用量的意愿及其影响因素分析. 中国农村经济, (9): 9-16.
马文博. 2015. 粮食主产区农户耕地保护利益补偿需求意愿及影响因素分析——基于357份调查问卷的实证研究. 生态经济, 31(05): 97-102.
马贤磊. 2009. 现阶段农地产权制度对农户土壤保护性投资影响的实证分析——以丘陵地区水稻生产为例. 中国农村经济, (5): 31-41.
马岩, 陈利顶, 虎陈霞. 2008. 黄土高原地区退耕还林工程的农户响应与影响因素. 地理科学, 28(1): 34-39.
苗建青, 谢世友, 袁道先, 等. 2012. 基于农户-生态经济模型的耕地石漠化人文成因研究. 地理研究, 31(6): 967-989.
聂国卿, 孔繁荣. 2006. 供给学派与凯恩斯学派减税政策的比较分析. 湖南商学院学报, 13(1): 60-61.
欧阳进良, 宋春梅, 宇振荣, 等. 2004. 黄淮海平原农区不同类型农户的土地利用方式选择及其环境影响——以河北省曲周县为例. 自然资源学报, 19(1): 1-11.
潘岳. 2007. 谈谈环境经济新政策. 环境经济, (10): 17-22.
齐永华. 2004. 大城市郊区农业土地利用变化与优化设计. 北京: 中国农业大学博士学位论文.
钱贵霞, 李宁辉. 2006. 粮食生产经营规模与粮农收入的研究. 农业经济问题, (6): 57-60.
钱秀红. 2001. 杭嘉湖平原农业非点源污染的调查评价及控制对策研究. 杭州: 浙江大学博士学位论文.
乔林碧, 王耀才. 2003. 政府经济学. 北京: 中国国际广播出版社.
邱斌, 李萍萍, 钟晨宇, 等. 2012. 海河流域农村非点源污染现状及空间特征分析. 中国环境科学, 32(3): 564-570.
邱军. 2007. 中国农业污染治理的政策分析. 北京: 中国农业科学院博士学位论文.
邱君. 2008. 农业污染治理政策分析. 北京: 中国农业科学技术出版社.
仇焕广, 栾昊, 李瑾, 等. 2014. 风险规避对农户化肥过量施用行为的影响. 中国农村经济, (3): 85-96.
曲福田, 谭淑豪, 谭仲春. 2001. 经济发达地区土地可持续利用主要矛盾及其成因分析. 中国人口·资源与环境, 11(4): 78-82.
任景明, 喻元秀, 王如松. 2009. 中国农业政策环境影响初步分析. 中国农学通报, 25(15): 223-229.
任勇, 俞海. 2008. 中国生态补偿: 概念、问题类型与政策路径选择. 中国软科学, (6): 7-15.
邵晓梅. 2004. 鲁西北地区农户农地规模经营行为分析. 中国人口·资源与环境, 14(6): 120-125.
沈景文. 1992. 化肥农药和污灌对地下水的污染. 农业环境科学学报, (3): 137-139.
沈能, 周晶晶, 王群伟. 2013. 考虑技术差距的中国农业环境技术效率库兹涅茨曲线再估计: 地理空间的视角. 中国农村经济, (12): 72-83.
史清华, 任红燕. 1999. 山西农户家庭粮食收支平衡的实证分析. 农业技术经济, (5): 12-15.
世界银行, 赵冰. 2008年世界发展报告: 以农业促发展. 北京: 清华大学出版社.
帅红, 夏北成. 2006. 广佛区域土地利用结构对非点源污染的影响. 热带地理, 26(3): 229-233.
宋言奇. 2010. 发达地区农民环境意识调查分析——以苏州市714个样本为例. 中国农村经济, (1): 53-63.

苏杨. 2006. 重视农村现代化进程中的环境污染——新农村建设中一个不可忽视的问题. 中国科技成果, (10): 14-17.

速水佑次郎. 2003. 发展经济学——从贫困到富裕. 北京: 社会科学文献出版社.

谭淑豪, 曲福田, 黄贤金. 2001. 市场经济环境下不同类型农户土地利用行为差异及土地保护政策分析. 南京农业大学学报, 24(2): 110-114.

谭淑豪, 曲福田, Nico Herrink. 2003. 土地细碎化的成因及其影响因素分析. 中国农村观察, (6): 24-30.

涂正革. 2008. 环境、资源与工业增长的协调性. 经济研究, (2): 93-105.

汪厚安, 叶慧, 王雅鹏. 2009. 农业面源污染与农户经营行为研究. 生态经济, (9): 87-91.

汪兴玉, 王俊, 白红英, 等. 2008. 基于农户尺度的社会-生态系统对干旱的恢复力研究——以甘肃省榆中县为例. 水土保持通报, 28(1): 14-18.

王兵, 侯军岐, 韩锁昌. 2007. 退耕还林地区农户退耕意愿研究——对陕西省农户的实证研究. 林业经济问题, 27(2): 185-188.

王兵, 吴延瑞, 颜鹏飞. 2008. 环境管制与全要素生产率增长: APEC 的实证研究. 经济研究, (5): 19-32.

王兵, 杨华, 朱宁. 2011. 中国各省份农业效率和全要素生产率增长. 南方经济, (10): 12-23.

王常伟, 顾海英. 2012. 农户环境认知、行为决策及其一致性检验——基于江苏农户调查的实证分析. 长江流域资源与环境, 21(10): 120-124.

王岱, 张文忠, 余建辉. 2011. 环境整治与农业经营矛盾中的农户行为和行政调控——基于日本佐渡岛农户调查. 地理研究, 30(9): 1725-1735.

王继军, 李慧, 苏鑫, 等. 2010. 基于农户层次的陕北黄土丘陵区农业生态经济系统耦合关系研究. 自然资源学报, 25(11): 1888-1897.

王金南, 蒋洪强, 葛察忠. 2008. 积极探索新时期环境经济政策体系. 环境经济, (1): 25-29.

王磊, 陶燕格, 宋乃平, 等. 2010. 禁牧政策影响下农户行为的经济学分析——以宁夏回族自治区盐池县为例. 农村经济, (12): 42-45.

王利敏, 欧名豪. 2013. 粮食主产区农户耕地保护现状及认知水平分析. 干旱区资源与环境, 27(3): 14-19.

王鹏, 黄贤金, 张兆干, 等. 2004. 江西红壤区农业产业政策改革的农户行为响应与水土保持效果分析. 地理科学, 24(3): 326-332.

王鹏, 田亚平, 张兆干, 等. 2002. 湘南红壤丘陵区农户经济行为对土地退化的影响. 长江流域资源与环境, 11(4): 370-375.

王如松. 2005. 生态环境内涵的回顾与思考. 中国科技术语, 7(2): 28-31.

王文刚, 李汝资, 宋玉祥, 等. 2012. 吉林省区域农地生产效率及其变动特征研究. 地理科学, 32(2): 225-231.

王喜, 梁流涛, 陈常优. 2015. 不同类型农户参与耕地保护意愿差异分析——以河南省传统农区周口市为例. 干旱区资源与环境, 29(08): 52-56.

王晓燕, 曹利平. 2006. 中国农业非点源污染控制的经济措施探讨——以北京密云水库为例. 生态与农村环境学报, 22(2): 88-91.

王亚茹, 赵雪雁, 张钦, 等. 2016. 高寒生态脆弱区农户的气候变化适应策略——以甘南高原为例. 地理研究, 35(7): 1273-1287.

魏欣, 李世平. 2012. 基于农户行为的农业面源污染机制探析. 西北农林科技大学学报(社会科学版), (6): 26-31.

翁贞林. 2008. 农户理论与应用研究进展与述评. 农业经济问题, (8): 93-100.

吴军, 笪凤媛, 张建华. 2010. 环境管制与中国区域生产率增长. 统计研究, 27(1): 83-89.

武淑霞. 2005. 我国农村畜禽养殖业氮磷排放变化特征及其对农业面源污染的影响. 北京: 中国农业科学院博士学位论文.

向东梅, 周洪文. 2007. 现有农业环境政策对农户采用环境友好技术行为的影响分析. 生态经济, (2):

88-91.
向国成, 韩绍凤. 2005. 农户兼业化: 基于分工视角的分析. 中国农村经济, (8): 4-9.
肖建英, 谭术魁, 程明华. 2012. 保护性耕作的农户响应意愿实证研究. 中国土地科学, 26(12): 57-62.
徐建英, 柳文华, 常静. 2010. 基于农户响应的北方农牧交错带生态改善策略. 生态学报, 30(22): 6126-6134.
许恒周, 郭玉燕, 吴冠岑. 2012. 农民分化对耕地利用效率的影响——基于农户调查数据的实证分析. 中国农村经济, (6): 31-40.
许庆, 田士超, 徐志刚, 等. 2008. 农地制度、土地细碎化与农民收入不平等. 经济研究, (2): 83-92.
阎建忠, 吴莹莹, 张镱锂, 等. 2009. 青藏高原东部样带农牧民生计的多样化. 地理学报, 64(2): 221-233.
阎建忠, 张镱锂, 朱会义, 等. 2006. 大渡河上游不同地带居民对环境退化的响应. 地理学报, 61(2): 146-156.
阎伍玖. 2003. 环境地理学. 北京: 中国环境科学出版社.
杨建新. 2002. 产品生命周期评价方法及应用. 北京: 气象出版社.
杨俊, 陈怡. 2011. 基于环境因素的中国农业生产率增长研究. 中国人口·资源与环境, 21(6): 153-157.
杨明楠, 陈海, 梁小英, 等. 2001. 同类型农户土地利用与其土地属性要素的关系研究——以陕西省米脂县高西沟村为例. 水土保持通报, 31(4): 200-204.
杨顺顺, 奕胜基. 2010. 农村环境多主体仿真系统建构——农户模型在农村环境管理中的应用. 北京大学学报(自然科学版), 46(1): 129-135.
杨涛. 2003. 环境规制对中国 FDI 影响的实证分析. 世界经济研究, (5): 65-68.
杨维鸽, 陈海, 杨明楠, 等. 2010. 基于多层次模型的农户土地利用决策影响因素分析——以陕西省米脂县高西沟村为例. 自然资源学报, 25(4): 646-656.
杨伟, 谢德体, 廖和平, 等. 2012. 基于完全理性行为特征的农户耕地保护行为决策研究——以重庆市开县为例. 西南大学学报: 自然科学版, 34(11): 81-86.
杨志海, 麦尔旦·吐尔孙, 王雅鹏. 2015. 不同类型农户土壤保护认知与行为决策研究——以江汉平原 368 户农户调查为例. 华中农业大学学报: 社会科学版, 117(03): 15-20.
叶浩, 濮励杰. 2011. 我国耕地利用效率的区域差异及其收敛性研究. 自然资源学报, 26(11): 2146-2153.
殷小菲, 刘友兆. 2015. 农户参与耕地质量保护行为及其影响因素——以江苏省镇江市丹徒区为例. 水土保持通报, 35(3): 317-324.
应瑞瑶, 周力. 2006. 外商直接投资、工业污染与环境规制——基于中国数据的计量经济学分析. 财贸经济, (1): 76-81.
尤小文. 1999. 农户: 一个概念的探讨. 中国农村观察, (5): 39-40.
于文金, 邹欣庆, 朱大奎. 2006. 江苏沿海滩涂地区农户经济行为研究. 中国·人口资源与环境, (3): 124-129.
俞海, 黄季焜, 张林秀, 等. 2003. 地权稳定性、土地流转与农地资源持续利用. 经济研究, (9): 82-92.
喻永红, 张巨勇. 2009. 农户采用法水稻 IPM 技术的意愿及其影响因素——基于湖北省的调查数据. 中国农村经济, (11): 77-86.
袁久和, 祁春节. 2013. 基于熵值法的湖南省农业可持续发展能力动态评价. 长江流域资源与环境, 22(2): 152-157.
曾鸣, 谢淑娟. 2007. 中国农村环境问题研究. 北京: 经济管理出版社.
张大弟, 张晓红, 章家骐, 等. 1997. 上海市郊区非点源污染综合调查评价. 上海农业学报, 13(1): 31-36.
张改清. 2011. 粮食主产区不同区位农户营粮贡献差异研究——基于河南农户的实证.经济地理, 31(7): 1171-1177.
张光辉. 1996. 农户规模经营与提高单产并行不悖. 经济研究, (1): 55-58.
张红宇. 2007 . 发展现代农业需要关注的几个问题. 党政干部文摘, (3): 4-5.
张宏岩. 2007 三江源地区环境变动的驱动力分析. 见: 李克强, 侯超惠主编. 中国民族地区经济社会发展与公共管理调查报告 2: 人口资源与环境经济问题研究. 北京: 中央民族大学出版社.
张立新, 崔丽杰. 2015. 山东省农业可持续发展能力评价研究——基于非整秩次 WRSR. 华东经济管理, 29(7): 14-19.
张利国. 2011. 农户从事环境友好型农业生产行为研究——基于江西省 278 份农户问卷调查的实证分析. 农业技术经济, (6): 114-120.
张林秀, 徐晓明. 1996. 农户生产在不同政策环境下行为研究——农户系统模型的应用. 农业技术经济, (4): 27-32.
张维理, 武淑霞, 冀宏杰, 等. 2004a. 中国农业面源污染形势估计及控制对策 I ——21 世纪初期中国农业面源污染的形势估计. 中国农业科学, 37(7): 1008-1017.
张维理, 徐爱国, 冀宏杰, 等. 2004b. 中国农业面源污染形势估计及控制对策III. 中国农业面源污染控制中存在问题分析. 中国农业科学, 37(7): 1026-1033.
张蔚文, 石敏俊, 黄祖辉. 2006. 控制非点源污染的政策情景模拟——以太湖流域的平湖市为例. 中国农村经济, (3): 40-47.
张欣, 王绪龙, 张巨勇. 2005. 农户行为对农业生态的负面影响与优化对策. 农村经济, (11): 95-98.
张衍毓, 史衍玺, 王静娜, 等. 2008. 基于 RS 和 PRA 的横山县耕地质量综合评价研究. 测绘科学, 33(2): 133-136.
张耀钢. 2007. 农业技术推广方式的重大创新——"农业科技入户"模式的理论与实践. 江苏农村经济, (5): 6-8.
张云华, 马九杰, 孔祥智, 等. 2004. 农户采用无公害和绿色农药行为的影响因素分析——对山西、陕西和山东 15 县(市)的实证分析. 中国农村经济, (1): 41-49.
赵登辉, 丁振国. 1998. 农户经济行为的分析与土地可持续利用. 中国人口·资源与环境, 8(4): 51-55.
赵时亮, 高海燕, 谭琳. 2003. 论代际外部性与可持续发展. 南开学报(哲学社会科学版), (4): 41-47.
赵雪雁. 2012. 不同生计方式农户的环境感知. 生态学报, 32(21): 6776-6787.
赵芝俊, 张社梅. 2006. 近 20 年中国农业技术进步贡献率的变动趋势. 中国农村经济, (3): 4-12.
钟太洋, 黄贤金. 2004. 农地产权制度安排与农户水土保持行为响应. 中国水土保持科学, 2(3): 49-53.
周建华, 杨海余, 贺正楚. 2012. 资源节约型与环境友好型技术的农户采纳限定因素分析. 中国农村观察, (2): 37-43.
周婧, 杨庆媛, 信桂新, 等. 2010. 贫困山区农户兼业行为及其居民点用地形态——基于重庆市云阳县 568 户农户调查. 地理研究, 29(10): 1767-1779.
周婧, 杨庆媛, 张蔚, 等. 2010. 贫困山区不同类型农户对宅基地流转的认知与响应——基于重庆市云阳县 568 户农户调查. 中国土地科学, 24(09): 11-17.
朱兆良. 2010. 中国氮超标: 氮肥使用过量导致粮食减产. 瞭望东方周刊, (10): 18-19.
朱兆良, 诺斯, 孙波. 2006. 中国农业面源污染控制对策. 北京: 中国环境科学出版社.
诸培新, 曲福田. 1999. 土地持续利用中的农户决策行为研究. 中国农村经济, (3): 32-36.
Abdoulaye T, Sanders J H. 2005. Stagesand determinants of fertilizer use in semiarid african agricultural. The Niger Experience Agricultural Economics, 32(1): 167-179.
Aiken L S, West G. 1991. Multiple regression: Testing and interpreting interactions. CA: Sage Newbury Park.
Ajzen I, Fishbein M. 1975. Belief, attitude, intention and behaviour: an introduction to theory and research. Philosophy & Rhetoric, 41(4): 842-844.
Ajzen I, Fishbein M. 1977. Attitude-behavior relations: a theoretical analysis and review of empirical research. Psychological Bulletin, 34(5): 888-918.
Ajzen I, Madden J T. 1986. Prediction of goal-related behavior: attitudes, intentions, and perceived behavioral control. Journal of Experimental Psychology, 22(5): 453-474.
Ajzen I, Madden T. 1986. Prediction oI Goal-Directed Behavior: Attitude, Intentions, and Perceived Behavioral Control. Journal of Experimental Social Paychology, (22): 453-474.
Ajzen I. 1991. The theory of planned behavior. Organizational Behavior and Human Decision Processes,

50(2): 179-211.

Alauddin M J, Quiggin J. 2007. Agricultural intensification, irrigation and the environment in South Asia: Issues and policy options. Ecological Economics, 23: 118-126.

Alauddin M. 2004. Environmentalizing economic development: a South Asian perspective. Ecological Economics, 51: 251-270.

Albanese P J. 1988. Psychological foundations of economic behavior. Praeger, IVew York: 46-52.

Alston J M, Pardey P G, Roseboom J. 1998. Financing agricultural research: international investment patterns and policy perspectives. World Development, 26(6): 1057-1071.

Antler J M, Heidebrink G. 1995. Environment and development: theory and international evidence. Economic Development and Culture Change, 43: 603-625.

Arcelus F J, Arocena P. 2005. Productivity differences across OECD countries in the presence of environmental constraints. Journal of the Operational Research Society, 56: 1352-1362.

Arellanes P, Lee D R. 2003. The determinants of adoption of sustainable agriculture technologies: evidence from the hillsides of Honduras. Paper Prepared for the 25th International Conference of Agricultural Economists (IAAE).

Arnade C. 1998. Using a programming approach to measure international agricultural efficiency and productivity. Journal of Agricultural Economics, 49(1): 67-84.

Asfaw A, Admassie A. 2004. The role of eduation on the adoption of chemical fertiliser under different socioeconomic environments in ethiopia. Agricultural Economies, 30(3): 215-228.

Atkinson S E, Dorfman R H. 2002. Bayesian measurement of productivity and efficiency in the presence of undesirable outputs: crediting electric utilities for reducing air pollution. Journal of Econometrics, 126: 445-468.

Bagozzi R P, Kimmel S K. 1995. A comparison of leading theories for the prediction of Goal-Directed Behaviours. British Journal of Social Psychology, 34(4): 437-461.

Barnum H N, Squire L. 1979. A Model of an agricultural household: theory and evidence. Published for the World Bank [by] Johns Hopkins University Press.

Basil D M, Jason P, Thomas B, et al. 2010. A DSS for sustainable development and environmental protection of agricultural regions. Environmental Monitoring and Assessment, 164(1): 43-52.

Bateman I J, Harwood A R, Mace G M, et al. 2013. Bringing ecosystem services into economic decision-making: Land use in the United Kingdom. Science, 34(1): 45-50.

Battershill M R J, Gilg A W. 1996. Traditional farming and agro-environment policy in Southwest England: Back to the future?. Geoforum, 27(2):133-147.

Beedell J D C, Rehman T. 1999. Explaining farmers' conservation behaviour: Why do farmers behave the way they do. Journal of Environmental Management, 57(3): 165-176.

Bekele W, Drake L. 2003. Soil and water conservation decision behavior of subsistence farmers in the eastern highlands of Ethiopia: a case study of the hunde-lafto area. Ecological Economics, 46(3): 437-451.

Bergevoet R H M, Ondersteijn C J M, Saatkamp H W, et al. 2004. Entrepreneurial behaviour of Dutch dairy farmers under a milk quota system: goals, objectives and attitudes. Agricultural Systems, 80(1): 1-21.

Besley T. 1995. Property rights and investment incentives: theory and evidence from ghana. Journal of Political Economy, 103: 903-937.

Brentrup F, Kiisters J, Kuhlmann H, et al. 2001. Application of the life cycle assessment methodology to agricultural production: an example of sugar beet production with different forms of nitrogen fertilizers. European Journal of Agronomy, 4(3): 221-233.

Buijs A E. 2009. Public support river restoration: a mixed-method study into local residents support for farming of river management and ecological restoration in the Dutch floodplains. Journal of Environment Management, 90: 1680-2689.

Cabe R, Herriges J. 1992. The regulation of nonpoint-source pollution under imperfect and asymmetric information. Journal of Environmental Economics and Management, 22: 134-146.

Cao X, Zhen L, Yang L, et al. 2011. Stakeholder perceptions of changing ecosystem services consumption in the jinghe watershed: a household survey and pra. J. Resour. Ecol., 2(4): 345-352.

Chung Y H, Fare R, Grosskopf S. 1997. Productivity and undesirable outputs: a directional distance approach. Journal of Environmental Management, 51: 229-240.

Clark H A J. 1989. Conservation Advice and Investment on Farms: A Study in Three English Counties. Norwich EastAnglia: University of East Anglia.

Clay D C, Reardon T, Kangasniemi J. 1998. Sustainable intensification in the highland tropics: Rwandan farmers' investments in land conservation and soil fertility. Economic Development and Cultural Change, 46(2): 351-378.

D' Souza G, Cyphers D, Phipps T. 1993. Factors agricultural practices. Agricultural Affecting the Adoption of Sustainable and Resource Economics Review, 22(2): 159-165.

Dhuyvetter K C, Thompson C R, Norwood C A, et al. 1996. Economics of dryland cropping systems in the Great Plains: a review. Journal of Production Agriculture, 9(2): 216-222.

Dinham B. 1993. The pestcide hazard: a global health and environmental audit. London: Zed Books.

Donoso G, Cancino J, Magri A. 1999. Effects of agricultural activities on water pollution with nitrates and pesticides in the central valley of Chile. Water Science and Technology, 39: 49-60.

Dosi C, Moretto M. 1994. Nonpoint Source externalities and polluter's site Quality standards under incomplete information. InTomasi T, Dosi C. Nonpoint Source Pollution Regulation: Issues and Policy Analysis.

Eagly A H, Chaiken S. 1993. The Psychology of Attitudes. Fort Worth: Harcourt Jovanovich College Publishers.

Fare R S, Grosskopf S, Lovell C A K. 1994. Production Frontiers. London: Cambridge University Press.

Fare R S, Grosskopf S, Lovell C A K. 2001. Accounting for air pollution eEmission in mMeasure of state manufacturer productivity growth. Journal of Regional Science, 41: 381-409.

Fare R S, Grosskopf S, Pasurka C A. 2007. Environmental production function and environmental directional distance function. Energy, 32: 1055-1066.

Feder G, Just R E, Zilberman D. 1985. Adoption of agricultural innovations in developing countries: a survey. Economic Development and Cullural Change, 33: 255-298.

Feder G, Umali D L. 1993. The adoption of agricultural innovations: a renew. Technological Forecasting and Social Change, 43: 215-239.

Forson J. 1999. Factors influencing adoption of land-enhancing technology in the Sahel: lessons from a case study in Niger. Agricultural Economics, 20(3): 231-239.

Fulginiti L E, Perrin R K. 1998. Agricultural productivity in developing countries. Agricultural Economics, 19: 45-51.

Gasson R, Potter C. 1988. Conservation through land diversion: a survey of farmers' attitudes. Journal of Agricultural Economics, 39: 340-351.

Gaswell M F, Zilberman D. 1996. The effects of well depth and land quality on the choice of irrigational technology. American Jounal of Agricultural Economics, 68(4): 798-811.

Godin G, Kok G. 1996. The theory of planned behavior: a review of its applications to health-related behaviors. American Journal of Health Promotion Ajhp, 11(2): 87.

Gorman M, Mannion J, Jim K. 2001. Connecting environmental management and farm household livelihoods: the rural environment protection scheme in Ireland. Journal of Environmental Policy and Planning, 3(2): 137-147.

Graeme S M, Arthawiguna I W A. 2011. Sustainable agricultural development in bali: is the subak an obstacle, an agent or subject. Human Ecology, 39(1): 11-20.

Griffin R C, Bromley D W. 1982. Agricultureal runoff as a nonpoint externality: A theoretical development. American Journal of Agricultural Economics, 64(3): 547-552.

Haag S, Jaska P, Semple J. 1992. Assessing the relative efficiency of agricultural production units in the Blackland Prairie Texas. Applied Economics, 24(5): 55-65.

Hagos F, Holden S T. 2006. Tenure security, resource poverty, public programs, and household plot-level conservation investments in the highlands of northern Ethiopia. Agricultural Economics, 34: 183-196.

Hanley N, Shogren J F, White B. 1997. Environmental Economics in Theory and Practice. New York: Oxford University Press.

Hao H G, Li X B. 2011. Agricultural land use intensity and its determinants in ecologically-vulnerable areas in north china: a case study of taipusi county, inner mongolia autonomous region. Journal of Resources and Ecology, 2(2): 117-125.

Hao H G, Li X B, Zhang J P. 2013. Impacts of part-time farming on agricultural land use in ecologically-vulnerable areas in north China. Journal of Resources and Ecology, 4(1): 70-79.

Harman W L, Regier G C, Wiese A F. 1994. Economic evaluation of conservation tillage systems for dryland and irrigated cotton in the southern great plains. Weed Science, 42(2): 316-321.

Harper J K, Rister M E, Mjelde J W, et al. 1990. Factors influencing the adoption of insect management technology. American Journal of Agricultural Economics, 72(4): 997-1005.

Hodge I. 2001. Beyond agri-environmental policy: Towards an alternative model of rural environmental governance. Land Use Policy, 18: 99-111.

Holden S, Shiferaw B, Pender J. 2004. No-farm income, household welfare, and sustainable land management in a less-favoured area in the Ethiopian highlands. Food Policy, 29: 369-392.

Horan R D, Abler D G, Shortle J S, et al. 2001. Probabilistic, Cost-effective Point/nonpoint Management in the Susquehanna River Basin. Paper Presented at the Integrated Decision-Making for Watershed Management Symposium, Chevy Chase Maryland.

Horan R D, Ribaudo M O. 1999. Policy objectwes and economic incentwes for controlling agricultural sources of nonpoint pollution. Journal of the American Water Resources Association, 35(5): 1023-1035.

Horan R D, Shortle J S, Abler D G. 2002. Ambient taxes under m-dimensional choice sets, heterogeneous expectations, and risk-aversion. Environmental and Resource Economics, 21: 189-202.

Huang J K. 1995. Equal entitlement versus tenure security under a regime of collective property rights: peasants performance for institutions in post reform chinese agriculture. Journal of Comparative Economics, 21: 82-111.

Jamzen H H, Beauchemin K A, Bminsxma Y, et al. 2003. The fate of nitrogen in agroecosvsteans: An illustration using Canadian estimates. Nutrient Cycling in Agroecosystem, 67: 85-102.

Johnson S, Adams R, Perry G. 1991. The on-farm costs of reducing groundwater pollution. American Journal of Agricultural Economics, 73: 1063-1073.

Karakoc G, Erkoc F U. 2003. Water quality and impacts of pollution sources for Eymir and Mogan Lakes (Turkey). Environment Internationa, 29: 2-27.

Khanna M, Zilberman D. 1997. Incentives, precision technology and environmental protection. Ecological Economics, 23: 25-43.

Knowler D, Bradshaw B. 2007. Farmers' adoption of conservation agriculture: a review and synthesis of recent research. Food Policy, 32: 25-48.

Kuyvenhoven A, Bouma J, van Keulen H. 1998. Policy analysis for sustainable land use and food security. Special issue Agricultural Systems, 68(3): 476-483.

Lal R. 2004. Carbon emission from farm operations. Environment International, 30: 981-990.

Lee J D, Park J B, Kim T Y. 2002. Estimation of the shadow prices of pollutants with production environment ilnefficiency taken into account a nonparametric directional Distance function approach. Journal of Environmental Management, 64: 365-375.

Leibig M A, Doran J W L. 1999. Evaluation of point-scale assessments of soil quality. Journal of Soil and Waiter Conservation, 54(2): 510-518.

Lemon M, Park J. 1993. Elicitation of farming agendas in a complex environment. Journal of Rural Studies, 9: 405-410.

Low A. 1986. Agricultural development in Southern Africa: farm household-economics and the food crisis. London: Heinemann.

Lynnec D G, Shonkwiler J S, Rola L R. 1988. Attitudes and farmer conservation behavior. American Journal of Agricultural Economics, 70(5): 12-19.

Madden T J, Ellen P S, Ajzen I. 1992. A comparison of the theory of planned behavior and the theory of reasoned action. Personality and Social Psychology Bulletin, 18(1): 3-9.

Malik A S, Larson B A, Crutchfild S R. 1993. Poindnonpoint source trading of pollution abatement: choosing the right trading ratio. American Journal of Agricultual Economics, 5: 959-967.

Martens D A, Dick W. 2003. Recovery of fertilizer nitrogen from continuous corn soils under contrasting tillage management. Biol Fertil Soils, 38: 144-153.

Marthin N, Iain F, Ali Q, et al. 2007. Environmentally adjusted productivity measurement: an Australian case study. Journal of Environmental Management, 85: 352-359.

MbagaSemgalawe Z, Folmer H. 2000. Household adoption behaviour of improved soil conservation: the case of the North Pare and west Usambara Mountains of Tanzania. Land Use Policy, 17: 321-336.

Mc Namara K T, Wetzstein M E, Deuce G K. 1991. Factors affecting peanut producer adoption of integrated pest management. Review of Agricultural Economics, 13(1): 129-139.

Meijl H V, Rheenen T V. 2006. The impact of different policy environments on agricultural land use in Europe. Agricultural Ecosystem and Environment, 114: 21-38.

Mill H R. 1900. A fragment of the geography of England. South-West Sussex (Continued). Geographical Journal, 15(4): 353-373.

Muhammad H K, Ruslan R. 2015. Adoption and intensity of integrated pest management (IPM) vegetable farming in Bangladesh: an approach to sustainable agricultural development. Environment, Development and Sustainability, 17(6): 1413-1429.

Muldavin J. 2000. The paradoxes of environmental policy and resource management in Reform-Era China. Economic Geography, 76(3): 244-271.

Netusil N R, Braden J B. 1995. Market and bargaining approaches to nonpoint source pollution abatement problems. Water Science Technology, 28(6): 35-45.

Nin A, Arndt C, Preckel P V. 2003. Is agricultural productivity in developing countries really shrinking? New evidence using a modified nonparametric approach. Journal of Development Economics, (71): 395-415.

Nkamleu C B, Adesina A A. 2000. Determinants of chemical input use in peri-urban lowland systems: bivariate probitanalysis in Cameroon. Agricultural Systems, 63(2): 111-121.

Norse D. 2005. Non-point pollution from crop productiona: global, regional and national issues. Pedosphere, 15(4): 499-508.

Notani A S. Moderators of perceived behavioral control's Predictiveness in the theory of planned behavior: ameta-analysis. Journal of Consumer Psychology, 7(3): 247-271.

Nunez J, McCann L. 2004. Crop Farmers' Willingness to Use Manure, selected paper for American Agricultural Economics Association. Colorado, Denver: ANNUAL Meeting.

OECD. 1986. Water Pollution by Fertilizers and Pesticides. Paris: Organisation for Economic Cooperation and Development.

Okoye C U. 1998. Comparative analysis of factors in the adoption of traditional and recommended soil erosion control practices in Nigeria. Soil and Tillage Research, 45: 251-263.

Opschoor J B, Pearce D W. 1991. Persistent Pollutants: Economics and Policy Kluwer Academic. Economic Journal, 103(416): 265.

Pender J. 2004. Development pathways for hillsides and highlands: Some lessons from Central America and East Africa. Food Policy, 29: 339-367.

Pitt M M, Sumodiningrat G. 1991. Risk, schooling and the choice of seed technology in developing countries: a meta-profit function approach. International Economic Review, 32: 457-473.

Plight J V D, Richard R, Vries N K D. 1996. Anticipated emotions and behavioral choice. Basic & Applied Social Psychology, 34: 9-21.

Polanyi K. 1957. The Slave Systems of Greek and Roman Antiquity. By Westermann William L. Philadelphia: The American Philosophical Society. Journal of Economic History, 17(1): 180-123.

Popkin S L. 1979. The rational peasant: the political economy of rural society in Vietnam. Foreign Affairs, 41(4): 79-93.

Porta S. 1999. The community and public sapces: ecological thinking, mobility and social life in the open spaces of the city of the future. Futures, 31(5): 437-456.

Potter C. 1986. Processes of countryside change in lowland England. Journal of Rural Studies, 2: 187-195.

Rahm M R, Huffman W E. 1984. The adoption of reduced tillage: the role of human capital and other variables. American Journal of Agricultural Economics, 66: 405-413.

Randall A, Taylor M A. 2000. Incentive-based solutions solutions to to agricultural environmental problems: recent developments in theory and practice. Journal of Agricultural and Applied Economics, 32(2): 221-234.

Ransom J K, Paudyal K, Adhikari K. 2003. Adoption of improved maize varieties in the hills of Nepal. Agricultural Economics, 29(3): 299-305.

Reidsma P, Feng S, van Loon M, et al. 2012. Integrated assessment of agricultural land use policies on nutrient pollution and sustainable development in Taihu Basin, China. Environmental Science & Policy, 18: 66-76.

Repetto R, Rotham D, Faeth P, et al. 1997. Productivity measures miss the Value of environmental protection. Choices, (4): 16-19.

Restuccia D, Yang D T, Zhu X. 2008. Agricultural and aggregate productivity: A quantitative cross-country analysis. Journal of Monetary Economics, 55(2): 234-250.

Ribando, M C, Horan R D, Smith M E. 1999. Economics of water quality procection from non-point sources: theeory and practice. resource economics division, economic research service, u.s. department of agriculture. Agricultural Economic Report, 783.

Ribaudo M O. 1998. Lessons learned about the performance of USDA agricultural nonpoint source pollution programs. Journal of Soil & Water Conservation, 53(1): 4-10.

Rosegrant M W, Evenson R E. 1992. Agricultural productivity and sources of growth in South Asia. American Journal of Agricultural Economics, 56: 757-761.

Rousseau S. 2005. Effluent trading to improve water quality: what do we know today? working paper series no.2001-26, katholieke university leuven. Tijdschrift voor Economie en Management, 2: 229-260.

Ruttan V W. 2002. Productivity growth in world agriculture: sources and constraints. American Economic Association, 16(4): 161-184.

Ryder R. 1994. Land evaluation for steepland agriculture in the Dominican Republic. The Geographical Journal, 160(1): 74-86.

Sandra R. 2005. Effluent trading to improve water quality: what do we know today? working paper series no.2001-26, katholieke university leuven. Tijdschrift voor Economie en Management, 2: 229-260.

Scheierling S M. 1996. Overcoming agricultural water pollution in the European Union. Finance & Development, 32-35.

Scott J M, Johnson A, Ward G N, et al. 2001. The Regional Institute—Adoption, Extension and Education. Regional Institute Ltd.

Scott J M, Sutcliffe B T. 1976. A configuration interaction study of phosphine using bonded functions. Theoretica Chimica Acta, 41(2): 141-148.

Segerson K. 1988. Uncertainty and incentives for nonpoint pollution control. Journal of Environmental Economics & Management, 15(1): 87-98.

Sharpley A N. 1994. Managing agricultural phosphorus for protection of surface water: issues and options. Environmental Quality, (23): 437-451.

Sheppard B, Hartwick J, Warshaw P R. 1988. The theory of reasoned action: Ameta-analysis of past research with recommendations for modifications and future research. Journal of consumer research, 15(3): 325-343.

Sherbinin de A, Vanwey L K, Mcsweeney K, et al. 2008. Rural household demographicslivelihood and the environment. Global Environmental Change, 18(1): 38-53.

Shi X P, Heerink N, Futian Q U. 2011. Does off-farm employment contribute to agriculture-based environmental pollution? New insights from a village-level analysis in Jiangxi Province, China. China Economic Review, 22: 524-533.

Shiferaw B, Holden S T. 1998. Resource degradation and adoption of land conservation technologies by smallholders in Ethiopian highlands: A case study in an Adit Tid Aiorth Shewa. Agricultural Economics, 18: 233-247.

Shortle J S, Abler D C. 2001. Environmental policies for agricultural pollution control, CAB International.

Shortle J S. 1987. Allocative implications of compaarisons between the marginal costs of point and nonpoint

source pollution abatement. Northeastern Journal of Agricutural and Resource Economics, 16: 17-23.
Stavins R N. 1997. Policy instruments for climate change: how can national governments address a global problem. Discussion Papers, 2-93.
Steve R C, Prabhu L P, Elena M B, et al. 2005. Ecosystem and Human Well-being: Scenarios, Volume 2. Washington, London: Islang Press.
Stoorvogel J J, Schipper R A, Jansen D M. 1995. USTED: a methodology for a quantitative analysis of land use scenarios. Netherlands Journal of Agricultural Science, 43: 5-18.
Susan H L, Glenn D, Myron P G. 2011. Household and farm transitions in environmental context. Population and Environment, 32(4): 287-317.
Sutton R, Barto A. 1998. Reinforcement Learning: An Introduction. Massachusettb: MIT Press.
Temesgen M, Rockstrom J, Savenije H H G, et al. 2008. Determinants of tillage frequency among smallholder farmers in two semi-arid areas in Ethiopia. Physics and Chemistry of the Earth, 33: 183-191.
Tong C. 2000. Review environmental indicator research. Research on Environmental Science, 13(4): 53-55.
Tvesky A, Kahneman D. 1997. Causal schema in judgments under uncertainty. In: Fishbein. Progress in Social Psychology. NJ: Erlbaum, Hillsdale, 86-102.
USEPA. 1996. Proposed guidelines for ecological risk assessment. Federal Register, 61(4): 501-507.
Vollrath D. 2007. Land distribution and international agricultural Productivity. American Journal of Agricultural Economics, 89(1): 202-218.
Watkins K B, Lu Y C, Reddy V R. 1998. An economic evaluation of alternative pix application strategies for cotton production using GOSSYM/COMAX. Computers and Electronics in Agriculture, 20(3): 251-262.
WCED, Barnaby F. 1987. Our common future: the "brundtland commission" report. Ambio, 16(4): 217-218.
Willock J, Deary I J, McGregor M M, et al. 1999. Farmers' attitudes, objectives, behaviors, and personality traitsahe Edinburgh study of decision making on farms. Journal of Vocational Behavior, 54(1): 5-36.
Xepapadeas A. 1991. Environmental policy under imperfect information: incentives and moral hazard'. Journal of Environmental Economics Management, 20: 113-126.
Xepapadeas A. 1992. Environmental policy design and dynamic nonpoint source pollution. Journal of Environmental Economics Management, 23: 22-39.
Xepapadeas A. 1994. Controlling Environmental Externalities: Observability and Optimal Policy Rules, In Tomasi T, Dosi C. Nonpoint Source Pollution Regulation: Issues and Policy Analysis. Dordrecht: Kluwer Academic Publishers.
Yang H, Li X B. 2000. Cultivated land and food supply in China. Land Use policy, 17: 73-88.